全国高等农林院校"十三五"规划教材

食用菌病虫害

SHIYONGJUN BINGCHONGHAI

温志强 主编

中国农业出版社

北 京

图书在版编目（CIP）数据

食用菌病虫害 / 温志强主编 . —北京：中国农业
出版社，2022.12
全国高等农林院校"十三五"规划教材
ISBN 978-7-109-25733-7

Ⅰ.①食… Ⅱ.①温… Ⅲ.①食用菌－病虫害防治－
高等学校－教材 Ⅳ.①S436.46

中国版本图书馆 CIP 数据核字（2019）第 163266 号

中国农业出版社出版
地址：北京市朝阳区麦子店街 18 号楼
邮编：100125
责任编辑：田彬彬　　文字编辑　冯英华
版式设计：杨　婧　　责任校对：刘丽香
印刷：中农印务有限公司
版次：2022 年 12 月第 1 版
印次：2022 年 12 月北京第 1 次印刷
发行：新华书店北京发行所
开本：787mm×1092mm　1/16
印张：13.5
字数：350 千字
定价：38.00 元

编写人员名单

主　　编　温志强
副 主 编　吴梅香　王　威
编写人员　（按姓氏汉语拼音排序）
　　　　　兰清秀（福建省农业科学院）
　　　　　刘　芳（福建农林大学）
　　　　　刘靖宇（山西农业大学）
　　　　　王　丽（山东农业大学）
　　　　　王　威（山东农业大学）
　　　　　温志强（福建农林大学）
　　　　　吴梅香（福建农林大学）

前 言

　　食用菌味道鲜美，营养全面且均衡，能为人体提供必需的营养物质，同时具有显著的药理、保健功能以及清除体内自由基等独特的功效。食用菌产品被誉为集中了食品一切良好特性的健美食品、长寿食品。食用菌能分解植物体或有机质中的纤维素、半纤维素、木质素等，与大田主要农作物玉米、水稻和小麦相比，具有低耗水、低耗养分和高生物转化率的特点，生产过程中几乎能达到废弃物零排放，具有极高的经济价值、社会价值和生态价值。食用菌生产的原料主要来自农业、林业生产的下脚料，发展食用菌产业可实现资源的循环利用，延长农业产业结构链，促进广大农民增收，有利于环境的保护和改善。食用菌产业是一个欣欣向荣、蓬勃发展的产业。

　　我国一直有栽培食用菌的传统，在改革开放后，食用菌产业蓬勃发展，逐渐形成了食用菌的产业链条。近年来，我国食用菌产量稳步增长，2000年产量仅663万t，2013年突破3 000万t；2021年产量达4 100万t以上，产值超过3 400亿元。我国食用菌产值居第五位，仅次于粮、油、菜、果。随着食用菌产业不断发展壮大，其病虫害问题日趋严重，为适应食用菌产业人才培养的需要，编写一本食用菌病虫害的教材势在必行。

　　本书共分三篇。第一篇食用菌病害，共六章：第一章简要介绍了普通病理学的概念和原理；第二章至第六章根据病原的分类，分别介绍了食用菌上发生的重要的真菌性病害、细菌性病害、病毒病、线虫病和生理性病害的症状、传播途径、发病条件及防治措施等。第二篇食用菌虫害，共三章：第七章简要介绍了昆虫学基础知识；第八章详细介绍了食用菌上发生的重要害虫，包括双翅目、鞘翅目、鳞翅目和其他食用菌害虫的形态特征、习性及发生规律和防治方法等；第九章介绍了螨类的基本特征和食用菌主要螨类的形态特征、害螨发生特点和防治技术等。第三篇农药知识简介，共三章，包括农药基本知识、农药的简介和食用菌上登记农药及限用农药等内容。

　　本教材是编者通过查阅大量相关资料，结合最新的科研成果编写而成。温志强负责第一、二、六、十一、十二章的编写，王威负责第三章的编写，王丽负责第四章的编写，刘芳负责第五章的编写，吴梅香负责第七、八章的编写，兰清秀负责第九章的编写，刘靖宇负责第十章的编写。正是大家群策群力，才使得本教材顺利编写完成。

　　本教材编写过程中，参考了国内外相关文献资料，在此向这些前辈和同行们表示衷心感谢！由于编写仓促并且篇幅有限，很难全面反映食用菌病虫害的全貌，如教材中存在错误和疏漏，请广大读者批评指正。

温志强

2022 年 6 月

目 录

前言

第一篇　食用菌病害

第一篇　食用菌病害

食用菌像其他栽培植物一样，只有在适宜的条件下，才能进行正常的生理活动，生长发育良好。当其受到其他生物的侵害或者不适宜的环境条件超越其所能承受的范围时，食用菌就不能正常地生长和发育，就会发生病害，表现出不同程度的病态，严重的甚至死亡。

食用菌病害对食用菌生理活动的干扰和破坏是多方面的，如竞争性杂菌与食用菌竞争养分和空间，使食用菌营养缺乏、生长不良；此外，有些杂菌还会分泌毒素，干扰食用菌正常的生理代谢活动；而侵染性病害的病原生物则直接侵入、寄生在食用菌菌体上，并在食用菌菌体上生长增殖，干扰和破坏食用菌的正常生理活动，引起病变。因此，食用菌病害症状不同、类型多样。不适宜的培养基质、养分状况、水分条件，不良的大气物理环境和化学环境，各种有害生物的侵袭和破坏等，都导致食用菌不能正常地生长发育，严重时导致死亡。

食用菌发生病害后，最普遍的影响是引起产量和质量下降。据统计，荷兰1973年生产食用菌41 000t，因病毒病造成损失达1 435t，占总产量的3.5%；1973年美国宾夕法尼亚州生产食用菌，因病毒病造成减产10%～15%，严重影响创收。

据我国著名真菌学家杨新美先生在湖北主产木耳的保康县的调查，在生产和仓储中，由于病虫害所造成的损失占木耳总产量的10%～20%。湖北省年产木耳1 000t左右，每年由病虫害造成的损失就有100～200t。侵染性病害的大发生和流行，会对某一个地区的食用菌生产造成更加严重的危害。宋金俤（2006）报道，疣孢霉病在全国各食用菌产区均有出现，食用菌受害率达60%以上，产量损失10%～30%。胡清秀等报道（2008），据粗略估计，全国每年有20%以上的培养料和子实体因食用菌病虫害而报废，直接经济损失达40亿元以上。因此，只有充分了解病害的致病机制、致病因素与食用菌的相互关系以及病害的流行因素和病害发生的环境，才能对食用菌病害进行有效防治，将病害发生压至最低限度，提高产量和品质，增加收入。

第一章　普通病理学的概念和原理

第一节　食用菌病害

一、食用菌病害的概念

食用菌病害是指食用菌在生长发育过程中，由于环境条件不适或遭受其他有害微生物的侵染，其菌丝体或子实体正常的生理机能受到破坏，组织及形态发生改变，导致生长发育缓慢、畸形、枯萎甚至死亡，从而降低产量和品质。

各种生物在自然进化过程中，都在适应不同的环境，按"适者生存"的原则，能生存至今的物种必然是适应性较强的物种。食用菌的栽培环境比较特殊，在大棚或相应的设施中栽培，在这样的小环境中，若某些物理因素、化学因素或生物因素发生恶化，连续不断地影响食用菌，其强度超出了食用菌的耐受限度，食用菌将无法保持正常的生理活动而发生病害，从影响较轻的局部轻度症状到症状较重或全部死亡。如菇房中湿度过高或过低，CO_2 浓度过高或过低，以及一些真菌侵染等都会使食用菌表现出不同程度的病变，生长代谢受抑制，严重时导致食用菌死亡，整个菇房受损。

二、病因

引起食用菌病害的原因很多，如环境因素，包括物理因素和化学因素；生物因素，包括外来生物的因素和食用菌自身的因素；环境与生物相互作用，包括病原生物与生产环境的配合，环境因素与食用菌生长发育过程的配合，以及环境、病原生物和食用菌三者的相互作用等。总之，引起食用菌偏离正常生长发育状态而表现病变的因素称为病因（pathogeny），不同病害的病因不同。

首先是从食用菌本身来看，有菌种的原因，有些菌种带有某种异常的遗传因子，栽培后显示出遗传性病变或称生理性病变，如不出菇、菇体小、菇形不齐整等，与外界条件无关，也无外来因素参与，这类病害是遗传性病害。

其次是食用菌之外的其他生物因素的影响，使得食用菌正常生长发育受到抑制，进而引起病害，这种引起食用菌病害的生物统称为病原生物。病原生物的种类很多，有动物界的线虫，有真菌界的真菌和黏菌，有原核生物界的细菌、放线菌，还有病毒界的病毒等。大多数情况下只要有一种病原生物侵害，食用菌就会发生病害，但也有两种或多种病原生物共同影响食用菌而引起病变的情况。

最后是环境因素，有时只有病原生物和食用菌二者存在并不一定发生病害，因为病原生物可能无法接触到食用菌，或不能发挥其作用，也就不能发生病害，因此还需要有合适的媒介和满足病原生物的环境条件才能对食用菌构成威胁。这种需要病原生物、寄主和一定的环境条件三者配合才能引起病害的观点是 1933 年由英国人 Link 针对植物病害提出的，称为病害三角或者病害三要素（图 1-1）。同样，病害三角观点也适用于引起食用菌病害的原因分析。病害三角对于分析病因、侵染过程和流行规律，以及制订防治对策都有重要的指导作用。

总之，食用菌病害的病因是多方面的，归纳起来可分为3 种情况：①食用菌自身的遗传因子异常；②不良的物理、化学环境条件；③有病原生物参与的病害三角。

图 1-1　病害三角

第二节　非侵染性病害和侵染性病害

一、非侵染性病害

食用菌非侵染性病害的发生是由于生长条件不适宜或环境中有害物质的影响，并没有其他生物的侵染，不能相互传染，所以一般也称为非传染性病害（non-infectious disease）。

各种食用菌对环境条件的反应不同，在相同的环境条件下，只有那些对不利因素较为敏感的食用菌才会发病。因此，非侵染性病害的发生原因有两方面，即不利的环境因素和食用菌本身对这些因素的反应。

二、侵染性病害

在食用菌病害中更为重要的是由于其他生物寄生或侵染而引起的侵染性病害，一般也称为寄生性病害或传染性病害（infectious disease）。

引起寄主发病的生物统称为病原生物，目前已知食用菌的病原生物主要有真菌、细菌、病毒、线虫等。

侵染性病害的发生是由许多因素决定的，除病原生物外，环境条件及寄主也极为重要。每种病原生物都有一定的寄主范围，只能侵染某种或某几种食用菌，即使同一种食用菌不同的品种、品系或个体之间也有一定的差距。有的感病，很容易受到某种病原生物的侵染和破坏；有的抗病，能抵抗病原生物的侵染和破坏。一种病原生物虽然能诱发病害，但病害是否发生和发生轻重，还要看它所能侵染寄主对它的反应。而环境因素则影响病原生物的繁殖、传播和对寄主的侵染反应。因此，任何侵染性病害的发生都必须具有相关的病原生物、寄主和环境条件这 3 方面的因素。

第三节　病原生物的寄生性和致病性

一、寄生性

寄生性（parasitism）是寄生物从寄主体内夺取养分和水分等生活物质以维持生存和繁殖的特性。一种生物生活在其他生物上，以获得其赖以生存的主要营养物质，这种生物称为寄生物（parasite）。供给寄生物以必要生活条件的生物就是它的寄主（host）或宿主（parasitifer）。根据寄生物在寄主体内的寄生程度不同，可将其分为专性寄生物和非专性寄生物。

专性寄生物（obligatory parasite）指只能从活的寄主细胞和组织中获得其需要的营养物质的病原生物，离开活体细胞就无法生存。非专性寄生物指除寄生生活外，还可在死的寄主组织上生活，或者以死的有机质作为其生活所需营养物质的病原生物。

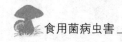

绝大多数病原生物都属于非专性寄生物，根据病原生物寄生能力的强弱，又可分为兼性腐生（facultative saprophytic）（死体寄生或低级寄生）和兼性寄生（facultative parasitic）（活体寄生或高级寄生）。分析病原生物寄生性强弱是极为重要的，一般来说病原生物寄生性弱则危害性大，寄生性强则危害性小。

二、致病性

致病性（pathogenicity）是病原生物所具有的破坏寄主而引起病害的能力。寄生物从寄主体内吸取水分和营养物质，具有一定的破坏作用。一般寄生物就是病原生物，但不是所有的寄生物都是病原生物。因此，寄生物和病原生物并不是同义词。有些寄主受到寄生物寄生之后，其外表几乎看不出任何变化，说明这种寄生物对该寄主没有致病性。致病性是寄主受到病原生物侵染后表现出的某种不正常的特征，寄生性的强弱和致病性的强弱相关性不大。

第四节　食用菌的抗病性

食用菌在长期的进化过程中，对变化的环境产生了很强的适应性，对不良环境产生了忍耐性和抵抗力，这种适应、忍耐和抵抗的特性统称为抗逆性。无论是对非侵染性病害还是侵染性病害，食用菌都有一定程度的抵抗力，即广义的抗病性。在病害的整个发生发展过程中，食用菌的抗病性贯穿始终，抗接触、抗侵入、抗扩展、抗损害等。从病原生物与食用菌接触开始，食用菌都会表现出一系列的抵抗反应，在不同的阶段表现方式不同。食用菌在抗病的过程中一般从两个方面抵抗病原生物的侵染：一是机械障碍作用，利用组织和结构的特点阻止病原生物的接触、侵入与在体内扩展，称为结构抗病性；二是生理生化反应，食用菌的细胞或组织中发生一系列生理生化反应，产生对病原生物有毒害作用的物质，来抑制或拮抗病原生物的侵染，称为生化抗病性。

食用菌对病原生物的忍耐、抵抗和适应性是在共同进化过程中逐渐产生和形成的。根据寄主与病原生物的相互关系和寄主的反抗程度的差异，通常可将寄主的抗病性分为避病性、抗病性和耐病性3类。

避病性是指一些寄主的生育期与病原生物的侵染期不相遇，或者病原生物缺乏足够数量的接种体，这样食用菌在生长过程中不受病原生物侵染而避开了病害。

抗病性是指寄主对病原生物具有结构抗病性或生化抗病性，以阻止病原生物的侵染。不同的品种抗病机制不同，抗性水平也可能不同。

耐病性是指食用菌对病害的忍耐程度。一些寄主在受到病原生物侵染之后，有的并不表现出明显的病变，有的虽然表现出明显的病害症状，甚至相当严重，但仍然可以获得较高的产量，有人称此为抗损害性或耐病性。

第五节　病原生物的侵染过程

病原生物的侵染过程（infection process）是指从病原生物侵入寄主到引起寄主发病的过程。侵染是一个连续的过程，为了分析各因素的影响，一般将侵染过程分为侵入期、潜育期和发病期3个时期。

侵入期（penetration period）指从病原生物侵入到建立寄生关系的时期。病原生物侵入以后，必须与寄主建立寄生关系，才有可能进一步发展而引起病害。外界环境条件、寄主的状态和反应以及病原生物侵入量和致病力等因素，都可能影响病原生物的侵入或寄生关系的建立。

潜育期（incubation period）指从病原生物侵入和初步建立寄生关系到出现明显症状的时期。潜育期是病原生物在寄主体内进一步繁殖和扩展的时期，病原生物在繁殖和扩展过程中，同时发挥致病作用。这时寄主也发生了相应的反应，直至开始出现明显的症状，潜育期才结束。不同病害、不同环境条件下潜育期各不相同。

发病期（period of disease）指症状出现后病害进一步发展的时期。病害发生程度受许多因素影响。病害发展到一定的程度，病原生物可产生孢子（真菌性病害）或其他繁殖体进行传播。发病期内病害的轻重以及造成的损失与食用菌品种的抗病性、病原生物的致病力和环境条件的影响密切相关。

第六节　病害的侵染循环

病害的侵染循环（infection cycle）是一种病害从前一个生长季节开始，到下一个生长季节再度发生的过程。侵染过程只是整个侵染循环中的一个环节。

侵染性病害的发生首先要有病原生物的侵染过程，病原生物要经过一定的途径传播到寄主上才能引起侵染，病原生物还要以一定的方式越冬或越夏度过寄主的休眠期，然后引起下一季的发病。有些病害在整个生长季节中只有一次侵染，有的病害则可能发生多次侵染。对后一类病害，由病原生物越冬或越夏引起的最初侵染称为初侵染；经过初侵染后发病的寄主，产生孢子或其他繁殖体传播而引起的侵染称为再侵染。因此，病害侵染循环的分析主要涉及 3 个方面，即病原生物的越冬或越夏，病原生物的初侵染和再侵染，以及病原生物的传播途径。

了解侵染过程和侵染循环对于掌握一种病害的发生和发展规律十分重要，只有了解侵染过程和侵染循环才能对病害进行有效的控制。

第七节　食用菌病害的症状类型

食用菌发生病害后一定会发生一定的病理变化，无论是非侵染性病害还是侵染性病害，首先都会在受害部位发生一些外部观察不到的生理变化，细胞和组织随后也发生变化，最后发展到外部可以观察到的病变，这就构成了病害的症状（symptom）。因此，病害表现的症状是寄主内部发生一系列变化的结果。

一、症状的概念

病害症状由病状和病征两部分组成。

1. 病状　在病部所看到的状态称为病状。如出现畸形菇、菌盖上出现斑点或霉烂、菌丝体由白变黄等。不论侵染性病害还是非侵染性病害都有病状表现。

2. 病征　在病部所观察到的病原生物的特征称为病征。在发病部位长出的霉层或溢出

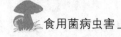

的菌脓，是病原生物体在发病部位表面长出的菌丝、孢子或菌体。

二、症状的类型

1. 菌洼　菌洼为菌盖上或菌盖里的深色坑洼，每个洼上常有黏液，坑洼的周围低洼变色。

2. 菌斑　菌斑也称褐斑。菌斑为菌盖上由黄色变成淡棕褐色的区域。此色变是由表及里的延伸，很少超过 3mm。

3. 霉烂　生长在培养料、覆土上或子实体表面的霉菌能封锁住食用菌生长的通路，引起腐烂。

4. 猝倒　菌柄受害，被侵染的菌柄髓部萎缩变成褐色，菇体变小而不再长大。

5. 畸形　食用菌受害后，其子实体生长发育不良，生长不协调，产生不正常的菇形。如出菇感染病毒后产生鼓槌状的子实体，食用菌干泡病引起"唇裂"和幼蕾感染形成"洋葱菇"。此外，环境条件不良也会产生各种不同的畸形菇。

6. 腐烂　子实体呈干腐或湿腐两种，菌柄髓部变色或萎缩，子实体腐烂，后散发出臭味或无恶臭气味。

7. 死菇　菇体停止生长，萎缩，死亡，菇体变黄或不变色。

8. 变色　子实体颜色与正常的颜色有较大差异，如变黄、变红、变蓝、变白等。

9. 菌丝生长不良　表现为生长速度缓慢，或不吃料，或发菌不均匀，或发菌后菌丝逐渐消失、菌丝颜色变黄、菌丝徒长、菌丝稀疏等。

10. 培养料黑腐　培养料变黑、腐烂，散发出霉味、酒糟味、臭味等异味，菌丝少或无。

思考题

1. 什么是非侵染性病害和侵染性病害？其发生各有什么特点？

2. 病原生物的侵染过程包括哪几个时期？各有何特点？

3. 什么是病害的侵染循环？了解侵染过程和侵染循环对病害的防治有何意义？

4. 食用菌病害的症状类型有哪些？

第二章 食用菌真菌性病害

第一节 寄生性真菌病害

一、疣孢霉病

（一）双孢蘑菇疣孢霉病

双孢蘑菇疣孢霉病又称蘑菇湿泡病、褐腐病、白腐病、水泡病、湿腐病、无头菇病、菇疱等，也有菇癌的称法。它是双孢蘑菇生产中最重要的一种病害，通常造成减产10%～20%，特别严重的地方损失高达50%～60%，甚至绝收。

1. 病原 该病是由菌盖疣孢霉（有害疣孢霉）［*Mycogone perniciosa*（Magn）Delaer］所引起的一种子实体病害，菌盖疣孢霉属半知菌类真菌。分生孢子梗很像菌丝的分枝，简单或分枝，轮枝状。分生孢子（粉孢子）单生，顶生，无色，单胞或双胞。厚垣孢子双胞，上部细胞球形具疣状物，颜色较深；下部细胞平滑，半球状，无色。主要寄生双孢蘑菇、褐色蘑菇、姬松茸、草菇等草腐菌。

菌盖疣孢霉

1995年，Fletcher等研究了8种不同来源的疣孢霉，发现在相同条件下，各菌株的生长速度、菌落特征和孢子特征均有较大差异。1996年，谭琦利用RAPD技术对23株来自不同国家和地区的菌盖疣孢霉菌株和1株红丝疣孢霉菌株进行了遗传差异测定，认为中国上海、江苏的疣孢霉菌株与其他地区的疣孢霉菌株可能存在非常大的差异。温志强等（2010）通过对福建双孢蘑菇产区分离的16株菌盖疣孢霉菌落特征、孢子形态的观察以及ISSR和SRAP等分子标记技术进行初步鉴定，初步确定福建菌盖疣孢霉出现3个遗传类型，对3个不同类型的菌盖疣孢霉进行双孢蘑菇致病性和药剂敏感性测定，也显示较大的差异，初步证明菌盖疣孢霉具有种群致病力分化现象。

2. 症状 菌盖疣孢霉的分生孢子和厚垣孢子只侵染双孢蘑菇的子实体，不侵染菌丝体。双孢蘑菇幼嫩菇蕾被菌盖疣孢霉侵染后，往往生成不像双孢蘑菇的异形物，这种畸形子实体组织团块早期被称为硬皮马勃状团块，因此该病的俗名为"泡病"。双孢蘑菇子实体被侵染后，早期在菌盖上出现短的、卷曲的、纯白的、绒毛状的菌盖疣孢霉菌丝，甚至还可能在其周围覆土表面形成一小块一小块的洁白粗壮的绒毛状菌丝。有的会在菌盖上长出不规则的小瘤；有的则引起子实体畸形，如菌柄伸长，部分出现球状的肿大菇脚，菌盖早熟而小，菌柄加粗呈桶状，菌柄和菌盖没有多大的区别；有的子实体像一个面粉球从泥土中长出。大部分罹病子实体后期呈棕褐色，有黏性，伴有琥珀色至深褐色滴状液体渗出，菇房里有难闻的腐败气味。如果菌柄和菌盖分化后感病，菌柄会变为褐色；如果子实体发育末期菌柄基部被侵染，会产生淡褐色斑块，而看不到明显的病原菌生长物。当带病菌柄残留在菇床上时，会长出一团白色的气生菌丝，最后变成暗褐色。

双孢蘑菇疣孢霉病

3. 传播途径 双孢蘑菇从开始感染菌盖疣孢霉到初现明显症状最少需要11d，一般为11～14d。菌盖疣孢霉是一种土壤真菌，广泛分布在土壤表层2～9cm处，其孢子可在土壤中存活多年。菌盖疣孢霉孢子不侵染菌丝体，只有当孢子落在生长中的双孢蘑菇附近时，在特定的条件下才发生侵染。曾宪森等研究证明，菌盖疣孢霉的菌丝和厚垣孢子不能在双孢蘑菇培养料上萌发生长，而生长素和麦粒菌种能激发菌丝及厚垣孢子的萌发。许多文献认为，生育中的双孢蘑菇能刺激菌盖疣孢霉孢子萌发。初侵染来源主要为被该菌污染的覆土，菌盖疣孢霉孢子主要在喷水期间从病菇上流出，并随菇床上流下来的水传递到其他菇床和菇房的地板上。研究证明，该病原菌通过水在覆土中传播最快。此外，菌盖疣孢霉的孢子还可通过操作者的手、所用的工具和箱子等进行传播，虽然分生孢子也可通过空气传播，但不是主要的传播方式，菇蚊、菇蝇及其他害虫也可作为传播介体。菌盖疣孢霉除了侵染双孢蘑菇外，还可侵染野生的蘑菇、姬松茸、草菇和一些其他的土壤真菌（如 *Rhopalomyces elegans*）等。

4. 发病条件　1930 年美国学者 Lambert 指出，菌盖疣孢霉的菌丝生长温度为 8～33℃，适宜温度为 21～28℃，最适温度为 24℃；在 15～21℃时发生侵染，在 40℃条件下 6h 死亡。高湿、高温、不通风有利于双孢蘑菇疣孢霉病的发生和迅速发展。阴雨季节是菌盖疣孢霉最活跃的时期，菇房感染绝大多数都在这个时期，当菇房内空气不流通、湿度大时发生最重。菇房内的温度在 10℃以下和 32℃以上时该菌极少发生，温度在 17～32℃时有利于病害发生。菌盖疣孢霉孢子在 50℃经 48h，52℃经 12h，65℃经 1h 即可死亡。

5. 防治措施　控制双孢蘑菇疣孢霉病非常困难，因为菌盖疣孢霉菌丝体生长在覆土上，同样也长入覆土内部，很难以正常方法接触覆土内部的菌丝体，因此要以预防为主，结合喷药防治该病。具体措施如下：①使用清洁的覆土，并使用蒸汽或甲醛溶液进行消毒。如有新的感染，在感染处马上喷施稀甲醛溶液，或以其他杀菌剂处理菇房，也可用 45% 噻菌灵悬浮剂 750 倍液或 50% 咪鲜·氯化锰可湿性粉剂 2 000 倍液处理覆土材料。②在覆土时（甲醛气体完全逸散后）和各潮菇之间喷施 45% 噻菌灵悬浮剂 1 000 倍液或 50% 咪鲜·氯化锰可湿性粉剂 4 000 倍液进行处理。③从菇场上除去菌柄等废物和带病材料，并立即销毁，使用氯化的水［每升水用 2.5～3.0mL 氯（5%）处理］消毒或者转潮时喷稀甲醛溶液（0.3%）。④如果菇房双孢蘑菇疣孢霉病发生较轻，仅有几个病菇出现在菇床上，则可在发病处撒盐，然后用经硫酸铜溶液浸泡过的泥铲挖除，或在发病处注入甲醛溶液，然后撒上石灰，于次日挖净整个病斑。⑤注意菇房的通风透气，菇房内温度和湿度必须保持在较低的范围内。⑥罹病菇床的废料必须经处理后，才可作为肥料使用。

（二）草菇褐痘病

1. 病原　菌盖疣孢霉 ［*Mycogone perniciosa*（Magn）Delaer］。

2. 症状　染病的草菇子实体变大且畸形，无分化组织，菇体内部组织变成暗褐色，质软且有臭味，最后呈湿性软腐而坏死。菇体表面受感染部分有一层密而柔软的白色菌丝覆盖，病菇后期出现褐色水滴。

3. 传播途径　该病原菌初侵染来源通常是厚垣孢子，在菇房内再侵染的多为分生孢子。厚垣孢子可停留在土中休眠达数年之久，其孢子多靠空气、昆虫、工作人员及用具等传播。

4. 发病条件　该病在高温、高湿及通风不良的环境条件下容易发生。

5. 防治措施　注重菇房清洁卫生；菇房要通风，保证空气清洁、流通；工作人员及生产用具亦应注意清洁。

(三) 鸡腿蘑疣孢霉病

1. 病原　菌盖疣孢霉［*Mycogone perniciosa*（Magn）Delaer］。

2. 症状　鸡腿蘑在幼蕾期染病后常形成白色绒毛状菌丝团，导致菇体不能正常发育，或形成菌柄膨大、菌盖尖小的畸形菌蕾。染病的子实体逐渐由白色变成黄褐色，有时会渗出水滴，之后慢慢腐烂。子实体在生长后期受侵染时，在菌盖或菌柄基部出现黄褐色或黑色病斑，表面长出的灰白色霉状物即为病原物的菌丝及分生孢子。

3. 传播途径　孢子广泛存在于土壤的浅表层，可通过覆土、昆虫、气流等途径传播。

4. 发病条件　高温高湿有利于发病。

5. 防治措施　参照双孢蘑菇疣孢霉病的防治措施。

(四) 茶树菇褐腐病

1. 病原　菌盖疣孢霉［*Mycogone perniciosa*（Magn）Delaer］。

2. 症状　染病的子实体停止生长，菌盖、菌柄的组织和菌褶均变为褐色，最后腐烂发臭。

3. 传播途径　主要通过被污染的水或接触过病菇的手、工具等传播。

4. 发病条件　多发生于含水量高的菌袋，在20℃时发病增多。病原菌侵入子实体组织的细胞间隙中繁殖，引发该病。

5. 防治措施　做好菇棚消毒工作，培养基必须进行彻底灭菌处理；保证出菇期间保湿和补水用水清洁，同时加强通风换气，避免茶树菇长期处于高温高湿的环境中；受害菇及时摘除、销毁，然后停止喷水，加大通风量，降低空间湿度；成菇及时采收，在菌盖完全展开之前采收，采收下来的鲜菇及时销售或加工处理，夏季存放时间不宜过长。

二、轮枝霉病

(一) 双孢蘑菇褐斑病

双孢蘑菇褐斑病又称为双孢蘑菇干泡病、双孢蘑菇轮枝霉病等。

1. 病原　该病是由轮枝霉（*Verticillium* spp.）引起的，属于半知菌类真菌。危害双孢蘑菇的主要种是菌生轮枝霉（*V. fungicola* Preuss），异名为马氏轮枝霉（*V. malthousei* Ware）、蘑菇轮枝霉（*V. psalliotae* Tresch.）和菌褶轮枝霉（*V. lamellicola*）。病原菌的菌丝匍匐，有隔，分枝，无色或淡色。分生孢子梗细长，分枝状，至少一些分枝轮枝状（轮生）；分生孢子（梗孢子）卵圆形到椭圆形，无色，单胞，单生或次生成小的簇。一般情况下轮枝霉的分生孢子呈串状，周围有极黏的黏液，易吸附在其他物体上，利于传播。

2. 症状　双孢蘑菇受轮枝霉侵染后，约需14d才能表现出症状。虽然双孢蘑菇的营养菌丝不会受侵染，但病原菌能沿着双孢蘑菇菌丝束生长，双孢蘑菇的整个生长阶段对该菌侵染都很敏感。如果双孢蘑菇在菌盖和菌柄分化之前感染了轮枝霉，其子实体会变成一团组织块，直径约25mm，与菌盖疣孢霉引起的硬皮马勃状团块有点相似，但颜色常常呈灰色，个体一般比较小，而且质地较干。幼嫩菇蕾受侵染，会产生典型的洋葱形病菇。后期感染菌柄，菌柄基部加粗，常常变褐色，外层组织剥裂，菌盖缩小，且常有小疣状的附属物。有些罹病的双孢蘑菇常干枯和开裂，长大后菌盖变歪，畸形；当一部分菇蕾仅一侧受侵染时，双孢蘑菇局部生长得到促进，致使其弯曲生长，外层撕裂呈唇裂状（也称兔唇状）。双孢蘑菇发育末期菌盖受侵染，会产生圆形的病斑，初期黄褐色，随病斑增

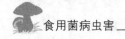

大逐渐变灰色，在病斑周围有一圈黄蓝色或淡紫色，这类病菇上往往会着生一层细细的灰白色的病原菌菌丝体，病菇褐变，外表一般干燥。

3. 传播途径 初侵染来源主要为土壤中的病原菌，其次为菇房中潜伏的病原菌所产生的薄壁黏性的分生孢子。该分生孢子可以通过从罹病的菇床上流下来的水进行传播；分生孢子还经常黏成一堆，很容易黏附在其他物体上进行传播，如通过黏附在灰尘、菇蚊、菇蝇、螨类、操作者的手、采集工具上传播；此外，其孢子还可通过气流传播，特别是干燥和散开时更容易由气流传播，所以轮枝霉可以传播到很远的地方。该病原菌在土壤里分布很广，也可以寄生在其他真菌上。

4. 发病条件 轮枝霉的侵染力较强，双孢蘑菇各个时期均可染病。高温高湿的环境条件对发病非常有利，在24℃轮枝霉生长最快，发病最适宜的温度范围为20～25℃。前期覆土层过湿，会促进双孢蘑菇褐斑病暴发，在夏季高温，特别是菇蚊、菇蝇密度很高时，此病最严重，秋季也可以发生流行。轮枝霉较耐低温，在10℃尚能发生。

5. 防治措施 参照双孢蘑菇疣孢霉病的防治措施。

(二) 金针菇褐霉病

1. 病原 菌生轮枝霉 (*Verticillium fungicola* Preuss)。

2. 症状 子实体上最初产生褐色小圆斑，如针头大小，后逐渐扩展合并成不规则的大小斑块，中部产生凹陷，凹陷部分有白色菌丝和孢子。菌盖、菌褶、菌柄上常有一薄层白色霉状斑块。大菇受害后仍可继续生长，小菇受害后完全停止生长甚至死亡。

3. 传播途径 主要通过空气和培养料带菌传播。

4. 发病条件 菇房高温高湿有利于发病。

5. 防治措施 做好预防，在出菇过程中严格控制低温条件，同时加强通风和环境卫生管理。

(三) 金针菇红锈病

1. 病原 该病的病原菌为白黄轮枝菌 (*Verticillium luteoalbum*)，该真菌在马铃薯葡萄糖琼脂 (PDA) 培养基上菌落致密、红棕色、近圆形、规则，生长缓慢 (2～3 mm/d)。分生孢子梗多直立，多重分枝。主枝明显，有分隔，基部稍宽；分枝多对生或轮生于主枝的隔膜下方，少单生，5～7层。瓶状小梗多2～5个轮生于主枝顶端或在分枝上1～3层轮生，小梗近基部稍膨大，中部开始收缩形成细长的颈，着生在顶端的瓶状小梗较其他小梗长。多个分生孢子聚集在瓶状小梗的顶端呈球形，分生孢子单细胞，卵圆形至椭圆形，4.5 (3.5～5.4) μm×3.0 (2.3～3.6) μm，长/宽为1.5 (1.2～2.0)，红棕色。

2. 症状 金针菇出菇期，在培养料的表面常会出现一层红锈色的霉层，造成子实体不能生长或极少生长，对金针菇的产量影响很大。

3. 传播途径 主要通过空气和工具带菌传播。

4. 发病条件 菇房温度偏高、湿度过大有利于发病。

5. 防治措施 做好预防，在出菇过程中严格控制低温条件，同时加强通风和环境卫生管理。

(四) 茶树菇黑斑病

1. 病原 该病的病原菌为轮枝霉 (*Verticillium* spp.)，形态见图2-1a。

2. 症状 黑斑病受害子实体在菌盖和菌柄上出现黑色斑点，菇体色泽反差明显，轻者影响产品外观，重者导致霉变（图 2-1b、c）。

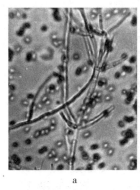

图 2-1　茶树菇黑斑病的病原菌与症状

a. 病原菌　b. 子实体幼蕾枯死　c. 子实体上褐斑

（张绍升等，2004）

3. 传播途径　病原菌主要通过空气、喷水进行传播，常因操作人员及工具接触感染。

4. 发病条件　菇房温度在 25～30℃、通风不良、喷水过多、有水淤积时，此病易发。

5. 防治措施　参照双孢蘑菇疣孢霉病的防治措施。

（五）银耳轮枝霉病

1. 病原　该病的病原菌为蜡蚧轮枝菌（*Verticillium lecanii*），其菌落白色，质地厚绒毛状或絮状，结构较致密，背面常呈紫色。分生孢子梗细长，分枝，至少一些分枝轮轴状。瓶状小梗透明，基部膨大，向上逐渐变细呈锥形，单生、对生或轮生于菌丝上，气生菌丝顶部轮生的瓶状小梗数多于其余部位，瓶状小梗大小为 14.4（8.5～20.8）μm×2.0（1.9～2.4）μm；分生孢子椭圆形至圆柱形，单生，透明，单胞，大小为（2.8～8.0）μm×（1.1～2.8）μm。

2. 症状　发生在银耳子实体发育后期，采收之前几天，在子实体背面出现致密的菌丝体，并不断扩展蔓延，受害部位颜色逐渐呈现紫色，菌丝逐渐蔓延到子实体表面，严重时子实体腐烂。

银耳轮枝
霉病症状

3. 传播途径　主要通过空气、喷水和工具带菌传播。

4. 发病条件　菇房温度偏高、湿度过大有利于发病。

5. 防治措施　做好预防，在出菇过程中严格控制低温条件，同时加强通风和环境卫生管理。

（六）鸡腿蘑褐腐病

1. 病原　病原菌为轮枝霉（*Verticillium* spp.）。分生孢子梗细长，有轮生分枝；分生孢子卵圆形至椭圆形，无色，单胞，单生或聚生成头状。常见种为菌生轮枝霉（图 2-2a）。

2. 症状　子实体的菌盖和菌柄可受侵染。菌盖受害后先产生褐斑，斑点扩大后数个病斑合并产生褐腐。菌柄受害产生褐斑（图 2-2b）。

a   b

图 2-2 鸡腿蘑褐腐病的病原菌与症状

a. 病原菌 b. 症状

（张维瑞等，2008）

3. 传播途径 主要通过空气和工具带菌传播。

4. 发病条件 菇房温度偏高、湿度过大有利于发病。

5. 防治措施 做好预防，在出菇过程中严格控制低温条件，同时加强通风和环境卫生管理。

三、软腐病

软腐病又名霉病、蛛网霉病。

（一）真姬菇蛛网霉病

真姬菇蛛网霉病除危害真姬菇外，还可以侵染秀珍菇、平菇、杏鲍菇、金针菇等。其中金针菇上的发病情况最为严重，秀珍菇和杏鲍菇发病情况略轻，平菇最轻。

真姬菇蛛网霉病病原菌

1. 病原 病原菌经 rDNA-ITS PCR 扩增和凝胶电泳检测，获得大小约 600bp 的片段，通过测序分析并将扩增得到的 rDNA-ITS 序列提交 GenBank 与相关核酸序列进行同源性比较分析，其与异形葡枝霉［*Cladobotryum varium*（Nees）］或金黄菌寄生［*Hypomyces aurantius*（Pers.）Tulasne］的无性型同源性均达到 98%，从分子水平证明异形葡枝霉［*Cladobotryum varium*（Nees）］或金黄菌寄生［*Hypomyces aurantius*（Pers.）Tulasne］的无性型是真姬菇蛛网霉病的病原菌。

病原菌在 PDA 培养基上形成浅白色菌落，培养基背面变黄。在显微镜下菌丝和孢子无色，菌丝纤细，有隔；分生孢子梗呈轮枝状分枝，顶端产生分生孢子；分生孢子单个或呈孢子团，分生孢子卵圆形，有隔，大小为（8～10）μm×（18～20）μm；厚垣孢子多胞，其颜色为深褐色，有 2～3 个分隔。

真姬菇蛛网霉病症状

2. 症状 先在子实体基部菌柄表面长出绒毛状的菌丝体，逐渐沿菌盖方向向上蔓延，随着病害的发展，病原菌菌丝慢慢变成棉絮状，同时产生大量孢子，受害子实体逐渐变黄、萎蔫，最后腐烂、死亡，腐烂子实体表面完全被孢子粉覆盖。该病害在一些菇场发生严重，传播迅速，造成了重大的损失。

3. 传播途径 病原菌主要通过空气、喷水进行传播，也可因操作人员及工具接触感染。

4. 发病条件 病原菌生长温度范围为 5～30℃，最适温度为 20℃；该菌具有嗜酸特性，pH 范围为 4.5～10.0，最适 pH 为 5.5，pH 达到 10 后无法生长；最适碳源和氮源分别为葡萄糖和蛋白胨，同时可以利用其他多种形式的碳源和氮源；光照对该菌菌丝生长具有一定的抑制作用。

5. 防治措施 做好预防，在出菇过程中严格控制低温条件，同时加强通风和环境卫生管理。

（二）双孢蘑菇软腐病

1. 病原 双孢蘑菇软腐病是由树枝轮指孢霉（*Dactylium dendroides* Fries）所引起的，树枝轮指孢霉是粉红菌寄生（*Hypomyces rosellus*）的无性阶段。该菌属于半知菌类。分生孢子梗细长，分枝轮枝状；分生孢子着生在单生或成小簇略微伸长的造孢分枝上，无色，单胞或多胞。腐生或寄生肉质真菌。

2. 症状 双孢蘑菇的整个生长阶段都会受到该菌的侵染。发病时，床面覆土周围出现白色的病原菌菌丝，若不及时处理，菌丝便迅速蔓延，并变成水红色。双孢蘑菇子实体受到侵染后不发生畸形，但经常被病原菌的白色菌丝吞没，且覆土的四周也覆盖着白色的病原菌菌丝。随着菌龄的增加，这种绵毛状白色菌丝变红，被侵染的双孢蘑菇逐渐变成褐色湿腐状。当温度和湿度稍高时，菇床上将出现大大小小的蛛网霉斑点（图2-3）。

3. 传播途径 病原菌萌发的孢子，在双孢蘑菇和覆土的表面形成菌落，并在短期内产生更多的孢子，这些孢子很容易借助气流传播，也能借助溅起的水滴或渗出的水传播。被孢子污染的覆土也可导致发病，可能导致第一潮菇发病。这种病虽然经常在许多菇场上小面积发生，但很少发生大流行。

图2-3 双孢蘑菇软腐病症状

4. 发病条件 软腐病的发生多是由于覆土土层过湿、菇房湿度较高、空气相对湿度过大等因素造成的。

5. 防治措施 ①用蒸汽或甲醛彻底消毒覆土，并在每100m² 覆土上用150g 50％苯菌灵可湿性粉剂拌土处理。②定期清理菇床，去除每潮割菇时的菌柄、幼菇和半死的菇。③采菇时，温度、湿度一定不要过高。④各潮间用代森锌或代森锰锌、咪鲜·氯化锰药液喷雾，每周一次，或者在菇床上喷稀甲醛溶液。⑤菇床若未经蒸汽消毒，则在清料时立即喷石灰水，以防孢子扩散。⑥当菇房发生该病时，应迅速消灭病原菌，如用食盐覆盖霉斑或用甲醛溶液浸湿霉斑，被溶液浸透以后，还必须撒上石灰粉，石灰会吸附甲醛蒸气，这样处理附近的健康双孢蘑菇就不至于受到损害。

（三）金针菇绵腐病

金针菇绵腐病又称为软腐病，是金针菇生产中污染严重的真菌病害之一。

1. 病原 异形葡枝霉［*Cladobotryum varium*（Nees）］或金黄菌寄生［*Hypomyces aurantius*（Pers.）Tulasne］的无性型。属于真菌界，子囊菌门，盘菌亚门，粪壳菌纲，肉座菌亚纲，肉座菌目，肉座菌科，菌寄生属。异形葡枝霉的宿主范围很广，有伞菌目（几乎全部木腐菌）、多孔菌目和少数的异担子菌类。其在北美洲、南美洲、欧洲、亚洲的温带地区均有分布。

该病原菌在PDA培养基上生长迅速，在23℃条件下培养3d菌落直径可达50～65mm，起初气生菌丝呈白色疏絮状，而后气生菌丝上端有不同大小絮球状分生孢子丛富集。菌丝直或弯曲，宽1.5～5.4μm，具隔，分枝，气生菌丝发达；分生孢子梗有隔，可反复轮状分枝，最后为3～6根近圆柱形产孢细胞；分生孢子近椭圆形，双胞，少数为单胞，大小为（12.6～18）μm×（7.2～10.8）μm。在PDA培养基中，于20～30℃培养7～10d可检测到厚垣孢子，厚垣孢子淡褐色，2～5胞成链，少数单胞，每胞大小为（12.4～36.8）μm×（11.5～27.6）μm，有的厚垣孢子链具分叉，基部具透明的短或长的柄（图2-4）。

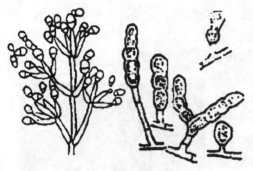

图 2-4 异形葡枝霉形态

2. 症状 在催蕾期,金针菇菇蕾形成后,基部有褐色水渍状斑点,后病斑逐渐扩大、变软、腐烂,其上出现肉眼可见的白色絮状菌丝,随着子实体的发育,病斑会将整个子实体覆盖住,并产生大量的分生孢子,形成一层白色絮球状分生孢子丛,最终整个子实体倒伏、腐烂。严重的菌袋底部充满病原菌的气生菌丝和絮球状分生孢子丛。

3. 传播途径 主要通过空气、喷水进行传播,也可因操作人员及工具接触感染。

4. 发病条件 在高温高湿的环境条件下发病率极高。

5. 防治措施 参照真姬菇蛛网霉病的防治措施。

(四)平菇指孢霉软腐病

指孢霉软腐病又名树状轮枝霉病、蛛网霉病等,是造成平菇子实体软腐的一种病害。

1. 病原 病原菌为树枝轮指孢霉(*Dactylium dendroides* Fries)。病原菌菌丝白色,气生菌丝生长旺盛致密,棉絮状;分生孢子梗从气生菌丝上直接长出,细长,稀疏,分生孢子小梗轮状分枝,顶端尖细,其上单生或簇生 1~3 个分生孢子;分生孢子无色或淡黄色,长卵形或梨形,大小为 5~20μm(图 2-5a)。

2. 症状 菇床发病初期,培养料面或覆土层上会长出一厚层白色绵状菌丝,在温湿度适宜时,常将菇床覆盖形成棉絮状菌被,易被误认为是平菇菌丝。菇床感病严重时,受害部位的原基会受到抑制或不能形成,并进一步侵害正在生长的子实体。子实体发病时,先从菌柄基部开始,逐渐向上传染,并呈现淡褐色软腐症状;受害严重时,菌柄及菌褶处长满白色病原菌菌丝或病菇连同其着生的菇床部位均被病原菌菌丝呈蛛网状包围覆盖,最终造成病菇全体呈淡褐色软腐状;病原菌菌丝后期变成淡红色,发病中心部位有紫红色色素产生。平菇感染此病后,子实体一般不发生畸形,也不散发臭味,但手触病菇即倒;发病较轻尚未出现软腐症状的病菇,其生长发育受阻,外观呈污黄白色,无生气,与正常健康菇有明显区别(图 2-5b)。

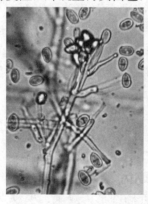

a   b

图 2-5 平菇指孢霉软腐病病原菌形态与症状

a. 病原菌 b. 症状

(张绍升等,2004)

3. 传播途径　病原菌是一种弱性寄生的土壤真菌，喜酸性、潮湿和有机质丰富的环境，肥沃的苗床、菜园土以及表层土壤中存在最多。病原菌可随培养料或土壤直接侵入菇床，分生孢子可随气流、昆虫、病菇和水溅作用传播扩散。

4. 发病条件　病原菌分生孢子在 20℃时萌发率最高，25～30℃时对萌发不利，遇高温（60～70℃）易死亡。病原菌菌丝生长适温为 25℃。适宜 pH 为 2.2～8.0，最适 pH 为 3.4。饱和的湿度对分生孢子萌发和菌丝生长最适宜。平菇菇床直接与带菌的土壤接触，或采用露地阳畦、塑料大棚和日光温室作菇场，或在中温高湿的人防工程内栽培，该病容易发生。

5. 防治措施　①直接与菇床接触的地面、土壤，在使用时必须做好消毒预处理。②长菇阶段的菇床，要采用干湿交替的水分管理，并保持良好的通风换气环境。转潮期间，除做好床面清理外，还应定期用 1%～2% 石灰清液喷洒，以防菇床酸化。③该病一旦发生，要暂停喷水，立即通风降湿，并摘去病菇，扒除病原菌被，被污染的覆土应更换并清出。降湿后的发病部位可喷洒 2%～5% 甲醛溶液或 50% 多菌灵可湿性粉剂 800～1 200 倍液或 5% 石灰清液或 150～250mg/kg 漂白粉液，也可在感病处用薄薄的石灰粉或漂白粉覆盖。

（五）香菇蛛网霉病

1. 病原　病原菌为树枝轮指孢霉（*Dactylium dendroides* Fries）。有性阶段为菌寄生属（*Hypomyces*）。病原真菌菌丝体发达致密，菌丝较细且具有隔膜；分生孢子梗多呈帚状；分生孢子单生或聚生；分生孢子椭圆形至长椭圆形，透明，大小为（5～11）μm×（13～36）μm，具隔膜，且多数为 1～2 隔；厚垣孢子具 1～4 隔。

2. 症状　发病的菇床或地栽畦上最初出现一层灰白色绒毛状霉斑，逐渐扩展蔓延，严重时可覆盖整个菇床或畦面。菌丝体受感染后停止生长，最后腐烂死亡。子实体受害，在表面覆有霜霉状或蛛网状白霉，停止生长，畸形和变色腐烂（图 2-6）。

a　　　　　　　　　　　　　　b

图 2-6　香菇蛛网霉病症状

a. 地栽香菇覆土层症状　b. 香菇子实体症状

（张绍升等，2004）

3. 传播途径　病原菌主要通过空气、喷水进行传播，也可因操作人员及工具接触感染。

4. 发病条件　在高温高湿的环境条件下发病率极高。

5. 防治措施　参照真姬菇蛛网霉病的防治措施。

（六）毛木耳指孢霉病

指孢霉病又称霜霉病、湿腐病、蛛网霉病，主要发生于双孢蘑菇、平菇发菌期菇床上，危害双孢蘑菇、平菇和毛木耳的子实体。

1. 病原 病原菌为树枝轮指孢霉（*Dactylium dendroides* Fries）。分生孢子梗细长，分枝轮生状；分生孢子着生在产孢梗上，单生，无色或淡黄色，3个或多个细胞（图2-7）。

2. 症状 菇床和菌筒表面产生白色絮状菌网或菌被，食用菌菌丝体生长受抑制。毛木耳子实体受害后停止生长，表面覆盖一层白色的霉层。病斑初为近圆形，中央部分有白色稀疏菌丝，耳片背面的病斑边缘常有水渍状环形晕圈；后病斑逐渐扩大，并相互连接成片，后期子实体呈黄褐色腐烂。通常耳片基部易出现病斑，导致耳片基部萎缩（图2-7）。

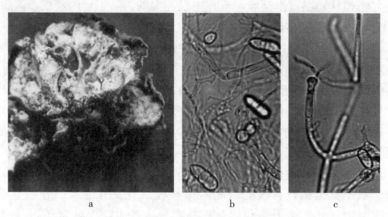

图2-7 毛木耳指孢霉病症状与病原菌形态
a. 症状　b. 分生孢子　c. 分生孢子梗
（张绍升等，2004）

3. 传播途径 病原菌生存于土壤中，通过空气、土壤和培养料传播。

4. 发病条件 高温高湿有利于该病害发生。

5. 防治措施 ①搞好环境卫生，做好培养料灭菌。②子实体及时采收，预防老化感染。③及时清除病菇、病耳和培养料表面的菌被，停止喷水1～2d。

（七）枝霉菌被病

1. 病原 病原菌为葡萄枝孢霉（*Cladobotryum variospermium*），属半知菌类真菌。

2. 症状 在茶树菇、杏鲍菇培养料面及地栽平菇、滑菇的床面上出现白色的气生状菌被，其菌丝生长旺盛，常在2～3d内布满料面，受害料面不再有新菇长出。在有菇的病区内，病原菌菌丝能侵入菇体的菌柄或菌盖，在菇体上长满白色的病原菌菌丝，受害菇体菌柄呈水渍状软腐，严重时菇体腐烂倒伏（图2-8）。

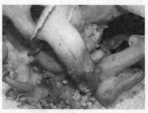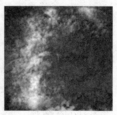

图2-8 枝霉菌被病症状
a. 滑菇　b. 茶树菇　c. 杏鲍菇　d. 覆土层
（宋金俤，2004）

3. 传播途径 覆土材料、不洁水源、空气是其传播的主要途径。

4. 发病条件 病原菌生存于有机质丰富的土壤和有机残体中，使用营养丰富的土壤作覆盖材料，极易发生此病。当菇房内温度为20～30℃、相对湿度达到90%以上时容易发病，而床架立式袋栽不易发生此病。

5. 防治措施 ①使用水稻田中下层土或黄泥土作覆土材料，可有效地减少病原菌来源。②出菇期间，适当降低覆土层湿度，加大菇房的通气量。③在病害发生时，用多菇丰500倍液喷洒病区，然后干燥几天，待症状消失后再浇水促菇。

四、双孢蘑菇黑疤病

1. 病原 病原菌为直立枝顶孢（*Acremonium strictum*），属于半知菌类真菌，枝顶孢属，该菌侵染双孢蘑菇的子实体。

病原菌在麦芽提取物琼脂（MEA）培养基上20℃培养10d后，菌落直径2.0cm，菌落粉红色，黏滑。营养菌丝匍匐生长，分隔，无色；分生孢子梗从菌丝上长出，无色，不分枝或偶有分枝，大小为（2.5～3.0）μm×（5.0～30.0）μm；分生孢子假头状着生，无色，椭圆形至圆筒形，（2.0～3.0）μm×（2.5～7.5）μm，少数孢子长度可达10μm。未见厚垣孢子、菌核和子囊壳（图2-9）。在松针培养基上培养，先为黏液状，后长出白色菌丝体，继续培养变为粉红色菌落。在牛肉膏培养基上培养，菌落为黏液状，产生大量分生孢子，菌丝体生长少，培养20d以上才长出少量白色菌丝体。

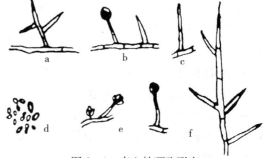

图2-9 直立枝顶孢形态
a、f. 菌丝和分生孢子梗 b、c、e. 分生孢子梗和产孢瓶体
d. 分生孢子

2. 症状 康晓慧等（2002）报道，在四川绵阳各大田双孢蘑菇菇床的幼菇、商品菇和开伞菇上调查，发现一种新的双孢蘑菇病害，菇床上子实体的发病率为3%～10%，受害较重的菇床可达到20%。双孢蘑菇感病后，子实体表面形成大小不等、形状不规则的褐色斑块，大小为2～20mm，斑块凹陷于菌肉或穿过菌肉组织导致菌褶染病，深度可达2～13mm，病斑干枯不腐烂，人们将其称为黑疤病或褐疤病。

3. 传播途径 覆土材料、不洁水源、空气是其传播的主要途径。

4. 发病条件 一般秋冬季节发病较重，春季发病较轻。

5. 防治措施 对该病原菌有效防治的药剂为25%噁霉灵可湿性粉剂500倍液、40%甲醛溶液1 000倍液、普通的98%硫酸铜晶体1 000倍液和pH大于10的石灰水。大田防治双孢蘑菇黑疤病的时间一般在覆土后出菇前，在覆土和菇床的覆盖材料草帘或茅苫（稻草）上喷洒噁霉灵、甲醛和硫酸铜溶液2～3次。出菇以后，特别是采收一潮菇以后，喷洒1次噁霉灵溶液或石灰水，可有效防止死菇现象发生。

五、褶霉病

（一）双孢蘑菇褶霉病

1. 病原 褶生头孢霉（*Cephalosporium lamellaecola*）和康氏头孢霉（*C. constantnii*），

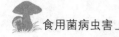

这两种病原菌均能寄生双孢蘑菇的菌褶，引起褶霉病（图2-10）。

2. 症状 主要在双孢蘑菇的菌褶上表现症状，发病初期菌褶变黑，发病的菌褶会连成一块，然后逐渐向周围的菌柄和菌盖蔓延，后期在发病部位出现白色的病原菌菌丝体（图2-10）。罹病的子实体发僵、停止生长，对产量和品质造成较大的威胁。该病的发生在一些传统双孢蘑菇产区呈上升趋势。

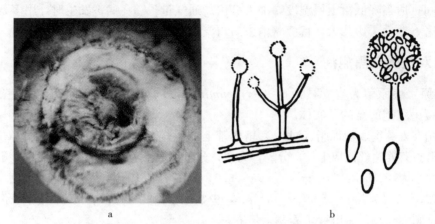

图2-10 感染褶霉病的症状及病原菌形态

a. 症状   b. 病原菌

（宋金俤，2004）

3. 传播途径 土壤带菌是病害的最主要初侵染源，病原菌孢子经喷水、空气流动、昆虫及操作人员进行传播，引起再侵染。

4. 发病条件 菇房内温度为12~25℃、湿度较大时易发病。

5. 防治措施 参照双孢蘑菇疣孢霉病的防治措施。

（二）香菇褶霉病

1. 病原 褶生头孢霉（*Cephalosporium lamellaecola*）和康氏头孢霉（*C. constantnii*），这两种病原菌均能寄生香菇的菌褶，引起褶霉病。

2. 症状 染病初期，香菇子实体菌褶上出现少量的白色菌丝，以后蔓延成团，覆盖于整个菌褶上，使菌褶相互粘连，菇体逐渐变软，最后腐烂。

3. 传播途径 香菇褶霉病主要通过空气传播扩散。

4. 发病条件 中温高湿易发病。

5. 防治措施 参照双孢蘑菇疣孢霉病的防治措施。

六、双孢蘑菇菌盖褐色斑点病

1. 病原 国外报道与白丝枝霉［*Aphanocladium album*（Preuss）W. Gams］有关。我国陈吉棣等从北京、福建、昆明等地病菇及不出菇的培养料中分离的病原菌为丝枝霉中国变种［*A. aranearum*（Petch）W. Gams var. *sinense* J. D. Chen］。主要危害双孢蘑菇、香菇。

丝枝霉中国变种的菌丝有分枝，有隔，透明，有时有2~5根菌丝形成的疏松菌丝束在分隔外线沿匍匐气生菌丝两侧垂直伸长，基部宽、细，末端渐变尖、细的长颈烧瓶状，瓶梗无隔，单生、对生、轮生或联生，透明；瓶梗末端附着一个近卵形至短椭圆形的分生孢子，单生、透明、光滑。分生孢子形成后，瓶梗缢成几个不可见的细线，孢子仍保留在线状瓶梗末端。丝枝霉中国变种与白丝枝霉在形态上有明显的差异，在双孢蘑菇、猴头菇、香菇、平菇以及水稻中都曾分离到这种真菌。

2. 症状　该病在子实体上发病率高，也可存活于培养料中，发病后在双孢蘑菇菌盖上出现褐色斑点，向上微凹，有时组织溃烂出现裂纹。在 PDA 培养料斜面上先接种双孢蘑菇菌丝，培养 7～10d 再接种丝枝霉并继续培养 7～10d，可见双孢蘑菇菌丝生长极慢，而病原菌菌丝很快向下蔓延，与菇丝相遇处菇丝出现崩溃，病原菌菌丝占斜面的 2/3～4/5，甚至布满整个斜面。危害双孢蘑菇菌褶，严重时菌褶常黏在一起，表面有白色的病原菌菌丝，但病菇形状正常。

3. 传播途径　一般由覆土带入菇房或经空气传播。

4. 发病条件　当菇房空气相对湿度过高，超过 95% 时会提高其发病率，并加快蔓延速度。

5. 防治措施　①发病后加强通风透气，降低空气湿度，防止菌丝蔓延。②发病时及时将病菇拔除烧毁。③喷 50% 多菌灵可湿性粉剂 500 倍液或 70% 甲基硫菌灵可湿性粉剂 700 倍液或 50% 咪鲜·氯化锰可湿性粉剂 5 000 倍液防治。

七、镰孢霉病

镰孢霉病也称猝倒病、萎缩病、枯萎病、黑腐病，其寄主包括双孢蘑菇、香菇、平菇、茶树菇、毛木耳、鸡腿蘑等。

（一）双孢蘑菇猝倒病

1. 病原　双孢蘑菇猝倒病由尖孢镰刀菌（*Fusarium oxysporum* Schlecht）、茄腐镰刀菌（*F. solani*）和马特镰刀菌（*F. martii*）所引起。属半知菌类真菌。其菌丝有分枝，分隔，透明。分生孢子有两种类型（图 2 - 11）：①小型分生孢子，形态多样，有卵形、梨形、椭圆形、纺锤形、柱形、圆形等；②大型分生孢子，形态多样，有镰刀形、纺锤形、蠕虫形。主要危害双孢蘑菇。

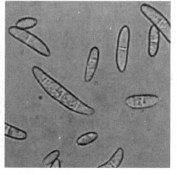

图 2 - 11　双孢蘑菇猝倒病症状和两种分生孢子

2. 症状　该病主要侵染双孢蘑菇的菌柄，侵染后菌柄的髓部萎缩变成褐色，菇体变矮小，不再长大。早期病菇与健菇在外形上难以区别，只是菌盖部分色泽变暗，以后菇体不再长大，变成"僵菇"，见图 2 - 11。

3. 传播途径　侵染双孢蘑菇的镰刀菌都为土壤真菌，既能引起植物病害，又可以腐生，所以土壤是该病的初侵染来源，其产生的分生孢子可通过其他途径进行再侵染。

4. 发病条件　土层过厚、培养料面和土层通气性差、菇房通风不良均可加重该病发生。

5. 防治措施　①对覆土进行消毒。②加强菇房管理，注意通风透气，覆土适当，不宜过厚。③结合防治其他病害，在菇床上喷 50％多菌灵可湿性粉剂 500 倍液，起预防作用。

(二) 茶树菇软腐病

1. 病原　病原菌为茄腐镰刀菌（*Fusarium solani*），侵染子实体组织形成的一层灰白色霉状物为其分生孢子梗及分生孢子。

2. 症状　受害的菌盖萎缩，菌褶、菌柄内空，弯曲软倒，最后枯死、僵缩。

3. 传播途径　此病原菌平时广泛分布在各种有机物上，随培养料混入。分生孢子主要借助气流、喷水进行传播。

4. 发病条件　在高温高湿条件下发病率高，侵染严重的造成歉收。

5. 防治措施　①原料曝晒，配制培养基时含水量不超过 60％，装袋后灭菌要彻底。②接种选择午夜气温低时进行，严格无菌操作。③开口后控制温度在 23～25℃，空气相对湿度 80％左右。④幼菇阶段发病，可喷洒 pH 为 8 的石灰上清液或 40％多菌灵可湿性粉剂 500 倍液；成菇期发病，提前采收，产品用清水洗后烘干。

(三) 茶树菇猝倒病

1. 病原　镰刀菌（*Fusarium* sp.）。

2. 症状　感病菇菌柄收缩干枯，不发育，凋萎，但不腐烂，产量和品质降低。

3. 传播途径　多因培养料质量欠佳，如棉籽壳、木屑、麦麸等原辅料结块霉变混入而发病。

4. 发病条件　装料灭菌时间拖长，导致基料酸败；料袋灭菌不彻底，病原菌潜藏于培养基内；气温超过 28℃时易发病。

5. 防治措施　①优化基料，棉籽壳、麦麸等原辅料要求新鲜、无结块、无霉变。②装袋至灭菌时间一般不超过 6h，灭菌时，100℃保持 16～20h。③发菌培养时，防止高温烧菌，保持室内干燥，防潮、防阳光直射。④菌袋适时开口增氧，促进原基顺利形成子实体，长菇温度掌握在 23～28℃，空气相对湿度 85％～90％。⑤子实体发育期一旦发病应提前采收，及时搔去受害部位的基料，并喷洒 75％百菌清可湿性粉剂 1 500 倍液，养菌 2d 后，喷水增湿促进继续长菇。

(四) 毛木耳镰刀菌病

1. 病原　病原菌为茄腐镰刀菌（*Fusarium solani*）。毛木耳镰刀菌病于 1995 年首次被报道，主要发生在菌丝培养后期及出耳前期。

2. 症状　在发病初期，病原菌会在菌袋表面形成浅褐色或黄褐色透明胶质菌膜，随着菌丝的生长蔓延，菌膜面积渐渐扩大，颜色逐渐加深，变硬，呈黑褐色不透明状。茄腐镰刀菌在发病部位可明显抑制耳基的形成，并诱导次生病虫害的发生，严重的可导致毛木耳减产。

3. 传播途径　该病原菌平时广泛分布在各种有机物上，随培养料混入。分生孢子主要借助气流、喷水进行传播。

4. 发病条件　灭菌不彻底，高温高湿有利于发病。

5. 防治措施　参照茶树菇软腐病的防治措施。

（五）香菇镰刀菌病

1. 病原　病原菌为镰刀菌（*Fusarium* sp.）。罹病子实体组织上形成的一层灰白色霉状物为病原菌分生孢子梗及分生孢子。

2. 症状　香菇受害子实体萎缩死亡和形成"僵菇"。地栽香菇受害初期在子实体表面形成白色菌丝，后子实体逐渐腐烂变黑，见图2-12。

3. 传播途径　此病原菌平时广泛分布在各种有机物上，随培养料混入。分生孢子主要借助气流、喷水进行传播。

4. 发病条件　灭菌不彻底，高温高湿有利于发病。

5. 防治措施　参照茶树菇软腐病的防治措施。

（六）鸡腿蘑镰刀菌病

1. 病原　病原菌为镰刀菌（*Fusarium* sp.）。

2. 症状　主要危害子实体，先在幼嫩的子实体顶端长出白色菌丝，随后子实体逐渐变黑腐烂（图2-13）。

3. 传播途径　此病原菌平时广泛分布在各种有机物上，随培养料混入。分生孢子主要借助气流、喷水进行传播。

4. 发病条件　灭菌不彻底，高温高湿有利于发病。

5. 防治措施　参照茶树菇软腐病的防治措施。

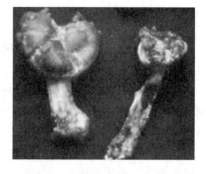

图2-12　香菇感染镰刀菌病症状

（张绍升等，2004）

a　　　　　　　b

图2-13　鸡腿蘑感染镰刀菌病菌袋、子实体症状

a. 子实体症状　b. 菌袋感染症状

（张绍升等，2004）

八、双孢蘑菇菇脚粗糙病

1. 病原　贝勒被孢霉（*Mortierella bainieri* Const.）。

2. 症状　罹病的双孢蘑菇菌柄表面粗糙，裂开，外观呈纤毛状，菌柄和菌盖明显变色，后期变成暗褐色。在罹病双孢蘑菇的菌柄和菌褶上可看到一种粗糙灰色的菌丝生长物，它可以传播到周围的覆土上，发病情况与软腐病有点相似。有些病菇发育不良，形状不规则。发育后期感染，菌柄稍微变色，菌盖表面的褐斑上有一个黄色的圆圈（图2-14）。

3. 传播途径　病原菌产生的孢囊孢子很容易由风和水传播，也能由覆土带入菇房。该病原菌是一种常见的土传真菌，其初侵染源可能主要来自覆土材料。

4. 发病条件　土层过湿、菇房内空气相对湿度过高，会加快其发病。

图2-14　双孢蘑菇菇脚粗糙病症状

（Fletcher et al.，2007）

5. 防治措施　该病的病原菌是一种普通的土壤真菌，因此应采取严格的卫生管理措施，覆土可采取熏蒸消毒，或喷洒 4%甲醛溶液进行预防。发病后可喷洒 40%多菌灵可湿性粉剂 500 倍液进行防治，该病原菌对苯菌灵不敏感。

九、双孢蘑菇地碗菌病

1. 病原　病原菌为疣孢褐盘菌（*Peziza badia*），又称疣孢褐地碗菌，肉质子囊盘杯状或碗状，褐色，直径 3～6cm。分类学上属于子囊菌门，盘菌纲，盘菌目，盘菌科。

2. 症状　可侵染双孢蘑菇、平菇及其他食用菌。染病菇床上，培养料表面长出一粒一粒近肉色、2～8mm 大小不一的圆形子实体，该子实体不断长大，顶端开口呈碗状或杯状，无柄，黄色或土色，后期子实体的边缘开裂呈花瓣状（图 2-15）。受害菇床出菇减少，甚至不出菇。

3. 传播途径　病原菌主要生存于土壤或有机质中，可通过覆土材料或培养料进行传播，也可通过气流进行传播。

图 2-15　菇床上地碗菌子实体
（张绍升等，2004）

4. 发病条件　菇房湿度大、通气条件差有利于发病。在 6～15℃条件下易产生盘状子实体。

5. 防治措施　选用新鲜的培养料，适当增加接种量，发菌期间适当降低菇房内的空气相对湿度。当培养料上出现盘菌时，应及时挖除，在出现盘菌的部位撒上生石灰，干燥几天后再喷水。

十、双孢蘑菇尾孢霉病

1. 病原　病原菌为尾孢霉（*Cercospora* spp.）。分生孢子梗淡褐色，不分枝，顶端着生分生孢子；分生孢子无色，单生，长棍棒状，多胞。

2. 症状　双孢蘑菇菌盖上形成斑点，病斑初期呈浅褐色，后逐渐变成黑褐色，病斑呈不规则形（图 2-16）。

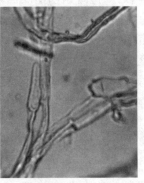

a　　　　　　　　　　b

图 2-16　双孢蘑菇尾孢霉病症状及病原菌形态
a. 子实体症状　b. 病原菌形态
（张绍升等，2004）

3. 传播途径　病原菌产生的分生孢子随风和水传播，也能由覆土带入菇房。

4. 发病条件　菇房内空气相对湿度过大，会加快其发病。

5. 防治措施　覆土可采取熏蒸消毒或喷洒 4% 甲醛溶液进行预防。发病后可喷洒 40% 多菌灵可湿性粉剂 500 倍液进行防治。

十一、香菇褐斑病

1. 病原　病原菌为拟尾孢霉（*Eriocercospora* spp.）。分生孢子梗浅褐色，分生孢子座生于分生孢子梗侧面；分生孢子多胞，浅褐色，垫状。

2. 症状　菌盖中央先变成黄色，后逐渐变成褐色，后期在病斑上产生暗褐色小粒点。

3. 传播途径　此病原菌平时广泛分布在各种有机物上，随培养料混入。分生孢子主要借助气流、喷水进行传播。

4. 发病条件　灭菌不彻底，高温、高湿、通风不良有利于发病。

5. 防治措施　参照真姬菇蛛网霉病的防治措施。

十二、红银耳

1. 病原　红银耳主要是由浅红酵母（*Rhodotorula pallid*）侵染引起的（图 2-17）。引起银耳病害的酵母菌有深红酵母、黏红酵母、浅红酵母 3 种，均隶属于子囊菌门，半子囊菌纲，酵母菌目，隐球酵母科。

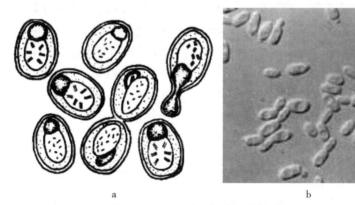

a　　　　　　　　　　b
图 2-17　浅红酵母形态及菌落形态
a. 线红酵母形态　b. 菌落形态

2. 症状　在银耳栽培过程中，受酵母菌侵染的银耳子实体开始变红，然后腐烂，最后失去再生能力。此外，病原菌还可以侵染银耳芽孢斜面试管种，出现红色污染菌落。

3. 传播途径　空气、昆虫可传播病原菌。

4. 发病条件　一般都在高温高湿的条件下发生，该菌最高生长温度为 28～29℃，一般多在 6 月中下旬至 7 月上旬发生，出耳时如果在 25℃ 的高温下，且耳棚通风差、湿度大，可导致红银耳大量发生。一旦该病发生，蔓延极为迅速，数天之内往往会造成全棚感染。

5. 防治措施　在防治该病时要以预防为主。由于该病可潜伏到第二年再行发生，因此当年发病的耳木在秋季前务必烧掉，以切断翌年的初侵染源。此外，栽培场地还要用氨水、石灰水等消毒，使用的工具也必须经过消毒。生产上应提早接种，出耳时避开 25℃ 的高温

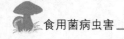

条件，加强耳棚管理，使耳棚通风透气，注意环境及用水的卫生管理。目前对于浅红酵母还缺乏有效的防治药物。

十三、银耳凤梨病

随着蔗渣的广泛使用，银耳遭受甘蔗凤梨病菌感染日趋严重，轻者造成减产，重者可导致绝收。据报道，该病在福建仙游、龙海普遍发生。

1. 病原 病原菌为甘蔗凤梨病菌（*Ceratocystis paradoxa* Morean），属于子囊菌门，球壳目，长喙壳属。子囊有长颈，子囊壁早期溶解，没有侧丝。该菌可产生两种大小不同的分生孢子：大型分生孢子为球形、椭圆形或梨形，壁厚，黑褐色，长 $16\sim20\mu m$，宽 $10\sim12\mu m$；小型分生孢子初期短杆状，后变成椭圆形，壁薄，淡褐色，长 $10\sim20\mu m$，宽$4\sim10\mu m$。

2. 症状 初期侵染培养基表面，危害银耳子实体和菌丝体，产生淡褐色孢子。出耳前发病，会抑制银耳原基的形成；出耳后发病，造成银耳发黄萎缩，最后腐烂。

3. 传播途径 甘蔗凤梨病菌危害甘蔗，引起甘蔗凤梨病。这种病原菌通常寄生在甘蔗茎切口或伤痕处，或生存于蔗渣、糖泥中，成熟的分生孢子四处飘散。因此，此病发生严重的蔗区，银耳被感染的机会也很多，尤其附近堆放蔗渣和糖泥的栽培室以及靠近猪舍、牛棚的地方，发病率更高。该病主要通过气流进行传播，分生孢子是主要的侵染体。

4. 发病条件 该病的危害程度主要取决于培养条件，在气温高、湿度大、通气不良的条件下发病率极高。该病原菌的生长温度为 $13\sim36℃$，最适温度为 $25\sim31℃$，在适温下，相对湿度越大，发病率越高。特别是在气温高于 $26℃$ 时，栽培者往往为了保湿而关闭窗户，造成高温、高湿及通风透气差的环境条件，极大地促进了病原菌的繁殖和蔓延。

5. 防治措施 银耳凤梨病是一种新见的病害，目前尚无防治经验可循。对其防治应以预防为主，具体方法是：①搞好耳棚及周围的环境卫生，耳棚要远离蔗渣、糖泥堆放处和猪舍等，耳棚应通风透气良好，注意用水卫生。②用 $2\%\sim5\%$ 石灰水进行处理，这样既不影响银耳生长，又有一定的杀菌作用，可取得一定的防治效果，但注意一定要在出耳以后施药，否则会导致不出耳。

十四、银耳白粉病

1. 病原 该病的病原菌尚未鉴定清楚，该病原菌主要危害银耳。

2. 症状 银耳子实体感染该病原菌之后，在耳片上出现一层粉状的杂菌，至此耳片不再长大，形成不透明的"僵耳"。将病耳采收后，新长出的耳片上仍然会出现粉状的杂菌，严重影响银耳的产量和质量。

3. 传播途径 空气、喷水可传播该病原菌。

4. 发病条件 耳棚内通气差、高湿、闷热，容易导致该病大发生。

5. 防治措施 出耳前，耳木的菌丝尽量发透，出耳以后加强耳棚通风，避免闷热、高湿，注意环境清洁，可降低其危害。病害发生之后喷洒石硫合剂，对病害有一定的抑制作用。

十五、草菇白绢病

1. 病原 病原菌为齐整小核菌（*Sclerotium rolfsii* Sacc.），有性态为白绢阿太菌（*Athelia rolfsii*），属担子菌门，层菌纲，无隔担子菌亚纲，多孔菌目，多孔菌科。子实体白色，密织成层，担子棍棒状，在分枝菌丝的尖端形成，大小为（9～20）μm×（5～9）μm。顶生小梗 2～4 个，小梗长 3～7μm，微弯，产生担孢子。担孢子亚球形、梨形或椭圆形，无色，单胞，平滑，基部稍歪斜，大小为（5～10）μm×（3.5～6）μm。有性世代不常发生。

2. 症状　罹病的子实体表面湿滑，具黏性，最后腐烂死亡。病原菌能在培养基上生长。该病原菌危害子实体，在其上产生菌核，菌核似菜籽，是该病的侵染源。菇体一旦被侵染，病原菌蔓延极快。

3. 传播途径　不详。

4. 发病条件　不详。

5. 防治措施　清洁卫生是防止该病原菌发生的主要措施。

十六、金针菇基腐病

1. 病原　病原菌为瓶梗青霉（*Paecilomyces* spp.），属子囊菌门，不整囊菌纲，曲霉目，发菌科，青霉属。该病原菌在马铃薯蔗糖培养基上，菌丝呈白色粉状，培养基呈深红褐色，菌落呈粉红色；孢子梗从气生菌丝上长出，呈对称分叉，与青霉素的分枝相似，但小枝梗顶端着生的分生孢子可形成长链，链长达 400～600μm；分生孢子椭圆形，单胞，无色。

图 2-18　金针菇基腐病症状
（张绍升等，2004）

2. 症状　子实体生长发育阶段，菌柄基部呈黑褐色至黑色腐烂，基部腐烂后，子实体倒伏。幼菇丛发病虽不倒伏，但不能继续生长发育，严重发生时，针状的幼菇成丛变黑腐烂（图 2-18）。

3. 传播途径　不详。

4. 发病条件　各地均有发生，以室内床栽较多。多发生于棉籽壳生料栽培的菇床上，生长阶段培养料含水量过高，床面长时间有积水，加之长时间覆盖薄膜，通风不良，湿度过大，有利于此病害发生。

5. 防治措施　①子实体生长阶段控制适宜的含水量，经常清除床面积水，特别是在子实体生长阶段清除积水特别重要。②发现病菇后应及时清除，然后喷 50% 多菌灵可湿性粉剂 500 倍液或 80% 代森锰锌可湿性粉剂 800 倍液，可起到一定的防治效果。

十七、平菇毛霉软腐病

1. 病原　病原菌为大毛霉 [*Mucor mucedo*（L.）Fres.]，属接合菌门，接合菌纲，毛霉目，毛霉科。在马铃薯蔗糖培养基上生长时，菌丝丛呈灰黄色，无假根；菌丝粗壮，无隔膜；孢囊梗不成束，繁茂成层，直立，顶生孢子囊；孢子囊球形，初形成时为黄白色，囊膜易破裂而放出孢囊孢子，孢囊孢子的数量多，单胞，近圆形，比青霉的分生孢子大 1～2 倍；在孢囊梗的基部有分枝，为小孢子囊梗，着生一个小型的孢子囊。

2. 症状　平菇子实体受病原菌侵染后，整个子实体呈淡黄褐色水渍状软腐，一般多从菌柄基部开始逐渐向上发展，也有从菌盖开始发生的，软腐后的子实体表面黏滑，但不散发恶臭，病菇表面的菌丝在喷水后不易看到。

3. 传播途径 空气、喷水、昆虫可传播该病原菌。

4. 发病条件 该病发生在室内及露地场畦栽培的平菇上。特别是在子实体充分成熟未及时采收，菇房又高温高湿、通风不良和喷水过多的情况下，此病容易发生。

5. 防治措施 ①菇床培养料表面不存积水。②温度高时喷水后一定要充分通风。③及时防治菇蝇、菇蚊等害虫，以免其危害平菇子实体及传播病原菌。

十八、毛木耳油疤病

毛木耳油疤病是严重危害毛木耳生产的病害，又称"苕皮病""牛皮包"等，是一种发生在毛木耳菌袋内菌丝体上的侵染性病害。20世纪90年代初开始流行，并日趋严重，在四川、河南等地几乎所有的毛木耳耳棚都会受到该病害的侵染，严重时耳棚内90％以上的菌袋会受到侵染。病害发生后，原基形成和子实体发育受阻，造成产量降低和栽培效益下降，因此该病被称为"毛木耳生产的癌症"。

1. 病原 孙婕等（2012）首次报道了该病，并将其病原菌鉴定为木栖柱孢霉（*Scytalidium lignicola*）。在pH为4～12范围内，随着pH的上升，病原菌的菌丝生长速度逐渐降低，表现出较为明显的嗜酸特性。在5℃时菌丝几乎不生长；10～25℃时随着温度的升高，菌丝生长速度逐渐加快；在25～30℃时随着温度的升高，菌丝生长速度逐渐减慢。其对碳源、氮源的利用能力较强，可广泛利用各类单糖、双糖和多糖，以及多种铵态氮和氨基酸。光照对菌丝生长和孢子形成具有促进作用，完全黑暗的条件下菌丝生长速度慢于连续光照条件。

2. 症状 病原菌只侵染毛木耳菌丝，不侵染子实体。菌袋表面任何部位菌丝均可受到病原菌的侵染，受到侵染后，在毛木耳菌袋表面菌丝层形成褐色油浸状病斑，色泽逐渐加深，并逐渐向周围扩展，形成较为坚硬的菌皮包裹在菌袋表面，无异味。毛木耳菌丝体先端受到病原菌侵染，菌丝不能继续生长。侵染前期和中期，在菌袋的横切面可观察到菌丝体分为明显的两个部分，被侵染的菌丝体形成较坚硬的组织，包裹在菌袋表面，内部菌丝洁白，无异味，生长正常。侵染后期，病斑逐渐变为深褐色，最后变为黑色，菌袋变软，菌袋外周菌丝体坚硬的组织消失，常出现异味，内部菌丝消解，培养料松散，常可见大量绿色孢子或其他微生物的生长（图2-19）。

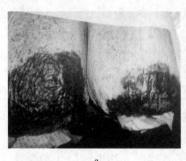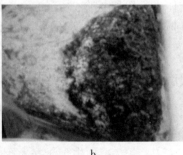

图2-19 毛木耳油疤病症状与病原菌形态

a、b. 菌袋症状　c. 病原菌形态

（边银丙，2016）

3. 传播途径 空气、喷水、昆虫可传播该病原菌。

4. 发病条件　高温高湿、通风不良有利于发病。

5. 防治措施　对毛木耳油疤病应以预防为主，综合防控。

（1）选择适宜品种　当前尚无对木栖柱孢霉具有抗性的毛木耳品种，但不同品种之间对木栖柱孢霉的抗性存在一定的差异，其中 781 的抗性略强于其他品种。

（2）冬季翻晒耳棚　通过冬季翻晒耳棚，或采用钢架、塑料薄膜、遮阳网等材料替代毛毡覆盖，可有效降低病害的发生率。

（3）注意环境卫生　清理耳棚周围的杂草、垃圾、废弃菌袋，远离水塘、积水、腐烂堆积物，耳棚增设防虫网，大力推广使用黄板和频振灯。

（4）改进菌袋制作技术　①制袋时间，当前四川毛木耳主产区受用工、季节等限制，制袋时间越来越早，有些产区已提前到 11 月，菌丝长满菌袋后至适宜的出耳季节还有 2～3 个月的时间，因此很容易造成菌丝的老化和活力下降，增加后期的污染率和油疤病的感病率。建议制袋时间不能早于 12 月。②选择菌袋，菌袋的质量是毛木耳制袋成功与否的前提条件。试验结果显示，采用 3 丝以上的稍厚和质量较好的菌袋，污染率低，可提高制袋成功率。③低温发菌，木栖柱孢霉菌丝生长的最适温度为 25～30℃，试验表明，通过降低菌袋培养温度至 20℃，可有效降低油疤病的发生率。④增加石灰用量，木栖柱孢霉菌丝具有嗜酸的特性，通过将石灰用量增加至 3％～4％提高培养料的 pH，能降低病害的发生率。⑤控制水分，65％～70％的含水量有利于降低病害的发生率。⑥适当遮光，光照对木栖柱孢霉菌丝生长有促进作用，因此适当地遮光培养有助于降低油疤病的发生率。

（5）加强出耳阶段的管理　①控制光照，子实体形成阶段需要一定的散射光，晴天中午耳棚内的光照度控制在 250～310lx，可满足光照催耳和遮光防病的要求。②水分管理，传统的毛木耳生产出耳阶段喷水较重，试验证实应加强通风，保持耳棚内的通气性，采摘子实体后立即通风，可有效降低病害的发生率。

（6）药剂处理　将 50％咪鲜·氯化锰可湿性粉剂按照 1∶250 和 1∶500 的比例与干细土拌匀涂抹病斑，结果显示，该方法的平均防效分别可达到 93.4％和 86.9％。

十九、毛木耳网头霉病

1. 病原　病原菌为网头霉（*Rhopalomyces* spp.）。菌丝稀少；分生孢子梗直立，细长，简单；分生孢子单胞，无色，椭圆形，聚生于分生孢子梗顶部并膨大为球形（图 2-20a、b）。

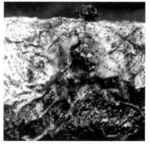

a　　　　　　　b　　　　　　　c

图 2-20　毛木耳网头霉病病原菌形态及症状

a、b. 病原菌形态　c. 菌袋症状

（张绍升等，2004）

2. 症状 毛木耳的菌丝体或子实体均会受害。菌丝体受害后，生长受抑制；子实体发病后停止生长，僵死萎缩。后期在发病的菌袋或发病的子实体上长出点状黑霉（图 2-20c）。

3. 传播途径 空气、喷水、昆虫、螨类可传播该病原菌。

4. 发病条件 温度 15～30℃，空气相对湿度 95% 以上，基质 pH 在 6 以下适合该菌生长、繁殖和侵染。

5. 防治措施 做好预防工作，同时加强通风和环境卫生管理。

二十、黑木耳黑皮病

1. 病原 病原菌为一种黑色腐生真菌，通过形态观察比对和 ITS 序列分析，确定该病的病原菌为可可毛色二孢菌（*Lasiodiplodia theobromee*）（图 2-21）。

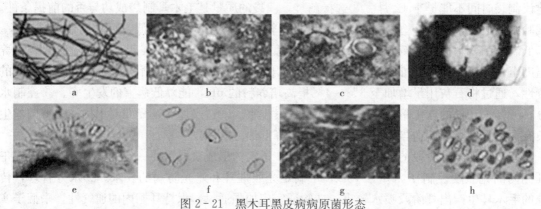

图 2-21 黑木耳黑皮病病原菌形态

a. 菌丝体 b、c. 真子座型载孢体 d. 真子座型载孢体横截面 e. 产孢细胞和分生孢子初期 f. 分生孢子

g. 真子座型载孢体顶端释放黄色孢子束 h. 孢子束形态

（刘佳宁等，2015）

2. 症状 病原菌常覆盖在菌袋表面，整个菌袋表面迅速变为黑色，在菌袋与培养基中间形成一层致密的黑色菌丝覆盖层，并产生大量黑色的凸起。该病具有发病快、传播广的特点。

3. 传播途径 不详。

4. 发病条件 高温高湿、通气不良有利于发病。

5. 防治措施 做好预防工作，同时加强通风和环境卫生管理。

二十一、黑木耳代料栽培培养基软化病

1. 病原 2014 年刘佳宁等从黑龙江省和吉林省的多个黑木耳主产区采集病原菌样本，病原菌经分离纯化得到 6 个菌株，通过对子实体、孢子和菌丝的形态观察及分别进行回接试验，提取其 ITS 序列并与该属内 15 个不同品种进行系统分析，确认病原菌为黄孢原毛平革菌（*Phanerochaete chrysosporium*）。

菌落正面及反面均为白色，具有发达的菌丝体，在 24℃ 的培养条件下菌丝长势旺盛，固体培养基中菌丝向培养基内深入，在距离表面约 1mm 厚的区域内形成菌丝层。随着培养时间的延长，菌丝向气相延展产生大量孢子，形成白色粉末状物遍布全平板。该菌具有容易

产生孢子且孢子数量庞大的特点。菌丝体白色，有气生菌丝，菌丝体宽 $3\sim6\mu m$，有隔，光滑，中段有分叉，新菌丝体形成时在菌丝体上形成细小的分枝，小分枝顶端着生孢子或厚垣孢子，小分枝大小一般为 $(7.5\sim10)$ $\mu m\times(5\sim7.5)$ μm。厚垣孢子呈浅黄色，有明显的外壁及内容物，外壁厚度为 $1\mu m$ 左右，通过小枝与菌丝体连接，一般着生于菌丝体分枝的起始位置，亚圆形或椭圆形，直径 $45\sim70\mu m$。分生孢子呈梨形、亚圆形或椭圆形，表面光滑，无隔，无色，大小为 $(7.5\sim10)$ $\mu m\times(5\sim7.5)$ μm。

2. 症状　在东北地区特别是黑龙江东宁、尚志、伊春和吉林蛟河等地发生的高危侵染性病害，其发病特点为病原菌生长迅速，在接菌后 $7\sim10d$ 长满菌袋，从长满袋起病原菌开始降解培养基，致使培养基质量与体积急剧下降，造成严重的袋料分离现象，并且菌袋内培养基质地变得极其松软，菌袋整体严重软化，耳农将其称为面包菌病（2-22）。

图 2-22　黄孢原毛平革菌感染的菌袋
（刘佳宁等，2014）

3. 传播途径　不详。

4. 发病条件　高温、通气不良有利于发病。

5. 防治措施　做好预防工作，同时加强通风和环境卫生管理，有助于防止该病害发生。

二十二、茶树菇黑斑病

1. 病原　头孢霉（*Cephalosporium* spp.）。

2. 症状　受害子实体出现黑色斑点，在菌盖和菌柄上分布，菇体色泽有明显反差，轻者影响产品外观，重者导致霉变。

3. 传播途径　主要通过空气、风、雨雾进行传播，常因操作人员及工具接触感染。

4. 发病条件　菇房温度在 $25\sim30℃$、通风不良、喷水过多、菇体表面有水膜存在时易发病。

5. 防治措施　①保持菇房清洁卫生，保持良好通风，防止高温高湿。②接种后适温养菌，加强通风，让菌丝正常发透。③出菇阶段喷水掌握轻、勤、细的原则，每次喷水后要及时通风。④幼菇阶段受害时，可用50%噻菌灵悬浮剂1 000 倍液喷洒1次；成菇发病及时摘除，挖掉周围被污染部位，并喷洒50%异菌脲悬浮剂1 000 倍液。

二十三、茶树菇霉烂病

1. 病原　病原菌为绿色木霉，侵蚀子实体表层，初期为粉白色，逐渐变为绿色、墨黑色，直到糜烂、霉臭。多因料袋灭菌不彻底，病原菌潜伏在基料内，导致长菇时发作，由菌丝体转移到子实体。同时菇房湿度偏高、通风不良有利于病害蔓延，受害菇失去商品价值。

2. 症状　受害子实体出现发霉变黑，烂倒，可闻到一股氨水臭味，传播较快，严重时导致整批茶树菇霉烂歉收。

3. 传播途径　主要通过空气、风、雨雾进行传播，常因操作人员及工具接触感染。

4. 发病条件　菇房温度在 $25\sim30℃$、通风不良、湿度大易发病。

5. 防治措施 ①彻底清洁接种室、培养室及出菇棚周围环境卫生。在菇棚周围约 30m 的距离内，喷洒 40％多菌灵可湿性粉剂 400 倍及 40％苯酚 200 倍混合溶液。病原菌基数偏高时，菇棚内喷洒 40％苯酚 100 倍液，密闭 2d 后方可启用。②料袋含水量不宜超过 60％，并彻底消毒，不让病原菌有潜藏余地。③接种严格执行无菌操作，培养室每 5d 喷 1 次药物杀菌。药物应交替使用 40％多菌灵可湿性粉剂 400 倍液、40％苯酚溶液 200 倍液。④发生病害后，将发病菌袋移出焚烧或深埋，也可使用 40％多菌灵可湿性粉剂 400 倍液浸泡后进行打碎、堆制发酵处理，用作有机肥。

二十四、茶树菇刚毛菌病

1. 病原 刚毛菌病俗称煤烟病，病原菌为刚毛菌（*Lacellina* sp.）。刚毛直立，褐色；菌丝黑色，可缠绕于刚毛上；分生孢子梗较短，暗色；分生孢子单胞，黑色，串生（图 2-23a）。

2. 症状 茶树菇的子实体、菌袋和培养料上均可发生该病。茶树菇幼蕾易发病，造成大量菇蕾死亡，在枯死的子实体上，被污染的培养料表面和菌袋表面产生成团的灰色霉层，霉层后期转为黑色，霉团破裂后有大量黑粉飞散（图 2-23b）。

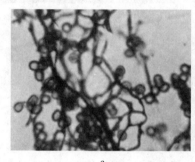

a   b

图 2-23 茶树菇刚毛菌病病原菌形态及症状

a. 病原菌形态   b. 症状

（张绍升等，2004）

3. 传播途径 通过空气、土壤、培养料进行传播。

4. 发病条件 高温、通气不良有利于发病。

5. 防治措施 做好预防工作，同时加强通风和环境卫生管理，有助于防止该病害发生。

二十五、鸡腿蘑红粉病

红粉病为鸡腿蘑生产中的主要病害，除直接危害子实体外，还经常大面积发生在覆土表面。

1. 病原 粉红单端孢霉［*Trichothecium roseum*（Bull.）Link.］。该菌是腐生菌，寄生能力较弱，只能寄生于长势弱的鸡腿蘑上。

2. 症状 子实体受害，多从生长势弱或未及时采摘的子实体菌盖顶端或菌柄基部开始，病部初生白色霉状物，后逐渐变为粉红色，随病害发展迅速蔓延，最后子实体腐烂坏死。床面上发病初期产生白色纤细的絮状或蛛丝状菌丝，后因产生分生孢子而逐渐变为粉红色，霉层稀疏。

3. 传播途径 单端孢霉分布广泛，在玉米秸秆、腐烂的果蔬和土壤中普遍存在，其分生孢子通过培养料或覆土传播，或通过气流传播进行初侵染。

4. 发病条件 高温高湿有利于发病。

5. 防治措施 ①农业防治，搞好菇房及其周围环境的清洁卫生，选用新鲜、干燥、无霉变的原料做培养料，做好高温杀菌工作。②化学防治，出菇前发病，可喷药控制病害蔓延。药剂可选用70％甲基硫菌灵可湿性粉剂750倍液、50％多菌灵可湿性粉剂500倍液。同时加强通风，降温排湿。

第二节 熟料袋（瓶）栽竞争性真菌病

几乎各种食用菌的试管、玻璃瓶或塑料袋菌种都可能受各种杂菌污染，主要杂菌引起的病害种类介绍如下。

一、链孢霉病

1. 病原 好食丛梗孢（*Monillia sitophila*），有性态为好食脉孢霉（*Neurospora sitophila*），俗称"红色面包霉"，属子囊菌门，子囊菌纲，粪壳霉目，粪壳霉属。在培养基内生长迅速，表面气生菌丝发达。

链孢霉病症状及病原菌

2. 症状 好食丛梗孢菌落初为白色，粉粒状，后为绒毛状，菌丝透明，有分枝，有横隔，向四周蔓延；气生菌丝不规则地向空中生长，呈双叉分枝；分生孢子成链，球形或近球形，直径6～8μm，光滑，分生孢子初为淡黄色，后期成团呈橙红色。

菌种厂热天制种易受该菌污染，2～3d内菌丝便向上长到棉塞，向下长到瓶底，菌丝细而色淡。如果棉塞塞得较紧，瓶中氧气不足，则只长菌丝而暂不产生橙红色孢子；如稍松动棉塞，提供新鲜空气，第二天在气生菌丝上就会出现粉红色的分生孢子。棉塞在高压灭菌时受潮吸湿则极易感染该菌。

好食丛梗孢以生长迅速的优势与食用菌争夺营养、占领空间，是制种的主要害菌之一，菇床栽培期少见危害。

3. 传播途径 好食丛梗孢的分生孢子呈粉末状，数量极多，个体很小，能随尘土、气流飘浮于空气中，四处扩散，无孔不入，也可随操作人员及工具等进入接种箱和培养室，一旦大发生就难以控制。

4. 发病条件 好食丛梗孢是一种土壤微生物，在自然界中分布极为广泛。适于高温季节繁殖，在25～30℃下生长很快，2～3d可完成一世代。好食丛梗孢分生孢子耐高温，在70℃高温下4min才死亡，干热可承受130℃高温。因此，受此菌污染的菌种厂很难彻底将其消灭，严重污染的菌种厂只能倒闭。

5. 防治措施

（1）注意环境卫生 预防性杀菌处理，培养室及工作场所在使用前要先清除尘土、垃圾和杂物，然后密封门窗熏蒸杀菌或喷施杀菌剂，下列方法可选其一或轮流使用：①硫黄粉熏蒸，每立方米空间用10g左右的硫黄粉，将其置于金属容器内燃烧，预先用纸条密封门窗缝隙，封严才能达到预期效果，熏蒸34～48h后开封散气。②40％左右甲醛熏蒸，每立方米空间用10～20mL甲醛、5～10g高锰酸钾、20mL水，密封菇房熏蒸34～48h。③喷施杀菌剂，常用的杀菌剂有 50％多菌灵可湿性粉剂 500 倍液、70％甲基硫菌灵可湿性粉剂 700 倍液、1％漂白粉水溶液，冲刷地板、墙角、菇架各处。

（2）严格控制污染源　凡感染了杂菌的瓶、袋、试管应及早运出并进行杀菌处理，若已在瓶、袋、试管内形成大量分生孢子，则应用湿纸或湿布小心覆盖包裹，防止扩散，然后进行高压灭菌或药物浸泡灭菌。灭菌药剂可选用 1％甲醛水溶液或者 1％漂白粉水溶液。

在杀菌之前挖瓶、洗瓶会使孢子大量飞散，焚烧灭菌（如塑料袋污染杂菌常用此法）也会使部分孢子随气流扩散而污染环境及工作人员，因此不宜采用。

受杂菌污染的环境，可轮流选用多菌灵、甲基硫菌灵、漂白粉精等溶液之一喷施，减轻杂菌的危害，栽培结束后废弃的霉变培养料可用作粪肥，有沼气池的地区可倒入沼气池。

（3）提高灭菌技术　①防止因高压灭菌不彻底而导致杂菌污染。高压灭菌不彻底的原因可能有：高压锅表盘失灵，实际未达到灭菌压力与温度；装料过紧过多，消毒锅内空气流通受阻，造成各处温度不均匀，杀菌效果不好；未能正确掌握消毒技术，如冷空气未排尽。②防止棉塞受潮。高压灭菌时棉塞受潮吸水，往往会造成好食丛梗孢及其他杂菌大发生，因此消毒时应有针对性地防止棉塞吸潮，培养室要经常通风换气，保持空气干燥，夏季空气湿度大，更应注意防止棉塞受潮。③防止因无菌操作技术掌握不当或不熟练而造成污染。

（4）注意操作人员卫生　①接种室和培养室内的工作人员，有条件的可专门准备工作衣帽，无条件的可用两套旧衣服，经常洗涤、消毒；进入工作间前必须先洗手消毒，然后才能进行接种操作和进出培养室。②原料库与接种室、培养室隔离，麸皮、米糠、木屑、棉籽壳等植物原料带有大量杂菌，接触与使用未消毒的原料后必须更换衣帽、洗手消毒，才能进行接种等操作活动。

二、木霉病

1. 病原　病原菌为木霉（*Trichoderma* spp.），俗称绿霉菌，包括康氏木霉、绿色木霉和多孢木霉。木霉属于子囊菌门，核菌纲，球壳目，肉座菌科，木霉属。木霉除了是制种期的主要害菌之一外，还是香菇、木耳、平菇栽培中的最主要害菌之一，也可侵害双孢蘑菇、黑木耳、银耳、猴头菇、滑菇以及各种袋栽食用菌。

木霉病症状

菌落浅绿色至深蓝色，边缘白色，菌落絮状或致密丝束状；菌丝白色、透明，有分枝，有分隔；分生孢子梗无色，有许多分枝，不是轮枝状，小梗单生或成群；分生孢子（梗孢子）无色，单胞，卵圆形，着生成小的顶生的簇，通常由于其生成迅速和分生孢子形成的绿斑或垫状物而易于辨别。

2. 症状　木霉可以在各种食用菌的培养基上腐生造成污染，也可在食用菌的菌丝、子实体上寄生使食用菌中毒死亡，受侵染部位的食用菌菌丝先变成黄褐色，逐渐扩大蔓延，最后在感染部位出现绿色粉状菌落，即其繁殖阶段的分生孢子。

木霉对大型真菌如多孔菌、伞菌、耳菌的寄生能力也很强，已知的各种栽培菌皆可被害。木霉产生的外毒素会使大型真菌的菌丝体变成黄褐色，中毒死亡。木霉也可以侵入大型真菌的菌丝体内部，吸取营养物质。凡菌砖、菌块、菇床受木霉污染，食用菌的菌丝体就会死亡，不能结子实体。子实体感染木霉，会在菌盖上产生褐斑，并长出木霉菌落。木霉是目前食用菌发展的劲敌，栽培菌中以黑木耳抗木霉能力最弱。

3. 传播途径　木霉是土壤微生物，广泛分布于自然界中，主要随培养料、气流、喷水、人员、工具、昆虫等各种媒介传播。

　　4. 发病条件　木霉是中温性微生物，适温 20～30℃，喜潮湿，制种与栽培期间均有危害。

　　5. 防治措施　参照链孢霉病的防治措施。

三、曲霉病

（一）黄曲霉病

　　1. 病原　黄曲霉（*Aspergillus flavus*）属子囊菌门，不整囊菌纲，曲霉目，曲霉科，曲霉属。

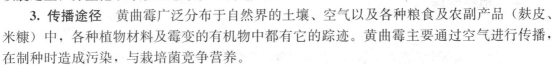

黄曲霉病
症状

　　2. 症状　菌落黄绿色，疏松；菌丝白色，透明，有隔；分生孢子头为疏松的放射状，顶囊烧瓶形或近球形；分生孢子梗极为粗糙，小梗单层或双层或同时存在于一个顶囊之上；分生孢子球形至近球形，成链产生。

　　3. 传播途径　黄曲霉广泛分布于自然界的土壤、空气以及各种粮食及农副产品（麸皮、米糠）中，各种植物材料及霉变的有机物中都有它的踪迹。黄曲霉主要通过空气进行传播，在制种时造成污染，与栽培菌竞争营养。

　　4. 发病条件　最适生长繁殖的温度为 25～30℃，空气相对湿度为 80％以上。

　　5. 防治措施　参照链孢霉病的防治措施。

（二）黑曲霉病

　　1. 病原　黑曲霉（*Aspergillus nier*）属子囊菌门，不整囊菌纲，曲霉目，曲霉科，曲霉属。

　　2. 症状　菌落黑褐色至炭黑色，疏松；菌丝白色，透明，有隔；分生孢子头幼时球形，渐变成放射状；分生孢子壁硬、光滑、无色，顶囊球形，小梗双层、褐色；分生孢子球形，褐色。

　　3. 传播途径　黑曲霉分布广泛，分布于土壤、空气以及各种植物材料上，多为环境带菌，操作污染。

　　4. 发病条件　黑曲霉适宜的生长繁殖温度为 25～30℃，空气相对湿度 85％以上有利于其发生。

　　5. 防治措施　参照链孢霉病的防治措施。

（三）灰绿曲霉病

　　1. 病原　灰绿曲霉（*Aspergillus glaucus*）属子囊菌门，不整囊菌纲，曲霉目，曲霉科，曲霉属。菌丝白色，透明，有隔，有的气生菌丝发达；分生孢子头放射状，略呈疏松柱状；分生孢子梗无色、光滑，顶囊近球形，小梗单层；分生孢子近球形或椭圆形，具细刺。

　　2. 症状　菌落灰绿色，疏松，因生长缓慢、菌落细小，常被忽略。不产生毒素，无严重危害，栽培菌生长旺盛时可抑制该菌的生长，常被误认成木霉。

　　3. 传播途径　在自然界分布广泛，是引起有机材料和贮粮霉腐变质的主要害菌，也是食用菌生长后期的常见污染菌，靠气流传播。

　　4. 发病条件　灰绿曲霉适合在中温（20～35℃）条件下生长，属耐干性微生物，可在65％～80％相对湿度下生长。

　　5. 防治措施　参照链孢霉病的防治措施。

四、青霉病

　　1. 病原　青霉（*Penicillium spp.*）属子囊菌门，不整囊菌纲，曲霉目，发菌科，青霉属。

2. 症状 菌落大部分呈灰绿色，密毡状、松絮状或形成菌索；菌丝无色、淡色或具鲜明颜色，有横隔；分生孢子梗呈扫帚状分枝是其最显著的特征；分生孢子链状椭圆形、圆形、短柱形，光滑或粗糙。青霉属种类很多，菇房常见的为黄青霉。青霉是

青霉病症状　制种期和菌袋（棒）生产期常见的污染菌，与栽培菌争夺营养，无其他严重危害，栽培菌生长旺盛时可抑制其生长。

3. 传播途径 在自然界分布广泛，属土壤微生物，是工业、农业生产中的主要害菌，也是食用菌常见的污染菌，靠气流传播。

4. 发病条件 青霉属中温性微生物，其生长适温为 20～25℃，要求的湿度略高于曲霉，分布极为广泛。

5. 防治措施 参照链孢霉病的防治措施。

五、拟青霉病

1. 病原 拟青霉（*Paecilomyces* spp.）属于半知菌类真菌，青霉属。

2. 症状 菌落土黄色，松絮状；菌丝白色，透明，有隔；分生孢子梗上有扫帚状分枝，但其分枝比青霉分散，也有单生小梗，小梗细长，基部膨大，上部逐渐变尖；分生孢子卵形或长椭圆形（图 2-24）。

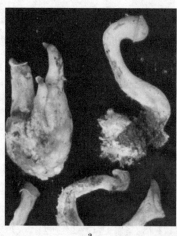
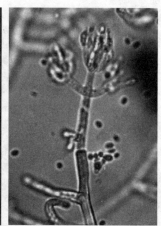

a　　　　　　　　　　　b

图 2-24　拟青霉病症状及病原菌形态

a. 症状　b. 病原菌形态

（张绍升等，2004）

3. 传播途径 拟青霉是分布广泛的土壤微生物，存在于各种有机物上，具有很强的腐蚀力。培养室尘土带菌、气流传播是其主要传播途径。

4. 发病条件 拟青霉属中温、中湿性微生物，空气中尘土多、菇房通风不良，菌袋（瓶）常大批受感染。

5. 防治措施 参照链孢霉病的防治措施。

六、根霉病

1. 病原 根霉（*Rhizopus* spp.），又名面包霉，属接合菌门，毛霉目，毛霉科，根霉

属。危害食用菌的主要为黑根霉 [*R. stolonifer*（Ehrenb. ex Fr.）Vuill]。

2. 症状　菌落初为白色棉絮状，后为灰褐色或灰黑色；菌丝白色透明，无横隔。无性生殖产生孢囊孢子，孢囊梗褐色，直立，不分枝，常数根成束，自基质中长出；孢囊梗基部有发达的假根附着在基质上；孢囊球形或近球形，初为白色，后呈黑色；孢囊内为孢囊孢子，孢囊孢子球形、卵形或不规则形。有性生殖产生接合孢子，接合孢子球形，有粗糙的突起。

根霉病症状
及病原菌

3. 传播途径　根霉属土壤微生物，分布广泛，土壤、空气及各种动物粪便中都可见到，尤其在生霉的食品上更易找到。气流传播是其主要传播途径。

4. 发病条件　适中温，喜潮湿，3d 左右一个世代。培养料含水量偏高、菇房通风不良易发病。

5. 防治措施　参照链孢霉病的防治措施。

七、毛霉病

1. 病原　毛霉（*Mucor* spp.），又名长毛菌、黑面包霉，属接合菌门，接合菌纲，毛霉目，毛霉科，毛霉属。危害食用菌的主要为总状毛霉（*M. racemosus* Fros）。

2. 症状　菌落初为白色棉絮状，后呈淡褐色、灰色；菌丝无色，无横隔。无性生殖产生孢囊孢子，孢囊梗无色，分枝或不分枝，无假根，囊球形或近球形；有性生殖产生接合孢子，接合孢子球形，粗糙，有突起。

毛霉病症状
及病原菌

3. 传播途径　毛霉属土壤微生物，分布广泛，土壤、空气及各种动物粪便中都可见到，尤其在生霉的食品上更易找到。气流传播是其主要传播途径。

4. 发病条件　适中温，喜潮湿，3d 左右一个世代。培养料含水量偏高、菇房通风不良易发病。

5. 防治措施　参照链孢霉病的防治措施。

八、鸡爪菌病

1. 病原　病原菌为淡色生赤壳菌（*Bionectria ochroleuca*）。王波（1997）报道该菌属子囊菌门，核菌纲，炭角菌目，炭角菌科，炭角菌属，叉状炭角菌，属于鸡腿蘑的病原菌。卯晓岚（2000）经鉴定认为其属于总状炭角菌（*Xylaria pedunculata* Fr.）。杜爱玲（2006）通过形态学鉴定，也将该菌鉴定为总状炭角菌。王玉菲等（2012）通过分子鉴定确认该菌为淡色生赤壳菌。

该病原菌发生在菇床上时子座发达，多为丛生，分枝下部较粗，越靠近分枝顶部越细，外形似鸡爪。子座一旦形成，分生孢子即开始产生，覆盖整个子座表面。分生孢子呈圆形，单胞，表面光滑，显微镜下无色或淡色，成堆时灰绿色。子囊成熟后产生大量黑褐色子囊壳，星点状分布于子座表面；子囊壳内部着生大量子囊，子囊圆柱状，子囊孢子椭圆形，色暗。菌丝初期为白色，菌落凹凸不平，边缘不整齐，菌丝疏密分布不均匀。

2. 症状　罹病的鸡腿蘑子实体酷似鸡爪，菇农称该病为鸡爪菌病，主要是因为鸡腿蘑菌丝受病原菌侵染后，纠结变态导致畸形（图 2-25）。

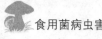

图 2 - 25　鸡腿蘑鸡爪菌病症状

3. 传播途径　鸡爪菌病的初侵染源为带菌土壤，其子囊孢子能在老菇房的土壤内生存，主要通过气流、喷水传播。

4. 发病条件　该病原菌较喜高温高湿，温度为 20～35℃时生长快速，基质内相对湿度达 60％以上，菇房空气相对湿度达 80％以上时，长势良好。当温度低于 20℃时发病率降低，15℃左右该病原菌不形成子实体。

5. 防治措施　在老菇房内应隔 1～2 年种植，防止连种造成再侵染。覆土材料宜选用河泥、砻糠土或水稻田的深层土。推广熟料栽培，适当推迟秋季栽培时间，早春宜提早栽培，适温发菌出菇可有效降低发病率和病害危害程度。

九、裂褶菌病

裂褶菌病症状

1. 病原　裂褶菌（*Schizophyllum commune*）属担子菌门，层菌纲，伞菌目，裂褶菌科，裂褶菌属。

2. 症状　形成小型子实体，菌盖直径 0.6～4.2cm，白色至灰白色，上有绒毛或粗毛，扇形或肾形，具多数裂瓣；菌肉薄，白色；菌褶窄，从基部辐射而出，白色或灰白色，有时淡紫色，沿边缘纵裂而反卷；菌柄短或无。受感染部位不出菇。

3. 传播途径　主要通过空气传播。

4. 发病条件　食用菌栽培条件均适合其发生。

5. 防治措施　参照链孢霉病的防治措施。

十、黏菌病

1. 病原　黏菌是一群类似霉菌的生物，其营养体是一团多核无细胞壁的原生质，会形成具有细胞壁的孢子，但是生活史中没有菌丝的出现，而有一段黏黏的时期，因而得名。食用菌上常见的黏菌有：①绒泡菌，常见种为多头绒泡菌（*Physarum polycephalum* Schw.）。②煤绒菌（*Fuligo* spp.）。③钙丝菌，常见种为彩囊钙丝菌 [*Badhamia utricularis*（Bull.）Berk.]。④高杯菌，常见种是白头高杯菌 [*Craterium leucocephalum*（Pers.）Ditto.]。上述 4 种黏菌的分类地位属黏菌门，黏菌纲，绒泡菌目，绒泡菌科。⑤粉瘤菌 [*Lycogala epidendrum*（L.）Fr.]。⑥筒菌，常见种有小孢筒菌 [*Tubifera microsperma*（Berk. ex Curt.）Mart.]。粉瘤菌和筒菌，属黏菌门，黏菌纲，无丝菌目，线膜菌科。⑦发网菌，常见于香菇段木上的美发网菌 [*Stemonitis splendens* Rost.]，属黏菌门，黏菌纲，发网菌目，发网菌科。⑧团网菌，常见种为粉红团网菌（*Arcyria incarnata* Pers.），属黏菌门，黏菌纲，团毛菌目，团毛菌科。

2. 症状　黏菌大多喜阴凉潮湿的场所，因而只要足够潮湿的有机物质都可能成为其栖息之所，香菇、平菇、秀珍菇、茶树菇、毛木耳等都有被感染的报道。发病初期

黏菌病症状

在覆土层或菌袋的表面出现黏糊状的网状菌丝，菌丝发展迅速，会变形运动，1～2d内蔓延成片或爬上子实体。黏菌的菌落颜色有白色、黄白色、橘黄色和灰黑色等，形状有网络状、发网状等。菌丝消失后会出现黄褐色或深褐色的孢囊果子实体。培养料受害后出现腐烂或不出菇现象；子实体受害后出现斑块、畸形、发僵、腐烂等症状。香菇菌袋被黏菌侵染，初期感染部位出现白色鱼子状杂菌，1～2d后鱼子状变成淡粉色发网状，培养料开始变黑变软，随着黏菌的生长，感染面积扩大，最后整个菌袋腐烂、变黑。

3. 传播途径　初次侵染是由空气传播孢子而来，再次侵染是变形体随喷水、空气、昆虫、操作者及工具进行传播。

4. 发病条件　黏菌在培养料、菌丝生长期菌袋、出菇期培养架、树木等环境中都能够生长，含丰富营养的有机质是黏菌发生的基础，高温高湿是黏菌快速繁殖的条件。温度在26～37℃，相对湿度在80%以上，特别是覆土或菌袋表面积水的情况下，有利于黏菌发生和传播扩展。

5. 防治措施　对于黏菌病尚无理想的防治方法，栽菇者可从实际中摸索经验。如清除废料及地面土壤层；降低菇房温度、湿度，保持通风；培养料及菇棚见光曝晒。邢路军等（2011）建议用绿丹苦参1 000倍液＋水杨酸300倍液组合，或克霉先锋1 000倍液，或绿丹苦参1 000倍液，或水杨酸300倍液进行防治。

十一、束梗孢霉病

1. 病原　束梗孢霉（*Doratomyces* spp.）属半知菌类真菌。

2. 症状　菌落深烟灰色，由一般的菌丝体和菌丝束组成，菌丝束由分生孢子梗构成，梗束呈深色，有分隔，顶端松开，有帚状枝，其上形成分生孢子，孢子卵形或柠檬形，淡褐色或绿色，呈链状。

3. 传播途径　通过气流及水源进行传播。

4. 发病条件　食用菌栽培条件均适合其发生。

5. 防治措施　参照本节其他熟料袋（瓶）竞争性真菌病的防治措施。

十二、黄毁丝霉病

1. 病原　黄毁丝霉（*Myceliophthora lutea*）。

2. 症状　主要发生在栽培料破口处，菌丝绒毛状，先呈白色，后转黄褐色，其分泌的胞外酶类能溶解毛木耳菌丝，导致毛木耳菌丝体消解。黄毁丝霉病是毛木耳栽培中出现的竞争性病害之一。

3. 传播途径　主要通过空气传播。

4. 发病条件　毛木耳栽培条件均适合其发生。

5. 防治措施　参照本节其他熟料袋（瓶）栽竞争性真菌病的防治措施。

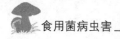

十三、其他杂菌病

常见交链孢霉（*Alternaria* spp.）、枝霉（*Cladosporium* spp.）、出芽短梗霉（*Pullulaus* spp.）等真菌感染菌种，使菌种变暗黑色。这些真菌广泛分布在自然界，尤以腐草、土壤、空气中数量大。

第三节 草腐菌栽培期间竞争性真菌病

一、胡桃肉状菌病

胡桃肉状菌病又称为"假菌块""小牛脑"，是双孢蘑菇栽培中的一种竞争性很强的杂菌。同一菇房可连年感染，持续发生，严重影响产量，甚至造成绝收。该菌最早于1929年在美国西部和北部被发现。该菌由菌种携带传入我国，福建产区发生最普遍。

1. 病原 经鉴定，该病原菌属于子囊菌纲，裸囊菌目，裸囊菌科，德氏菌属的小孢德氏菌，也称为狄氏裸囊菌，学名为 *Diehliomyces microsporus* Gilkey。

2. 症状 胡桃肉状菌病多发生在秋菇前期覆土前后和春菇后期，生培养料往往会产生一种刺鼻的漂白粉气味，秋菇覆土前或覆土后在料内、料面、土层都会发生。受该病原菌污染后，首先在菇床四周出现白色至奶油色小菌丝团，当其开始深入堆肥以后，继续在覆土表面及内部生长，大约1周之后，菌丝逐渐变成有褶皱的脑状子实体，出现在覆土表面或菇床中。其子实体形似胡桃肉，幼时为黄白色，因其外观亦被称为"小牛脑"。子实体出现后不久就产生分生孢子，且逐渐变成红褐色并开始释放孢子（图2-26）。堆肥通常变成暗褐色，烂且黏，出水，有漂白粉气味，严重罹病区停止长菇。

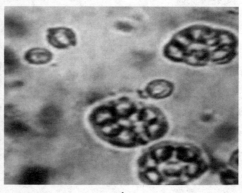

a   b

图2-26 胡桃肉状菌病病原菌子实体及子囊

a. 病原菌子实体 b. 病原菌子囊

（宋金俤，2004）

3. 传播途径 土壤是主要的侵染源，堆肥中加入的土壤带菌，堆肥没有充分发酵而带菌。菌种受病原菌污染，成为初侵染源。长过菌的旧菇房、床架、床板，以及罹病的双孢蘑菇材料，成为再侵染源。各种栽培工具都会成为侵染源。该菌主要通过分生孢子和子囊孢子随风、喷水、工具等传播。

4. 发病条件 在高温（23～25℃）、菇房通风不良、培养料透气性差的情况下该菌会大量发生。此外，栽培播种时间偏早、培养料内粪肥比例过大、堆制发酵时间过长、料过熟、含水量过高都会促进其发生。

5. 防治措施　小孢德氏菌的孢子有一定的耐高温性，对杀菌剂普遍有较强的抵抗力，所以较难清除和控制。为了有效地防治胡桃肉状菌病，应同其他病害一样以防为主，并利用病原菌在15℃以上不萌发的特点加以控制。具体措施：选用无污染的菌种，发现菌种内有漂白粉气味，有过浓而短的菌丝，有一粒粒胡桃肉状的物体，要及时销毁，坚决不用；菇房、覆土和工具应彻底消毒；堆肥要充分发酵，防止堆肥过湿的情况出现，堆肥中不应混有泥土；防止培养料过厚、过熟、过湿，并适当推迟播种时间，使覆土调水期的温度在17℃以下；在发病地区和菇房中，培养料应进行巴氏消毒灭菌，辅助热源82℃保持5h或更长时间，才能消灭病原孢子；注意菇房的通风换气，防止菇房高温高湿；菇床一旦发生胡桃肉状菌病，应立即暂停喷水，及时隔离开封锁沟，撒上石灰粉加以控制，如果仍然无法控制，则应把罹病的箱床及培养料挖出烧毁，防止其扩散；胡桃肉状菌病连年严重发生的菇房，可坚持使用多菌灵进行环境消毒，并在培养料中使用40%多菌灵可湿性粉剂800倍液，可以杀死潜伏的休眠状态的子囊孢子，防止胡桃肉状菌病发生；国外于培养料中加苯菌灵防治此菌效果很好。

二、双孢蘑菇粉孢霉病

1. 病原　双孢蘑菇粉孢霉（*Oidium agaricus*），属于半知菌类真菌。

2. 症状　双孢蘑菇粉孢霉病多发生在秋菇覆土以后和春菇中，后期病原菌菌丝生长较双孢蘑菇菌丝更为好气，大量的菌丝往往在土层表面迅速蔓延。其在菇床上发生危害大致分为3个阶段：①初发期，在适宜的条件下，粉孢霉菌丝开始从培养料向土缝蔓延，此时已开始影响菇蕾的形成和生长；②盛发期，大量粉孢霉菌丝长到土层表面，菌丝白色、短而细，外观呈碎棉状，故俗称棉絮状杂菌，此时期与双孢蘑菇激烈争夺营养，严重影响双孢蘑菇的正常生长发育，使之显著减产；③衰亡期，土层表面出现灰白色粉状的断裂菌丝，继而形成橘红色颗粒状分生孢子。初发期到衰亡期大约历时7d。

粉孢霉菌丝体与双孢蘑菇菌丝体极像，颜色及其在双孢蘑菇堆料中的生长习性也很相像。粉孢霉杂菌与双孢蘑菇之间的关系表现为：当双孢蘑菇菌丝本身比较健壮，条件又适合于双孢蘑菇菌丝生长时，粉孢霉在菇床上不表现出来；只有当双孢蘑菇生活力较弱，条件又适合于粉孢霉生长的时候，粉孢霉杂菌才会在土面大量发生，进而影响双孢蘑菇的产量和质量。

3. 传播途径　双孢蘑菇粉孢霉主要来源于栽培所用粪块，孢子随粪块进入菇房，在条件适宜的情况下开始萌发。

4. 发病条件　经试验证明，双孢蘑菇粉孢霉在10～25℃都能发生，20℃最适于粉孢霉菌丝的生长；粉孢霉喜爱中性环境，最适pH为7.0；在潮湿的情况下容易生长蔓延，培养料含水量60%～70%最利于其发生。

5. 防治措施　粉孢霉发生以后，当菌丝暴露在土层表面时，可喷洒50%多菌灵可湿性粉剂500～600倍液进行防治。喷洒多菌灵应掌握如下关键技术：①适当的用药时间，在粉孢霉的白色菌丝大量暴露在细土缝或细土表层而不长小菇的情况下喷洒；②精确的浓度，喷药时必须严格掌握用药量，浓度太低达不到防治的目的，太高对双孢蘑菇菌丝体也会带来不利的影响；③严格的用药次数，多菌灵是广谱性杀菌剂，既能杀灭粉孢霉，又能抑制双孢蘑菇菌丝的生长，因此病区只可用药一次，绝不能反复使用该药，以免抑制双孢蘑菇菌丝生长。连年严重发生该病的菇房用多菌灵拌料有明显的防治效果。

三、白色石膏霉病

1. 病原　粪生帚霉〔*Scopulariopsis fimicola*（Cost et Matr.）Vuill〕，属于半知菌类真菌。

2. 症状　白色石膏霉病是双孢蘑菇和鸡腿蘑等覆土栽培上最顽固的竞争性真菌病害，经常发生在双孢蘑菇播种之前，有时覆土前后也有发生，在堆肥覆土之前难以辨识，初期经常被误认为褐色石膏霉病。通常病原菌存在的第一个表现就是覆土表面形成小的白色菌落，像浅的凝结的奶酪斑块一样，以后逐渐变成深黄色面粉状（图2-27），有一种刺鼻的臭味，在病区附近双孢蘑菇菌丝生长明显受到抑制，白色石膏霉病区内大多不出菇，偶尔出菇个头小且不规则，品质差。此病传播速度快，直到其自溶后臭气消失，一旦病原菌死掉，双孢蘑菇菌丝仍可能继续正常生长。

a　　　　　　　　　　　　　　b　　　　　　　　　　　c

图2-27　白色石膏霉病症状与病原菌形态
a、b. 症状　c. 病原菌形态

3. 传播途径　该病原菌主要由培养料和土壤带入菇房，也可由病原孢子随气流进入菇房。未消毒的菇房里，潜伏的孢子可能是污染源，同时病原菌还能产生大量的孢子，通过气流进行散布反复感染。

4. 发病条件　白色石膏霉病通常在堆肥发酵不良（堆温不高）和堆肥酸碱度太高时发生。使用腐殖质和含水量过高的土壤覆土栽培或者在堆肥进房和后发酵用生水调节培养料，容易发病；播种前后菇房通风不良、高温高湿的情况下，也容易发病。

5. 防治措施　堆制好培养料提高堆温，增加过磷酸钙和石膏用量，降低培养料的pH，可以预防该病发生。局部发生的，可以喷洒多菌灵药液或醋酸溶液防治。

四、褐色石膏霉病

1. 病原　褐色石膏霉（*Papulaspora byssina*），又名黄丝葚霉，属半知菌类真菌，无孢目，无孢科，丝葚霉属。鸡腿蘑上可能发生。

2. 症状　褐色石膏霉刚出现时像白色的霉菌，而后变成鲜艳的褐色和白色石膏霉状，它是一种堆肥的病原菌，以其特有的方式穿过覆土，虽然较白色石膏霉病危害轻，但也不容忽视。

3. 传播途径 褐色石膏霉可由残留在旧菇房的墙壁或菇床架的病菌带入菇房，也可通过堆肥进入菇房引起污染造成危害。

4. 发病条件 湿度过大、培养料发酵不足未腐熟是引起发病的主要原因，培养料发酵过度、料过湿、通风不良、空气湿度过大或培养料偏碱性均有利于病害发生。

5. 防治措施 ①褐色石膏霉在52℃时就会被杀死，因此重视发酵，使堆肥的温度达到52℃，此病就很少发生。②菇房内的一切用具都要彻底消毒。③若菇床覆土之后出现褐色石膏霉，不仅要除去覆土，而且还要除去一部分感染的堆肥，所有病菇和感染的堆肥都应烧毁，并在感染区喷2%甲醛进行防治。

五、鬼伞病

鬼伞俗称野蘑菇，主要危害双孢蘑菇、草菇、平菇、凤尾菇、杏鲍菇、灵芝等。

1. 病原 发生在料堆和菇床上的鬼伞（*Coprinus*），有墨汁鬼伞［*C. atramentarius* (Bull.) Fr.］、毛头鬼伞［*C. comatus* (Mull. ex Fr.) Gray]、粪污鬼伞（*C. fimetarius* Fr.）、长根鬼伞［*C. macrorhizus* (Pers ex Fr.) Rea］等。属担子菌门，层菌纲，伞菌目，鬼伞科。

2. 症状 在堆制培养料时，鬼伞多发生在料堆周围；菇房内多发生在覆土之前，出现在培养料表面和菇床的反面，覆土之后则很少发生。鬼伞子实体在料堆周围或菇床上生长很快，从子实体形成到溶解成黑色黏团只需24～28h。因为鬼伞生长迅速，周期短，可以持续不断地发生和生长，从而大量消耗培养料的养分导致食用菌减产。

鬼伞

3. 传播途径 培养料带菌，空气传播。

4. 发病条件 鬼伞多发生在前发酵期培养料堆温不高、过湿、腐熟不匀和后发酵升温过快、过高的情况下。菇房内通风不良，培养料未腐熟，料内氨气散发不彻底，室温20～25℃时大量发生并迅速生长。

5. 防治措施 ①堆制好培养料，提高堆温、降低氨气含量，防止培养料过生、过湿，以抑制鬼伞发生和生长。②培养料在室外堆制时若已经发生鬼伞，应注意将产生鬼伞的料翻入中间料温高的部位，以便杀死鬼伞的孢子，进房后进行后发酵处理，进一步将残存的鬼伞孢子杀死，但应保持室温逐渐上升，使料内的氨气得以充分散发。③菇床上发生鬼伞以后，适当降低室内温度（18℃以下）、提早覆土，可抑制鬼伞子实体生长。④菇床上产生鬼伞后，应及时采摘，以免成熟后孢子扩散和争夺养分。

六、唇红霉病

1. 病原 唇红霉，地霉的一种，亦称变紫丝内霉（*Sporendonema rurmasens*），属半知菌类真菌，暗梗孢科。

2. 症状 该菌主要生长在堆肥中，通常首先在浅箱或菇床底板的裂缝间观察到奶油色斑点，以后也生长到覆土上，有的在覆土间和覆土周围出现薄膜状的短而浓密的白色绒毛，这些绒毛很快由黄色变成樱桃红色，从一处转移到另一处，在堆肥及覆土中，发展到一定程度会结块，造成喷水困难，使产量降低。

3. 传播途径 可能由残留在旧菇房的墙壁或菇床架的病菌带入菇房，也可通过堆肥进入菇房引起污染造成危害。

4. 发病条件　菇房内通风不良、湿度过大易于发病。通常该菌发生在堆积的过湿的肥料中，或二次发酵时使用过量的蒸汽的肥料中。通风不良的菇房、表面留有较多水分的菇床有利于唇红霉蔓延。此外，提供丰富氨源而没有充分二次发酵的肥料，可促进唇红霉发生。

5. 防治措施　堆肥不要太湿，不要缩短堆制时间；未堆制肥料，不要加入太多的氮源，并保证堆肥温度适宜；为防止堆肥变得太黏，在控温阶段注意使用蒸汽，湿度不要太大，栽培场所应充分通风，让覆土在每潮菇结束时相对干燥一点。

七、毛壳霉病

1. 病原　毛壳霉（*Chaetomium* spp.），主要有两种，分别是橄榄绿霉即球毛壳霉（*C. globasum*）以及薄青霉即松弯毛壳霉（*C. olivaceum*），属子囊菌门，子囊菌纲，粪壳霉目，毛壳霉科，毛壳霉属。

2. 症状　毛壳霉首先出现在二次发酵后的新堆肥上面及里面，呈白色片状的绒毛。过几天后，有小的橄榄绿色隆起，隆起是毛壳霉孢子块，在孢子块里面形成子囊孢子，孢子块呈现在禾秆之间的绒毛状囊菌内。稍后，白色绒毛几乎完全消失，同时孢子块转为暗橄榄绿色，甚至带黑色，在其生长处的上面，堆肥也带稍黑的颜色并散发出阴湿臭味或霉臭味，在这样的堆肥中，菌丝生长极少或完全不能生长。如果堆肥上的橄榄绿霉长得不是过密，则有时几周以后其上将生长食用菌菌丝（图 2-28）。

图 2-28　橄榄绿霉症状

（张维瑞等，2008）

3. 传播途径　培养料带菌，空气传播。

4. 发病条件　发病的主要原因是在第二次发酵以后堆肥里留有或重新生成一些氨，完成二次发酵的时间太短或新鲜空气不足，或者时间太长、温度太高，都能造成堆肥里留有氨，简言之，当这些使氨转变为蛋白质的任何一种条件没有达到要求时，橄榄绿霉的生长将被促进。此外，堆肥中 CO_2 浓度高似乎能促进橄榄绿霉孢子萌发，堆肥太黏太湿时有利于该菌发生。

5. 防治措施　①堆肥的发酵期不要太短，这对提供良好结构的堆肥很重要。②培养料即将装床前，不要加氮源（硫酸铵、尿素、鸡粪或相似物料），但在一定的情况下，如堆肥过湿，为了除去不必要的水分和促进氨的结合，添加容易降解的糖类如甜菜渣或大豆粉是有利的。③二次发酵要充分，发酵过程中注意提供足够的新鲜空气。④二次发酵过程中必须适时调节温度和湿度，巴氏消毒时，温度维持在 60℃ 左右，避免温度过高，在二次发酵时使用蒸汽或轻度喷水以保持堆肥内水分含量适宜。目前尚无有效根除该病的方法。

八、小菌核菌病

(一) 双孢蘑菇小菌核菌病

1. 病原　白粒霉 (*Aphanoascus compostus*)，属子囊菌门，散囊菌目。此病原菌菌丝白色，密生或绒毛状。

2. 症状　在高温高湿的菇床培养料上迅速发生、蔓延，形成棉絮状白色菌丝束，十多天后出现许多鱼卵状或小米状小颗粒，不结块，初为白色后变淡黄色，表面光滑，较硬，用指甲压破会发出响声，分散在料内，这是病原菌的子囊壳。此菌属竞争性杂菌，与双孢蘑菇菌丝争夺养分，并分泌毒素，产生腥臭味，抑制双孢蘑菇菌丝生长，使其仅剩稀疏菌索，很少出菇或完全不出菇 (图 2-29)。培养料若发生此菌，很难根除，而且蔓延很快，施用石灰和药物防治效果都不好。

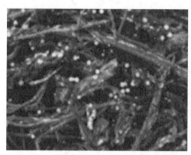

图 2-29　双孢蘑菇小菌核病症状

(张维瑞等，2008)

3. 传播途径　病原菌存在于土壤、稻草及牛粪中，随原料进入菇房传播。

4. 发病条件　稻草、牛粪不经晒干，堆料时水分偏多、酸性偏高、发酵不良、料温未达到 70℃，不能杀死小核菌，易发病。

5. 防治措施　应以预防为主：①原材料要优质无菌，稻草经晒干，牛粪要粉碎，要堆制做好二次发酵工作，保证料温上升能达到 75℃ 左右；②选用优质菌种，使双孢蘑菇在播种后菌丝生长旺盛，短时间内布满培养料，成为优势种群，抑制白粒霉发生；③在覆土前如发现菇床感染白粒霉，可在季节允许的前提下，将旧料集中挖除，重新发酵 15d 再用，菇房重新消毒、铺料，并重新播种。

(二) 草菇小菌核菌病

1. 病原　齐整小核菌 (*Sclerotium rolfsii* Sacc.)，属半知菌类真菌。该菌生长时可形成大量小菌核，菌核初形成时白色，后变成黄褐色到茶褐色，球形，表面光滑，直径为 1mm 左右，外形似油菜籽。

2. 症状　草菇小菌核菌病发生在草菇播种后菌丝生长阶段，从草堆中长出白色羽毛状菌丝，随之在草堆表面形成大量的小菌核，草菇的菌丝生长受抑制甚至不能出菇。

3. 传播途径　该菌平时生长在土壤中及土表有机物质上，能侵染危害大田作物、果树、蔬菜、花卉、药材及林木等多种植物，引起寄主的根颈部发病腐烂。带菌原材料及受污染水源是其传播的重要途径。

4. 发病条件　草菇播种后的高温高湿条件有利于病原菌在草堆中迅速生长，消耗培养

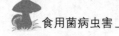

料养分的同时分泌出有毒物质抑制或杀死草菇菌丝。南方各地草菇栽培中经常发生。

5. 防治措施　石灰水浸泡灭菌，培养料的稻草用石灰水浸泡 2d，杀死稻草中的病原菌。方法是将已扎好的小把稻草捆成大捆，投放在含 5％～7％的石灰水中浸泡，用重物加压，使稻草捆浸没在石灰水中，即可将病原菌杀死。浸泡后的稻草把在播种前要用清水冲洗，使稻草的 pH 不超过 10，否则碱性过高将不利于草菇菌丝生长。

思考题

1. 双孢蘑菇疣孢霉病的发生原因及特点是什么？防治措施有哪些？
2. 双孢蘑菇子实体病害主要有哪些？其发生有何特点？
3. 草腐菌主要污染杂菌有哪些？其发生原因及特点是什么？
4. 制种期主要杂菌有哪些？发生污染的原因及防治措施是什么？
5. 哪些食用菌上有报道曾发生蛛网霉病？其发生危害的特点是什么？

第三章　食用菌细菌性病害

第一节　细菌的一般性状及种类

细菌是原核生物界的单细胞生物，属于微生物中的一个重要类群。细菌有细胞壁，但没有核膜包被的细胞核，细胞核区域称为原核或拟核，包含裸露的 DNA，不含组蛋白。细菌细胞内也不含有任何单位膜包被的细胞器。它们是目前已知的结构最简单并能独立生活的一类细胞生物。细菌大多为腐生，少数的寄生细菌可引起人和动植物的病害，这些病原细菌都是非专性寄生菌，可以在人工培养基上培养。

一、细菌的形态结构

细菌个体微小，需要借助光学显微镜和电子显微镜来观察和研究。细菌的种类繁多，主要有 3 种形态，即球状、杆状和螺旋状。

1. 球菌　球菌的细胞呈球形或椭圆形，直径一般为 $0.5 \sim 1.3 \mu m$。可以根据细胞分裂面的数目和分裂后新细胞的排列方式将球菌分为 6 种类型：①小球菌，细胞分裂后产生的两个子细胞立即分开；②双球菌，细胞分裂一次后产生的两个子细胞不分开而成对排列；③链球菌，细胞按一个平行面多次分裂产生的子细胞不分开，排列成链状；④四联球菌，细胞按照两个互相垂直的分裂面各分裂一次，产生的 4 个细胞不分开，连接成四方形；⑤八叠球菌，细胞沿三个互相垂直的分裂面连续分裂三次，形成 8 个细胞的立方体；⑥葡萄球菌，细胞经过多次不定向分裂形成的子细胞聚集成葡萄状。

2. 杆菌　杆菌的细胞呈圆柱状或杆状，大小一般为 $(1 \sim 3) \mu m \times (0.5 \sim 0.8) \mu m$。不同杆菌之间的形态差异很大，有的短粗近球状，有的细长近丝状。杆菌的直径一般比较稳定，而长度变化较大。杆菌端部形态各异，大多钝圆，有的平截。由于杆菌只有一个与长轴垂直的分裂面，所以只有单生和链状两种排列方式。由于其排列方式较少且不稳定，很少用于分类鉴定。在细菌的 3 种主要形态中，杆菌的种类多、作用大。

3. 螺旋菌　螺旋菌的细胞呈螺旋状或弧状。螺旋菌的个体较大，有的可达 $(13 \sim 14)$ $\mu m \times 1.5 \mu m$。一般为单生，能运动。可以根据弯曲程度分为 3 种类型：①螺菌，弯曲程度大于一周，螺菌的旋转圈数和螺距大小因种类而异。有些螺菌的菌体僵硬，借鞭毛运动；有些螺菌的菌体柔软，借轴丝收缩运动，称为螺旋体。②弧菌，弯曲程度小于一周，呈 C 形。③螺杆菌，是一类单极、多鞭毛、末端钝圆、螺旋形弯曲的细菌。

除以上 3 种基本形态外，细菌还有其他几种特殊形态。如放线菌，能形成分枝菌丝和分生孢子；鞘细菌，在多个成链排列的杆状细胞外有一个共同的鞘，形成不分枝的丝状体；柄细菌，呈杆状、类弧状或梭状。此外，也有人发现星状和正方形的细菌。

细菌在自然环境或者培养基上大量繁殖，形成肉眼可见的群体。在固体培养基上由单个或少数细菌细胞长出的群体称为菌落，在固体培养基表面由多个细菌细胞联合生长长出的群体称为菌苔。细菌在一定条件下形成的菌落和菌苔特征具有一定的专一性和稳定性，可以作

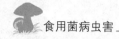

为分类鉴定的依据。菌落的形态是细胞排列、表面状况、代谢产物、运动性和需氧性等特征的综合表现，同时也受培养基成分、培养条件和时间等因素的影响。细菌在静止的液体培养基上生长的群体形态因菌种及需氧性等不同而异。好氧细菌在表面生长形成菌膜，或称为菌圈；厌氧细菌在底层生长形成沉淀；兼性厌氧细菌能在全层生长，使培养液浑浊。有些细菌在生长时还能产生气泡、酸、碱和色素等。

常见细菌细胞的最外层为坚韧的细胞壁，壁内有细胞质膜，膜内为细胞质，细胞质中含有拟核、质粒、核糖体、间体和内含物。有些细菌的壁外还有荚膜、鞭毛和在细胞内分化产生的芽孢等特殊结构，但不是每个属的细菌都包含上述结构。

芽孢并不是细菌的繁殖结构，因为一个菌体只形成一个芽孢，芽孢萌发也只能形成一个细菌。芽孢对外界环境的抵抗力很强，尤其是对高温的抵抗力很强。一般病原细菌的致死温度为 48～53℃，有些耐高温细菌的致死温度最高也不超过 70℃，而要杀死细菌的芽孢，一般要在 120℃高压蒸汽下处理 10～20min。有的细菌在细胞壁外层有比较厚而固定的黏质状的荚膜，荚膜厚薄不等；有的细菌着生有鞭毛，鞭毛主要起运动作用，根据鞭毛的着生位置分为极鞭和周鞭两种。

染色反应是细菌的重要性状之一。细菌染色的目的本来是使其易于观察，后来发现有些染色反应对细菌还有鉴别作用，其中最重要的是革兰氏染色。细菌对革兰氏染色的反应可分为阳性反应和阴性反应两种。目前已发现食用菌病原菌有 7～8 种都是杆状细菌，绝大多数有鞭毛，革兰氏染色反应呈阴性，可产生或不产生芽孢，其中主要是假单胞菌属（*Pseudo-monas*）细菌。

二、食用菌病原细菌的寄生性

危害食用菌的细菌均为非专性寄生或腐生，可以在人工培养基上培养，但不同种的细菌的寄生能力强弱各不相同。寄生能力强的细菌可以侵染整个子实体，使整个子实体发病；而寄生能力弱的细菌大多只侵染子实体的局部，出现局部症状。

食用菌是一种大型真菌，其子实体由菌丝扭结形成，不像高等植物有角质层和表皮保护，所以很多病原细菌都可直接侵入。也有的细菌需要从伤口侵入，特别是子实体微伤对细菌侵入极为有利。对食用菌子实体直射喷水、昆虫危害以及人为因素造成的伤口都有利于细菌侵入。这是因为伤口处细胞液流出，含有较多的养分，同时寄主的防御机制受到破坏，所以侵入的细菌能很快繁殖并且建立寄生关系。

食用菌的病原细菌一般只危害子实体，在菌盖上表现症状。但它们可以通过患病食用菌的菌丝体或空气和水的传输逐渐转移到健康的菇体上成为传染性病害。

三、食用菌病原细菌的类型

据报道，食用菌的病原细菌分属于假单胞菌属、黄单胞菌属和芽孢杆菌属，其中最主要的是假单胞菌属。双孢蘑菇上主要的细菌性斑点病、干僵病都是由该属细菌侵染而引起的。

1. 假单胞菌属　假单胞菌属（*Pseudomonas*）菌体单生，呈直或微弯的杆状，大小为 (0.5～1.0)μm × (1.5～5.0)μm。许多种能积累聚-β-羟基丁酸盐为贮藏物质。没有菌柄也没有鞘，不产芽孢，没有荚膜。革兰氏染色反应呈阴性，以 1 根或几根极鞭运动，罕见不运动者。严格好气性，没有发酵型，以氧为最终电子受体。在一定条件下，以硝酸盐为替代的电子受体进行厌氧呼吸。不产生黄单胞色素。几乎所有的种不能在酸性条件下生长。化能营养异养菌，有的种为兼性化能自养，以 H_2 或者 CO 为能源。氧化酶反应大多是阳性，过氧化氢酶反应阳性。对营养要求不高，供给简单的有机碳化合物和其他无机盐一般都能生长，大多数种不需要有机生长因子。有的可产生荧光性色素，也有的产生其他色素。DNA中 G+C 的量为 58%～70%。广泛存在于自然界中，有的种对人、动物、植物或真菌有致病性。

2. 黄单胞菌属 黄单胞菌属（*Xanthomonas*）菌体单生，杆状，大小为（0.4～1.0）$\mu m \times$（1.2～3.0）μm，有 1 根极鞭，没有荚膜。革兰氏染色反应呈阴性，严格好气性，代谢是呼吸型，没有发酵型。生长需提供谷氨酸和甲硫氨酸，不进行硝酸盐呼吸，氧化酶反应弱或阴性，过氧化氢酶反应阳性。对营养要求不高，供给有机碳化合物和无机盐一般都能生长。一般在培养基上不产生色素。多数菌株分泌不溶于水的非类胡萝卜素性质的黄色素，有些菌株形成孢外荚膜多糖——黄原胶。DNA中 G+C 的量为 63.5%～69.2%。

3. 芽孢杆菌属 芽孢杆菌属（*Bacillus*）菌体单生，细胞呈直杆状，大小为（0.5～2.5）$\mu m \times$（1.2～10）μm，常以成对或链状排列，具圆端或方端，革兰氏染色反应呈阳性，以周生鞭毛运动。芽孢圆形、卵圆形、柱状，能抵抗许多不良环境。每个细胞产一个芽孢，生孢不被氧所抑制。好氧或兼性厌氧，化能异养菌，具发酵或呼吸代谢类型。通常过氧化氢酶反应阳性。发现于不同的生境。

第二节　常见食用菌细菌性病害

一、双孢蘑菇细菌性斑点病或褐斑病

1. 病原 托拉氏假单胞菌（*Pseudomonas tolaasii*），菌体单生，杆状，有极鞭，没有荚膜，革兰氏染色反应呈阴性，好气性。

2. 症状 由假单胞菌感染的细菌性斑点病，通常在幼蕾和成熟的菌盖上出现 1～2 处小的黄色或苍褐色的变色区，然后呈暗褐色凹陷的斑点，当斑点干后，菌盖开裂，形成不对称的子实体（图 3-1），菌柄上偶尔也会发生纵向的凹斑，菌褶很少受到感染。菌肉变色部分一般很浅，很少超过皮下 3mm。有时双孢蘑菇采收后，在菌盖上方出现病斑，特别是当双孢蘑菇被置于变温条件下，水分在菌盖表面凝结时，更容易产生病斑。细菌性斑点病可能是由存在于土壤中的细菌所引起的。细菌通过菌丝与菌柄吸取水分逐渐转移到生长的菇体上，造成传染性病害。由于细菌快速繁殖需要较高的湿度，所以高温高湿时期细菌性斑点病会大量出现，该病在夏季比冬季发生更加猖獗。

3. 传播途径 这种细菌在自然界中分布很广，可以在空气中飘浮或污染覆土和栽培基质，也可以由菇蝇、线虫和工作人员传播。

4. 发病条件 在高温高湿条件下，几小时之内就能感染并产生病斑。一般菇房温度 15℃以上、相对湿度 85%以上、通风不良条件下容易发生。

5. 防治措施 ①不要使菌盖表面积水和土面过湿。②减小温度的波动，防止高湿，发病后调节菇房内的空气相对湿度使其降至 85%以下。③作为预防措施，所有喷雾用水都经过氯化，或喷水之后再用每升水加 2.5～3.0mL 的 5%氯水喷洒。在第二潮菇产生之前使用氯水必须小心，因为可能使双孢蘑菇变成褐色。④在菇潮之间喷洒 0.25%～0.30%的甲醛

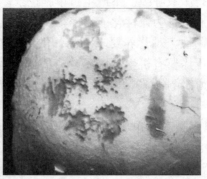

图3-1　双孢蘑菇细菌性斑点病

(Fletcher et al.，2007)

或喷洒氯酸钙（漂白粉）600倍液。⑤清除病菇和双孢蘑菇碎片，避免细菌扩散。⑥所有覆土原料在混合前后都要存放在没有污染的地方。

二、双孢蘑菇黄色单胞菌病

1. 病原　该病原菌是上海市农业科学院孔祥君1980年分离到的，经鉴定属于田野黄色单胞菌（*Xanthomonas campetris*）。菌落淡黄色，光滑，边缘整齐，菌体长1.0~2.0μm，宽0.6~0.8μm，栅状排列。革兰氏染色反应呈阴性，主要危害双孢蘑菇。

2. 症状　此病多发生于双孢蘑菇秋菇后期，感染菇体，首先在菌盖表面产生褐色斑块。随着菇体的生长，褐色斑块深入菌肉，直至整个子实体全部变成褐色至黑褐色而萎缩死亡，最后腐烂。子实体的感病与子实体大小无关，自幼小菇蕾到纽扣菇都可以随时发病。从开始出现褐斑到整个菇体变成黑褐色而死亡的时间为3~5d。此病扩散蔓延较快，从发现第一个子实体发病到普遍感染约1个月。此菌仅侵染双孢蘑菇子实体，而对双孢蘑菇菌丝体并无危害。因此，带菌的菇床越冬后仍然可以正常出菇，春菇期间有的病区仍会出现此病，有的病区也可能不再出现这种病害。

3. 传播途径　病原菌可以随采菇人员和工具传播。

4. 发病条件　该病原菌在纯培养条件下生长的最适温度为21~25℃，菇体上的病原菌在10℃左右致病。

5. 防治措施　发病后采用四环素、青霉素、链霉素喷洒病区的菇床和菇体，有抑制此病蔓延的作用，然而不能终止其病程。

三、双孢蘑菇干腐病

1. 病原　由假单胞菌（*Pseudomonas* sp.）所引起，最常见的是与托拉氏假单胞菌亲缘关系较近的一种假单胞菌。试验表明，绿脓杆菌（*P. aeruginosa*）也引起类似的症状。

2. 症状　很多干腐病的症状与顶枯病的症状相似，在没有具体证据证明该病害是由细菌或微小生物类导致的时候，干腐病被认为来自病毒感染。直到1967年该病害才被美国证明是由细菌侵染所引起。菇床受该菌侵染后，病菇并不腐烂，而是逐渐萎缩，干枯僵硬，若病菇菌盖断开，在菌盖着生部位可以看到暗褐色组织，用小刀切开菌柄时，有沙样的感觉。病菇的典型特征是菌盖歪斜（图3-2）。而染病双孢蘑菇的基内菌丝比健康的双孢蘑菇更发达，菌柄基部稍膨大。

3. 传播途径　在同一批栽培的双孢蘑菇中，任何部位的菇都可以出现症状，凡是与病区菌丝相连接的地方，病原菌都可能蔓延开来，传播的速度是每天沿菇床推进10～25cm。一般认为，病原菌是沿菌丝传播的，在发病的菇床上，若用塑料薄膜将病区隔开，可控制干腐病传播。据报道，这种病的发生与一种伏革菌属（*Corticium*）的木腐菌有关。因此，利用被木腐菌感染过的材料，容易受到该病原菌的感染。

图3-2　双孢蘑菇干腐病
(John T, 2015)

4. 发病条件　干腐病多发生在秋菇上，一般情况下潮湿的菇床发病严重。

5. 防治措施　①在发病的菇床上，可以采取隔离措施，防止病区和健康区之间菌丝的连接。②用0.5%甲醛消毒处理被感染区域。③栽培结束后，最好对菇房进行蒸汽消毒。④确保二次发酵期间堆肥不会过度潮湿。

四、双孢蘑菇菌褶滴水病

1. 病原　菊苣假单胞菌（*Pseudomonas cichorii*），又称为双孢蘑菇假单胞菌（*P. agarici*）。

2. 症状　该病比较少见，在双孢蘑菇开伞前没有明显的症状，如果菌膜破裂，就可以发现菌褶已被感染。在被感染的菌褶上可以看到奶油色的液滴，最后相邻的菌褶都长满细菌，直到大多数的菌褶烂掉，变成一种褐色的黏液团，内含大量细菌。严重侵染时，这些小液滴可能聚集在菌褶上及菌褶之间，随着菌褶组织的不断破裂形成黏液样条带。早期感染有时与双孢蘑菇发育受到抑制及后来的畸形有关。病菇菌柄形成长达2cm以上的裂口，内表面发亮，镜检能发现细菌。随着病菇的成长与成熟，裂口逐渐变为暗褐色（图3-3）。

图3-3　双孢蘑菇菌褶滴水病
(John T, 2015)

3. 传播途径　病原菌多由工作人员、昆虫或溅水等途径传播。当奶油色的细菌渗出物干涸后，也可以由空气传播。

4. 发病条件　目前对其发病条件所知不多，一般在土面浇水过多、过湿的条件下，第一潮菇常常发病最为严重。该细菌可能是系统病原，感染可能发生在双孢蘑菇发育的早期，细菌可能来自被感染的菌丝体。

5. 防治措施　可参考双孢蘑菇细菌性斑点病或褐斑病的防治措施。

五、双孢蘑菇细菌性凹点病

1. 病原　这种病的病原尚未查清，有人认为是细菌性病原菌诱发的，托拉氏假单胞菌在某些条件下与凹点病有关。也有凹点病与其他细菌有关的报道，包括多黏芽孢杆菌（*Paenibacillus polymyxa*）和欧文氏菌胡萝卜亚种（*Erwinia carotovova* subsp. *carotovora*）。也有人认为该病与螨虫和线虫有关，但凹点病主要是细菌病害的可能性最大。

2. 症状　在罹病双孢蘑菇的菌盖上可以看到小的凹点，它们通常为暗褐色或黑色，病斑深浅不一，由于有细菌存在，所以病斑常常发亮（图3-4）。一般来说，这种凹点并不多，但只要有一个凹点，食用菌质量就下降。该病经常发生在末期的几潮菇上，但很少造成严重的危害。这种病与双孢蘑菇发育的早期受害有关。

3. 传播途径　与细菌性斑点病类似。

4. 发病条件　高温高湿有利于发病。

5. 防治措施　目前尚无特殊的防治方法，可参考双孢蘑菇细菌性斑点病或褐斑病的防治措施。

图3-4　双孢蘑菇细菌性凹点病
（John T，2015）

六、双孢蘑菇软腐病

1. 病原　双孢蘑菇软腐病由蘑菇紫色杆菌（*Janthinobacterium agaricidamnosum*）引起。

2. 症状　该病在双孢蘑菇栽培中不多见，最初的病害症状是双孢蘑菇表面出现凹陷区，然后迅速变成渗出褐色液体的凹点，有时在一夜之间最终消耗掉整个双孢蘑菇（图3-5）。病菇可能分散在菇房的不同位置，也可能出现单个双孢蘑菇被感染的现象。

图3-5　双孢蘑菇软腐病
（John T，2015）

3. 传播途径　病原菌容易通过溅水在距离0.5m范围内传播，也可通过接触传播，但不会通过气流传播。手的污染引起的传播尤为严重，最严重的病害暴发与机械采菇有关。

4. 发病条件　高温高湿有利于发病。

5. 防治措施 氯气和甲醛处理不能防控此种病害，改善蒸发状况对该病害防控有效。

七、双孢蘑菇菌柄内部坏死

1. 病原 美洲爱文氏菌（*Ewingella americana*）。

2. 症状 切开病菇，可以看到菌柄中部组织变为褐色。从纵切面检查，褐色组织从菌柄基部延伸到菌盖，但很少进入菌盖组织。病菇外观可能潮湿，但采收时褐色组织经常发干，且已完全萎缩，中空（图3-6）。

图3-6 双孢蘑菇菌柄内部坏死

(John T，2015)

3. 传播途径 主要与菌柄水渍有关。

4. 发病条件 双孢蘑菇发育早期菌柄水渍较多，容易引起该种病害。

5. 防治措施 改善蒸发状况。参照双孢蘑菇细菌性斑点病或褐斑病的防治措施。

八、金针菇细菌性褐斑病

1. 病原 一种假单胞菌（*Pseudomonas* sp.），病原菌呈杆状，革兰氏染色反应呈阴性。菌落乳白色，圆形，很小，表面光滑，稍隆起，边缘较整齐。

2. 症状 金针菇细菌性褐斑病只侵染子实体，菌丝体一般不表现症状，在菌盖与菌柄上产生黄褐色病斑。在菌盖上的病斑为圆形或椭圆形，少数不规则，病斑外圈深褐色，中央灰白色，有乳白色黏液，气候干燥时，中央稍凹陷，多数病斑发生在菌丝边缘或从边缘开始发病。在菌柄上的病斑为菱形或长椭圆形，褐色有轮纹。条件适宜时，很多病斑很快连成一片，整个菌柄布满病斑而变成褐色，质地变软，不能直立，最后腐烂死亡（图3-7）。

3. 传播途径 工作人员、工具、水源等都可能传播此种病原生物。

4. 发病条件 高温高湿特别是培养料水分过高都有利于该病害的发生。温度在15℃以下时发病极轻或未见发病，当温度上升到18℃以上发病重。

5. 防治措施 ①选用抗病品种，国内品种均较抗

图3-7 金针菇细菌性褐斑病

(边银丙，2016)

病，日本的信农二号较感病。②合理调控菇房温度，出菇期间菇房温度应控制在 15℃ 以下。③操作应小心，避免造成机械损伤，给病原菌侵入提供条件。④及时防治害虫。⑤在重病菇房内可用漂白粉与水按 1 ∶（15～20）的比例配制漂白粉液进行喷雾。

九、金针菇锈斑病

1. 病原　荧光假单胞菌［*Pseudomonas fluorescence*（Trev.）Migula］。

2. 症状　金针菇子实体开伞后，菌盖上出现黄褐色至黑褐色锈状小斑点，初期为针头大小，扩大后呈芝麻粒至绿豆粒大小，边缘不整齐，病斑可相互连合。病原菌只危害菌盖表皮，不深入菌内，因此不会引起菌盖变形或腐烂。

3. 传播途径　同金针菇细菌性褐斑病。

4. 发病条件　高温高湿，特别是培养料水分过高（含水量超过 60%）或床面湿度过大、通风不良的条件有利于发病。

5. 防治措施　控制菇房的空气相对湿度不超过 95%，每次喷水后要注意通风换气，发病后可喷 50% 多菌灵可湿性粉剂 500 倍液或每毫升 200 单位的硫酸链霉素，同时及时清除病菇。

十、金针菇腐烂病

1. 病原　假单胞菌（*Pseudomonas* spp.），病原菌呈杆状，革兰氏染色反应呈阴性。

2. 症状　原基期、幼菇期和成熟期均可发病，病害症状主要出现在菌柄上。一般在搔菌时病原生物侵染培养料，料面变为褐色，后期在菇蕾表面出现褐色水渍状病斑。菌柄感病后也呈水渍状，松软，褐色，不再生长，成团腐烂，直至最后菌盖也变为褐色水渍状（图 3-8）。

图 3-8　金针菇腐烂病

（边银丙，2016）

3. 传播途径　培养瓶污染、不洁净的水源等为病原菌的传播途径。

4. 发病条件　搔菌操作易在不同菌瓶之间传播。培养料含水多、菇房湿度大、瓶口积水都容易导致此病发生。

5. 防治措施　①控制菇房温度，防止冷凝水形成。②搔菌室和搔菌机器设备做好灭菌工作，使用洁净水进行瓶口冲洗。③搔菌前应该检查栽培瓶，及时清除发病的栽培瓶，避免搔菌时污染其他栽培瓶。

十一、平菇细菌性褐斑病

1. 病原 病原菌为托拉氏假单胞菌（*Pseudomonas tolaasii*）。该菌在肉汁蛋白胨培养基上生长时，菌落圆形，直径2～4mm，乳白色，稍隆起，表面光滑，边缘整齐，具明显的荧光反应。典型的菌体在一极或两极具有1根或多根鞭毛。

2. 症状 菌盖上出现椭圆形或梭形褐色病斑，直径2～4mm，病斑大小较一致，边缘整齐，中间稍凹陷。病原菌只侵染危害菌皮，不深入菌肉。潮湿条件下病斑表面有一薄层菌脓，干燥后形成粘贴在病斑表面的菌膜，具光泽。一个菌盖上出现的病斑少则几个到几十个，多的可达几百个，病菇的形状不改变，也不会引起腐烂（图3-9）。

3. 传播途径 通过水源、栽培基质等途径传播。

4. 发病条件 此病在南京等地菇床上发生。病原菌在土壤及水中存在，正常生长的菌盖表面也存在该细菌，但只有当病原菌的数量达到一定程度时才能致病表现症状。高温高湿，特别是菌盖表面有水膜或水滴有利于发病。

5. 防治措施 ①控制菇房的空气相对湿度不超过95％，每次喷水后要注意通风换气，使菌盖表面保持较干燥状态，使环境条件不利于细菌的大

图3-9 平菇细菌性褐斑病

量繁殖，管理用水最好用漂白粉消毒，以减少或避免病原的来源。②菇床上一旦出现病菇要及时清除、集中处理，然后喷洒每毫升100～200单位的硫酸链霉素。③10％次氯酸钠溶液600mL兑水360kg喷雾，有一定的防治效果。

十二、平菇黄菇病

1. 病原 平菇黄菇病是由假单胞菌（*Pseudomonas* spp.）引起的一种病害。病原菌呈杆状，革兰氏染色反应呈阴性。

2. 症状 一般情况下，平菇黄菇病发生时菌袋表面有黏液状病原菌出现，菌丝有泛黄症状，有时该病原菌也会直接侵害菇体，使受害菇出现病斑。病菇清理后对下潮菇没有影响。该病从幼菇期到成熟期都有可能发生，染病后的症状：一种为菌盖或菌柄局部呈黄色，严重时菇体全部呈焦黄色，菇体生长缓慢，逐渐僵化直至整株干缩，似缺水晒干样，菌盖常扭曲，属典型的干腐病；另一种为出现局部淡黄色斑点，多从菌盖边缘向内延伸扩散，发病部位有黏湿感，并产生腐烂，病情严重时，病菇全部呈淡黄色水渍状腐烂，并有黏稠状分泌物，散发出恶臭（图3-10）。

图3-10 平菇黄菇病

3. 传播途径 病原菌可以通过水、病菇、昆虫、空气、人工操作、土壤、培养料等途径传播，喷水、病菇以及操作工（特别是采菇工）可能是病原菌的主要传播途径。

4. 发病条件 正常生长的子实体上和培养料表面常有这种病原菌存在，但一般在高湿条件下才会发病。出菇时，外界气温高于18℃，由于棚内菌包场式密集排放，常常通风不良，加之出菇管理阶段用水频繁，菇体长时间呈湿润状态，菇表面多余水分不能很好散发，常常引发黄菇病暴发，该病的病情恶化快，菇体一旦染病，通常数小时内便出现明显的病斑和发黄症状，1～2d就能殃及健康菇，严重时减产30%～50%。据调查，该病在头潮菇发生的比例较高；温度偏高有利于该病的发生；菇棚通气差、用水频繁、湿度大，有利于该病发生；浅色品种或出菌密集型的品种，一般较易感病；栽培管理用水的水质洁净度差，也会造成该病频繁发生。

5. 防治措施 ①提高菌种的纯度，特别是栽培种的纯度。②不要盲目提早出菇期，建议头潮菇应在菌包发满后，在20～25℃的环境条件下后熟20～25d，温度低时还要适当延长出菇的时间。③科学使用低浓度的氯制品或漂白粉液，有利于控制病情。在每次喷水时加入250～500mg/kg的漂白粉液或相当有效成分含量的氯制品液，同时结合喷水后的15～30min大通风，有利于缓解病情。④在菇棚内使用自动喷雾装置控制单次的喷水量，防止菇体表面积水，结合多通风有利于控制黄菇病暴发。⑤选用抗病品种，建议在黄菇病发生频繁的菇场根据自身的情况，筛选出适合本菇场的抗病品种。⑥及时处理受害菌包和病菇，一旦发现病菇，应派专人进行清理，防止病害的传播。

十三、平菇褐腐病

1. 病原 铜绿假单胞菌（*Pseudomonas aeruginosa*）。

图 3-11 平菇褐腐病
（张绍升等，2004）

2. 症状 子实体感病后，抑制菇蕾分化，幼菇萎缩或者畸形，初期子实体变黄，呈现肉质水渍状僵脆，后期停止生长，变为褐腐，渗出褐色汁液，产生腐败的气味（图3-11）。污染的料面变为黑褐色，不再出菇。

3. 传播途径 病原菌生活在土壤中，可通过相连的菌丝蔓延。

4. 发病条件 病原菌喜酸性，最适温度为25℃，高温高湿、通风不良有利于发病。

5. 防治措施 ①菇房在使用前进行彻底清扫，并使用1%漂白粉液或25%多菌灵悬胶剂500倍液进行严格消毒处理。②覆土栽培时，对土壤使用30%噁霉灵水剂600倍液喷洒、拌匀，密闭2～7d后使用。③出菇期间加强通风，控制用水量。④感病后，及时清理病菇，用0.5%漂白粉液进行局部处理。

十四、烂耳病

1. 病原　烂耳病又名流耳，目前病原菌不详，由多种腐生细菌引起。该病主要发生在银耳及黑木耳上。

2. 症状　银耳、黑木耳出耳后，耳片甚至耳根自溶腐烂，给银耳生产带来的危害更为严重。

3. 传播途径　病原菌可以通过水、病菇、昆虫、空气、人工操作、土壤、培养料等途径传播，喷水、病菇以及操作工（特别是采菇工）可能是病原菌的主要传播途径。

4. 发病条件　采收不及时，子实体过熟，容易感染细菌而腐烂。耳场闷热，通风差，木耳或培养料过湿，银耳、黑木耳生活力差，受病、虫、杂菌的影响，使用农药过量，培养料酸碱度过高或过低，均可导致发病造成烂耳。

5. 防治措施　针对上述原因采取相应的措施，可以防止烂耳病。银耳或黑木耳在接近成熟时，不断产生担孢子，消耗子实体的营养物质，使子实体趋于衰老，若此时湿度大、温度高、光照差、通风少，则常发生溃烂，细菌或害虫侵害也可引起银耳、黑木耳的烂耳病。及时采收、加强通风和光照、降低温度，可以减少烂耳病的发生。

十五、香菇褐腐病

1. 病原　荧光假单胞菌 [*Pseudomonas fluorescence*（Trev.）Migula]。病原菌形成白色菌落，能产生荧光色素，革兰氏染色反应呈阴性。

2. 症状　菌柄首先发生症状，子实体停止生长。菌盖、菌柄的组织和菌褶染病变褐色，然后腐烂，发出恶臭气味（图 3-12）。

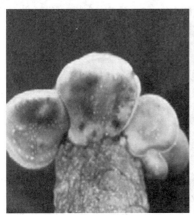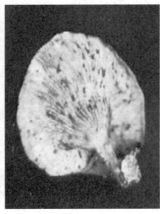

图 3-12　香菇褐腐病菌盖、菌褶症状及病原菌

（张绍升等，2004）

3. 传播途径　该病主要通过污染的水、工作人员的手、操作工具传播。

4. 发病条件　温度偏高（20℃以上）、湿度过大时容易发生。随着温度降低，发病率下降。花菇培育时，该病发病率低。

5. 防治措施　①搞好菇房消毒，启用菇房前进行彻底的清洁和消毒灭菌。②出菇管理时，使用清洁的水源进行补水和保湿。③发现病害后，及时处理病菇，停止喷水，加大通风

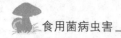

换气，达到降温降湿的效果。④及时采收成熟的菇体，鲜菇及时加工处理。夏季鲜菇贮存时间过长也易感染此病。

十六、白灵菇黄水病

1. 病原 荧光假单胞菌 ［*Pseudomonas fluorescence*（Trev.）Migula］。病原菌呈杆状，形成白色菌落，能产生荧光色素，革兰氏染色反应呈阴性。

2. 症状 子实体变为黄色，水渍状，最后腐烂，并散发恶臭。病斑一般没有凹陷，停留在表面，不深入组织内部。发病严重时，菌盖表面布满病斑，子实体停止生长，很快死亡和腐烂。

3. 传播途径 该病主要通过污染的水、工作人员的手、操作工具传播。

4. 发病条件 培养料中含水量高以及菇房内温度偏高、湿度偏大、通风不良时易发生该病。

5. 防治措施 ①培养料中含水量不宜过高，以 60%～63% 为宜。②出菇管理时，保持菇房内相对湿度在 85%～90% 为宜，注意不要直接在菇体上喷过多的水。温度偏高时，加强通风换气，避免出现高温高湿的环境条件。③发现病害后，及时处理病菇，将其烧毁或掩埋，杜绝传染。

十七、杏鲍菇黄斑病

1. 病原 假单胞菌（*Pseudomonas* sp.）。病原菌呈杆状，在一极或两极具有 1 根或多根鞭毛，形成白色菌落，革兰氏染色反应呈阴性。

2. 症状 菇蕾和成熟期子实体均可发生，以幼菇期发病较为严重。发病初期，在菌柄表面附有淡黄色水膜，表层组织呈褐色。随着病害的发展，褐色病斑向下延伸呈条状，略显凹陷。在潮湿的条件下，病组织呈水渍状，黏稠，有异味，变为褐色。幼菇发病后，生长缓慢，直至停止生长、萎缩、死亡。

3. 传播途径 水、培养基质、菇蚊、菇蝇、采菇工人等均可传播。

4. 发病条件 病原菌广泛存在于自然界中，健康的菇蕾上也能分离到，在 18℃ 以上高温持续 2 d 以上，菇棚内相对湿度长时间处于 90%～95% 的情况下，或者通风不良、卫生条件差，都可以造成此病害发生。

5. 防治措施 ①保持栽培环境卫生，及时杀虫，消除病原菌的传播媒介。②加强温度、湿度的控制，遇温度升高，可向墙壁喷水，并加大通风。③及时集中处理染病子实体。

十八、杏鲍菇褐腐病

1. 病原 一种未定名的假单胞菌（*Pseudomonas* sp.）。病原菌呈杆状，革兰氏染色反应呈阴性。

2. 症状 幼菇期的症状为菇体畸形，菌柄膨大，不形成菌盖或形成菌盖过小；疏蕾后，菇体表面出现黄色黏液，菌肉呈水渍状或菌褶有凹陷褐斑，散发出臭味，随后逐渐腐烂，菌盖病斑严重，有黏液渗出，子实体萎缩、停止生长。感染病害特别严重的菇房，菇体为球状，难以形成柱状或保龄球状的商品菇。

3. 传播途径　经水、培养基质、采菇工人等传播。

4. 发病条件　病害从现蕾期到成菇期均可感染，但以幼菇期发病较重；假单胞菌适宜生长温度为 15～35℃，20℃为最适生长温度，在 16～20℃条件下该病害传染性极强，发展蔓延速度快。该病害的发生多与杏鲍菇栽培管理条件不良和预防措施不到位有关，一旦发生则不易控制。

杏鲍菇
褐腐病

5. 防治措施　①选用抗病品种，培育健壮菌包。②挑除污染菌包，减少病原菌来源。③控制生长温度，抑制病原菌生长。杏鲍菇子实体在 11～16℃温度条件下均可以正常生长，在易发生细菌性病害的春秋季，要注意控制菇房温度，对于未发病的菇房，菌包进入菇房催蕾结束后，控制菇体生长温度不超过 15℃；对于已发病的菇房，控制菇体生长温度不超过 13℃，通过降低菇房温度，减缓病害的蔓延速度。④改善通风条件，降低菇房湿度。在出菇管理阶段，通风好的菇房，湿度容易控制，病害发生概率较低；通风差的菇房，杏鲍菇子实体更容易感染病害。改善通风条件，第一，考虑引进无假单胞菌的新鲜空气，并降低菇房空气湿度以培育健壮的杏鲍菇，对于菇体生长健康的菇房，空气相对湿度控制在 90% 左右，对于有假单胞菌感染菇体的菇房，空气相对湿度控制在 80%～85%；第二，严禁引入假单胞菌污染的空气；第三，严禁感染杏鲍菇褐腐病的菇体在菇房内长期停留；第四，控制菇房进风时间，不得使进风、排 CO_2 机器长期处于工作状态，最少要控制进风、排 CO_2 机器开机与关机时间比例达到 1∶3。⑤加大病菇摘除力度。对有发病征兆的病菇，适当加大清除力度，必要时可去掉病菇周围一部分培养料；对已发病的杏鲍菇，必须坚决清理，如果发病严重，必须保证当天清理完毕。⑥坚持工具消毒，防止交叉感病。⑦隔离包装车间和出菇区域，避免带病菇体传播病原菌。⑧及时清理出菇后的废菌包，切断病原菌传播潜藏来源。⑨做好出菇区定时环境消毒，保证病原菌无法繁殖生存。⑩药物防治。对于杏鲍菇褐腐病的防治主要采取预防为主，定期进行场地消毒，每隔 3～5d 对生产场地、出菇区喷洒一次场地消毒剂，以控制病原菌，预防病害的发生。

十九、杏鲍菇细菌性腐烂病

1. 病原　病原菌主要是恶臭假单胞菌（*Pseudomonas putida*）。菌体呈杆状，形成黄白色菌落，革兰氏染色反应呈阴性；或由芽孢杆菌（*Bacillus* sp.）引起。

2. 症状　初期在杏鲍菇菌柄或菌盖上出现黄褐色水渍状病斑，病斑不凹陷，有黏液，后期病斑可扩展到整个子实体，最后子实体腐烂。有时出现略隆起的黄褐色黏稠状菌脓，有光泽。

杏鲍菇细菌
性腐烂病

3. 传播途径　经水、培养基质、采菇工人等传播。

4. 发病条件　灭菌不彻底、高湿、通风不良时容易发生该病。

5. 防治措施　可参考杏鲍菇褐腐病的防治措施。

二十、杏鲍菇细菌性褐斑病

1. 病原　一种未定名的假单胞菌（*Pseudomonas* sp.）。病原菌呈杆状，革兰氏染色反应呈阴性。

2. 症状　菇体菌盖、菌柄上出现水渍状的黄褐色不规则病斑，严重时病斑连片，菇体病部发黏（图 3-13）。

3. **传播途径**　经水、培养基质、采菇工人等传播。

4. **发病条件**　灭菌不彻底、高湿、通风不良时容易发生该病。

5. **防治措施**　可参考杏鲍菇褐腐病的防治措施。

图3-13　杏鲍菇细菌性褐斑病

二十一、大肥菇蚀空病

1. **病原**　洋葱假单胞菌（*Pseudomonas cepacia*），杆状，形成白色菌落，革兰氏染色反应呈阴性。

2. **症状**　染病子实体分布着浅色斑点和深凹，从子实体表面形成弥漫性空洞并扩展到菌柄，其组织完全解体。部分病菇没有外部症状，但切开菇体明显可见呈块状损蚀，组织中空。

3. **传播途径**　该病主要通过污染的水、工作人员的手、操作工具传播。

4. **发病条件**　高温高湿易引发此病。

5. **防治措施**　①菇棚在使用前应打扫干净，用消毒粉熏蒸杀菌。②覆土材料密闭熏蒸杀菌后使用。③出菇期间加强通风，控制用水量，避免高温高湿。④病害发生后，及时处理病菇。

二十二、大肥菇褐斑病

1. **病原**　托拉氏假单胞菌（*Pseudomonas tolaasii*）。病原菌杆状，菌落乳白色，稍隆起，表面光滑，圆形，边缘整齐。

2. **症状**　菌盖形成褐色病斑，边缘整齐，中间凹陷，病斑不深入菌肉。菌柄形成纵向病斑。

3. **传播途径**　土壤、水、覆盖草苫、空气、昆虫、溅水、工作人员都是重要的传播途径。

4. **发病条件**　高温高湿、通风不良时容易发生该病。

5. **防治措施**　可参考平菇凹斑病的防治措施。

二十三、阿魏菇黄腐病

1. **病原**　荧光假单胞菌［*Pseudomonas fluorescence*（Trev.）Migula］。病原菌形成白色菌落，能产生荧光色素，革兰氏染色反应呈阴性。

2. **症状**　往往从菌褶开始，出现黄色水渍状斑点，然后逐步腐烂，一般没有凹陷，不深入组织内部。严重时可侵染菌柄、菌盖，在菌盖表面布满病斑，子实体停止生长，整菇呈粉红色，菇农又称其为红菇病。

3. **传播途径**　此病主要是通过水源传播的。

4. **发病条件**　湿度大、通风不足会引发此病，温度长期超过24℃、用水被污染以及高温高湿都易引发此病。

5. **防治措施**　①保持适当通风，控制空气相对湿度在90%以下。②温度超过24℃时，墙面喷水降温，并加大通风。③保持一定的光照度，一般以 500～800lx 为宜。④及时处理病菇，集中焚烧，并对发病区域进行消毒处理。

二十四、滑菇腐烂病

1. 病原　假单胞菌（*Pseudomonas* sp.）。病原菌呈杆状，革兰氏染色反应呈阴性。

2. 症状　感病部位出现深红褐色的小斑点。湿度高时，病斑逐渐扩大，病斑周围的组织变成腐烂状态，不久腐烂的部分逐渐扩展到整个子实体和整群子实体（图 3-14），组织腐烂后发出异常的臭味。箱栽和瓶栽时，滑菇腐烂病的症状有些不同。该病的传染性很强，一旦发病整个菇房都会被侵染，特别是环境条件适宜、代料栽培的滑菇更容易发病。

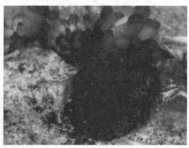

图 3-14　滑菇腐烂病症状

3. 传播途径　该病主要通过污染的水、工作人员的手、操作工具传播。

4. 发病条件　滑菇腐烂病是由假单胞菌引起的。当培养料含水量高、菇房湿度过大时，特别是喷水过多的菇床，水滴滴在菇床的子实体上，更容易发病。另外，温度上升与腐烂病的发生和症状的发展也有密切的关系。

5. 防治措施　控制培养基的含水量和菇房的相对湿度，在不影响滑菇生长的条件下，含水量和相对湿度应尽量降低。发现病菇要迅速烧掉或掩埋处理。

二十五、滑菇菌床腐烂病

1. 病原　假单胞菌（*Pseudomonas* sp.）。病原菌杆状，革兰氏染色反应呈阴性。

2. 症状　最初在生长均匀的滑菇菇床中出现菌丝生长稀薄的病斑。病斑逐渐扩大，并与邻近的病斑互相连合，整个菇床表面的菌丝层逐渐变薄，有时完全消失，培养料被细菌侵染。症状发展后，剩下菇床表面凝结的一层胶皮，其上有黏着物，黏着物是病原菌的菌落，胶皮厚而韧，分散在菇床各处。不久，滑菇菌丝变成红褐色或褐色，失去活力。从感染到出现明显的症状需要很长的时间，因此菇床上出现明显症状时病害已相当严重，菇床基本无法恢复正常。

3. 传播途径　此病主要通过水源传播。

4. 发病条件　在滑菇子实体生长期间，菇房温度超过 20℃，空气相对湿度超过 95%，培养料含水量大，甚至料面有微细的水珠，可促进病原菌繁殖，进而加快滑菇菌床腐烂病的发展速度。

5. 防治措施　采用无病原菌的优良菌种；搞好菇棚卫生，加强通风换气；将菇棚温度控制在 20℃ 以下，空气相对湿度降至 95% 以下；清除病菇，停止喷水 1～2d，在此期间喷

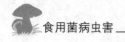

0.2% 漂白粉液。

二十六、姬松茸腐烂病

1. 病原 荧光假单胞菌［*Pseudomonas fluorescence*（Trev.）Migula］。病原菌形成白色菌落，能产生荧光色素，革兰氏染色反应呈阴性。

2. 症状 子实体变黄色，吐出黄色水珠，最后腐烂，发出臭味。

3. 传播途径 该病主要通过污染的水、工作人员的手、操作工具传播。

4. 发病条件 高温高湿和不良通风时易发生。

5. 防治措施 ①覆土材料要提前进行杀菌处理。②出菇用水要洁净。③避免出现高温高湿的环境条件。④病害发生后，及时处理病菇。⑤采收后的鲜菇要及时加工处理。

二十七、白灵菇腐烂病

1. 病原 假单胞菌（*Pseudomonas* sp.）。病原菌杆状，革兰氏染色反应呈阴性。

2. 症状 病害最先出现在菌盖表面或菌褶上。菌盖发病时，表面布满连片淡黄色水渍状病斑，发病后期菌盖表面或菌褶上结成黄色硬痂，并连成不规则形状，上有许多点状凹陷，呈畸形。菌褶部位变黄褐色，腐烂，发黏。

3. 传播途径 该病主要通过污染的水、工作人员的手、操作工具传播。

4. 发病条件 高温高湿和不良通风时易发生。

5. 防治措施 ①覆土材料要提前进行杀菌处理。②出菇用水要洁净。③避免出现高温高湿的环境条件。④病害发生后，及时处理病菇。⑤采收后的鲜菇要及时加工处理。

思考题

1. 食用菌细菌性病害的病原细菌主要有哪几类？请简述其主要特征。

2. 食用菌细菌性病害的主要传播途径是什么？

3. 食用菌细菌性病害的主要发病条件是什么？

4. 如何有效防控食用菌细菌性病害？

第四章　食用菌病毒病

第一节　食用菌病毒病简介

病毒病是食用菌生产中较重要的一类病害。病毒病害与细菌、真菌、线虫病害危害不同，其发病症状不易辨认且具潜隐性，直到生产中的某个时期才开始显症，因此是危害食用菌生产较为严重的一类病害。早在 1950 年，法国人 Sinden 和 Hauser 调查美国宾夕法尼亚州食用菌病害时在双孢蘑菇切口上发现一种未曾报道过的新病害，并将其命名为法兰西病"La France disease"。英国人 Holling 等从发病的双孢蘑菇子实体中分离到球状和杆状的病毒样粒子，对食用菌中的病毒首次进行了报道，并初步认为双孢蘑菇病害的病原生物就是这些寄生在真菌上的病毒，患这种病的双孢蘑菇因菌丝大量死亡而产生大面积枯斑，因此又称为枯斑病。后来 Van Griensven 证实患枯斑病的双孢蘑菇菌丝并非死亡，而是在培养料中长势明显减弱。在过去的几十年，中国、美国、法国、荷兰及澳大利亚等国分别在双孢蘑菇上发现了褐色病、X 病、菇脚渗水病、顶枯病等症状，由于这些病害与"La France disease"具有相似的症状，经过深入研究，人们在这些染病的菌株中均发现了病毒的存在。到目前为止，相关的研究表明真菌病毒普遍存在于栽培食用菌的各个类群中，如双孢蘑菇、香菇、平菇、茯苓、银耳、草菇、金针菇等。

食用菌病毒病通常具有潜隐性，即带有病毒的食用菌一般无症状，也不引起食用菌细胞裂解，因此给早期诊断带来很大困难。此外，受感染病毒的类别、病毒浓度滴度、侵染时间以及制种和栽培条件的综合影响，食用菌病毒病的症状变化幅度较大，从几乎察觉不出感染到略微减产，直至出现典型的症状。最典型的双孢蘑菇病毒病症状是出现鼓糙状的粗柄小盖子实体，严重时菌柄与菌盖同样粗细，菌柄有的伸长呈弯曲状，有的呈爆裂状，并伴有菌幕过早开裂现象；有的似桶状和梨状，菌柄上通常有褐色斑点或条纹，菌柄和菌盖上往往呈水渍状，甚至有腐烂斑点。病毒病的另一典型症状是子实体早熟，一开伞就释放孢子，而且比正常孢子萌发快。

一、食用菌病毒的形态

在已知的包括食用菌病毒在内的一百多种真菌病毒中，大多数为直径 25～45nm 的球状病毒，少数为杆状、短杆状、棍棒状病毒。如引起双孢蘑菇"La France disease"的病毒颗粒有 3 种，分别为直径 25nm 和 34～36nm 的球状病毒以及 19nm×50nm 的杆状病毒。日本（1975）报道了侵染香菇的病毒有直径分别为 25nm、30nm、39nm 和直径分别为 30nm、36nm、45nm 的两组球状病毒颗粒以及长度与直径不等的杆状病毒。在中国栽培的香菇中也有直径分别为 28nm、36nm、40nm 的球状病毒和 20nm×（100～200）nm 的杆状病毒的报道。此外，在疑似感染病毒的平菇、金针菇的子实体中也分别检测到直径为 27nm、34nm 和 50nm 的球状病毒颗粒。在侵染同一种食用菌时，有时病毒的大小和形状也会稍有差异，可能是由于其生长条件不同所致，也可能是因提取方法不同造成的，当然也可能是由一类病

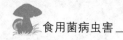

毒变异的不同株系或不同种类的病毒造成的。表4-1为几种常见的食用菌病毒。

表4-1 常见栽培食用菌中的病毒

名称	形态	直径（nm）	基因组
双孢蘑菇病毒	球状	25	dsRNA
	球状	29	dsRNA
	球状	34～36	dsRNA
	杆状	19×50	ssRNA
	球状	50	dsRNA
香菇病毒	球状	25、30、39	dsRNA
	球状	30、36、45	dsRNA
	球状	34、52	dsRNA
	球状	33～34	ssRNA
	杆状	20×（100～200）	—
草菇病毒	等轴对称	35	dsRNA
金针菇病毒	球状	30	dsRNA
	球状	50	dsRNA
糙皮侧耳病毒	等轴对称	27	dsRNA
	等轴对称	34	dsRNA
	球状	27	ssRNA
肺形侧耳病毒	球状	30	dsRNA
茯苓病毒	球状	30	—
	杆状	（23～28）×（230～400）	—
	杆状	10×（90～180）	—
银耳病毒	球状	33	—

二、食用菌病毒基因组及外壳蛋白特征

虽然有的真菌病毒为dsDNA病毒，但迄今发现的食用菌球状病毒的基因组大部分是dsRNA（表4-1），其基因组为一个或多个组分，分别包装在几个病毒粒子中，形成多分体病毒。如引起双孢蘑菇"La France disease"的球状病毒含有9个dsRNA片段，大小为0.8～3.8kb；蘑菇病毒X（mushroom virus X，MVX）的基因组包含23个dsRNA片段，大小为0.6～20.2kb；平菇病毒（oyster mushroom isometric virus-I，OMIV-I）的基因组包含12个dsRNA片段，大小为0.8～2.65kb，这些基因组片段在不同症状的样品中出现的频率不一样。但是这些dsRNA究竟是被各自包裹在病毒颗粒中，还是有不同的组合，或者是多个dsRNA片段被包裹在同一种病毒颗粒中，还不是十分清楚。食用菌病毒中也有少

数基因组为 ssRNA，如引起双孢蘑菇"La France disease"的 19nm×50nm 的杆状病毒，引起平菇球形症状的直径 27nm 的球状病毒以及引起香菇不正常生长的直径 33～34nm 的球状病毒。

目前，双孢蘑菇杆状病毒和平菇两个球状病毒的基因组序列已经被测定。大量研究表明，病毒基因组主要编码 RNA 依赖 RNA 聚合酶和外壳蛋白。不同病毒的外壳蛋白不同，分子质量为 $2.5×10^4～13×10^4$ u，是由病毒基因组编码的。

三、食用菌病毒病的症状

与其他真菌病毒一样，食用菌病毒通常以几种病毒混合侵染的方式侵染寄主，这类病毒的寄主专一性较强。食用菌病毒侵染的一个显著特点是寄主被侵染后具有潜隐性。在大多数情况下，不管一种还是几种病毒同时侵染一个寄主时，并不对寄主造成明显的危害，被侵染的寄主也无症状表现。有人推测，这种情况是因为病毒感染的时间不同或是寄主体内病毒浓度较低，但也有实验表明，不管有无症状表现，寄主在同等条件下抽提出的病毒量相同。有人认为，食用菌病毒与其寄主存在某种共进化的关系。

虽然在一般条件下病毒对食用菌表现为隐性侵染，但却对某些寄主有一定的致病性，也能引起寄主表现出一定的症状。在香菇中，病毒的侵染会引起大面积病害，如菌丝生长缓慢，分解基质的能力减弱，栽培袋容易形成秃斑、烂筒及子实体畸形。感染病毒的双孢蘑菇，轻则造成子实体畸形，如菌柄伸长、容易开伞、孢子早熟等，重则造成子实体褐变，组织软腐、坏死等，导致严重减产甚至绝收。在双孢蘑菇中，同一种病毒病的症状也可因寄主生长环境、培养条件不同而变化，如 La France disease、Waterystape、Die-back disease 等都是对同一种病毒病的描述。

病毒致病性和潜隐性的表现可能取决于寄主的基因型和外界条件。感染病毒的香菇菌株在强碱性和 55% 相对湿度时生长速度明显减慢，而酸碱度和湿度适宜时则恢复生长速度；感染病毒的香菇菌丝在 25℃ 条件下比健康不带病毒的菌丝生长缓慢，而在温度较低的条件下袋装菌块上形成的秃斑能重新长出菌丝，并形成子实体。受病毒感染的食用菌对其他病原菌的抵抗能力明显下降，特别容易再受细菌或真菌感染。

四、食用菌病毒的传播

食用菌病毒可以通过分生孢子、担孢子、菌丝的营养繁殖、菌丝融合传播。其中担孢子传播是最重要的途径。早在 1972 年就已通过电子显微镜观察到双孢蘑菇担孢子中的病毒粒子。在双孢蘑菇中，担孢子是 La France disease 的主要传播源，在感病的子实体中孢子感染率为 33%～100%，感病的担孢子萌发率更高，生存能力也更强。病毒的这种传播方式给通过切断病毒传播途径来控制病毒带来很大的困难。在食用菌中，有亲和性的异性菌丝融合也是一个重要的传播途径。通过菌丝融合，病毒可以从带毒菌丝传到健康无毒菌丝上。当带毒食用菌收获后，残留在培养基质中的菌丝也可以与新种植的食用菌的菌丝融合，使后者带毒。但是，食用菌不同种之间的不亲和性可以在一定程度上阻止这种传播。虽有报道蚤蝇（*Megaselia halterata*）摄取纯化的食用菌病毒液后，可以以很低的效率将病毒传播到无毒寄主上，但不能将病毒从带毒寄主传播到无毒寄主上。至今还没有发现食用菌病毒的介体能直接而有效地传播病毒。食用菌病毒发生的程度与感染病毒的种类及感染的时间有密切关

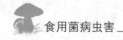

系。在大多数情况下，发生的是几种病毒的混合感染，这对生产的危害最大。

食用菌病毒不能通过机械摩擦方法接种，这给实验研究带来了很大困难，但可采用原生质体融合的方法来克服寄主不亲和性和寄主细胞壁坚而厚的障碍，是传播病毒的可行实验方法。

第二节　常见的食用菌病毒病

一、双孢蘑菇病毒病

有关双孢蘑菇病毒病的研究，最早是由美国宾夕法尼亚州的 Sinden 和 Hauser 于 1950 年报道，发病双孢蘑菇菌柄细长，菌盖薄，生长停滞，产量显著下降。随后，英国、荷兰等国家相继发现了双孢蘑菇病毒病，发病症状虽因栽培地区、栽培条件、病毒侵染时期不同而有所不同，但总体表现为子实体畸形、变色和产量显著下降，严重时能造成双孢蘑菇 80%～90% 的产量损失。1996 年，在英国发现了双孢蘑菇的另一种病毒病害"patch disease"。

（一）症状与诊断

史奇思勒（1967）对双孢蘑菇病毒病的症状进行了比较详尽的描述，并提出症状的产生与双孢蘑菇发育阶段、品种、生长环境和感染程度有密切的关系。因此，对症状的识别和诊断必须加以综合分析。

双孢蘑菇病毒病

1. 菌丝培养性状　菌丝培养在含有蛋白胨的培养基上较其他含氮源的培养基上易于鉴别，特别是在麦芽糖培养基上最易鉴别，罹病菌丝生长缓慢，菌丝体褐色，无粗大菌丝束，或菇蕾上无菌索。受侵染的菌丝在琼脂培养基上生长缓慢，菌丝稀疏、紧贴，菌落边缘不整齐，有不同程度的凹槽。

2. 培养料内菌丝表现　吃料慢，菌丝稀疏发黄，发菌不均匀，罹病菌丝覆土后生长衰弱，覆土层内菌丝稀少或从覆土表面消失。

3. 菇形　子实体细长，早现菇蕾，菌盖不均衡，鼓状茎，有时因发育受阻，造成菇形矮化；或菇厚，柄短，菌盖发育不良；或菌盖小，薄而平展，菌柄细长，有时无菌幕。

4. 子实体色泽　罹病子实体由灰色转为褐色，菌柄内部变褐，采收后的病菇迅速变褐。菌盖上呈现不规则褐斑，菌柄上呈现褐色纵条斑。

5. 子实体质地　菌褶硬脆，或呈革质；子实体湿、软、腐，数日内完全腐败，菌盖及菌柄上往往有水渍状黏液。

6. 孢子形态与萌发　健康的双孢蘑菇孢子平均大小为 $4～6\mu m$；病菇孢子平均大小为 $2\mu m$，细胞壁薄，萌发速度比健康孢子快。

此外，尚有个别罹病双孢蘑菇有隐症现象，在电子显微镜下才能观察到病毒颗粒。

（二）病原特性

"La France disease"的病原很复杂，通常认为，与典型的"La France disease"相关的病毒是 34～36nm 的等轴状病毒颗粒 La France lsometric virus（LIV）。LIV 的 dsRNA 至少有 6 条，最多时可以检测到 9 条，按片段长度大小可分为大（L1：3.6kbp；L2：3.0kbp；L3：2.8kbp；L4：2.7kbp；L5：2.5kbp）、中（M1：1.6kbp；M2：1.4kbp）和 小（S1：0.9kbp；S2：0.8kbp）3 类，其中 M1、S1 和 S2 在感病双孢蘑菇中很少检测到（图 4-1）。

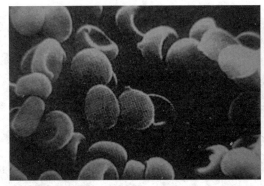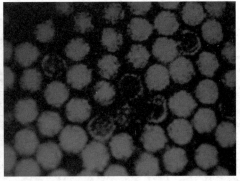

图 4-1 双孢蘑菇病毒形态

目前，已测定了 L1、L3、M1、M2 的全长基因组序列和 L5 的大部分基因组序列，5 个序列中只有 L1 由核苷酸推测的氨基酸序列与数据库中依赖于 RNA 的 RNA 聚合酶（RNA-dependent RNA poly erase，RdRp）序列相似。

从轻度或中度发病的一种未定名的双孢蘑菇上分离病毒，在转管移植中，其毒力能牢固地保存下来。一旦回到健康的菌砖上，能引起全部严重发病。菌丝体由马铃薯葡萄糖培养基转移到麦芽糖培养基，病毒毒力仍然保持不变。从病菇上分离到的新鲜菌丝，在 33℃ 条件下培养 2 周后，通过挑取菌丝尖端最后能得到具有正常生长特性的菌丝体，未能查到病毒病源。勒斯特等（1974）将受侵染的菌丝在 33℃ 条件下热处理 1～6 周，菌丝生长速度增快，但不能脱除病毒。莱尔（1972）发现从受病毒侵染子实体上分离出来的菌丝体，在体外有生长复原现象，稍后发育缓慢，生长受抑制。

二、香菇病毒病

香菇病毒病的研究起步较晚，1970 年 Inouye 首次从香菇菌丝中分离出一种病毒。Ushiyama 从不正常的香菇子实体中分离出三种直径约为 25nm、30nm、39nm 的球状病毒。在我国，1991 年潘迎捷等人从染病的香菇中分离出一种直径约为 34nm 的球状单链 RNA 病毒颗粒。于善谦等研究发现在香菇菌种内生长不正常的菌丝体中存在直径为 20nm、长度多为 100～200nm 的类似棒状的病毒颗粒，在接种 14～20d 后，生长缓慢的菌丝体中有直径 28nm、36nm、40nm 三种不同大小的类似球状病毒颗粒，未见棒状颗粒，在香菇子实体的制种中同样见到与菌丝体中一样的球状病毒颗粒以及大小为（15～16）nm×（100～300）nm 的较细的棒状病毒颗粒，病菇菌褶超薄切片中呈现棒状病毒颗粒结晶的聚集。在液泡中有直径为 15～16nm 的棒状病毒颗粒。

目前发现香菇病毒颗粒普遍存在于子实体中，未发病时，菌丝长势和子实体发育无异常，但发病后通常造成较大的损失（图 4-2）。具体症状如下：①菌丝生长缓慢、稀疏，略带黄色且有许多无菌丝体的光秃斑块；菌丝不吃料，只在接种块上向上生长或在栽培袋上产生退菌斑；开袋后，菌棒表现为气生菌丝少，难以正常转色；子实体的原基形成迟缓。②子实体畸形，子实体生长阶段菌柄伸长弯曲，菌盖很小，菌盖表面凹凸不平、边缘呈波浪形或深裂状，菌柄与菌盖上有明显的水渍状条纹或条斑。③子实体易碎，菌肉薄，产量低。

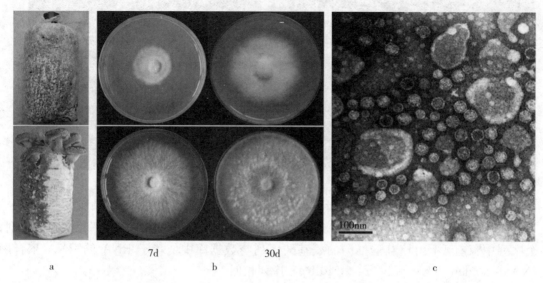

7d   30d

a   b   c

图 4-2　正常的和感染病毒的香菇菌袋和菌丝体

a. 上图为带毒的不正常褐变的香菇菌袋，下图为正常的香菇菌袋　b. 上图为带毒菌丝，下图为正常菌丝，分别为生长 7d 和 30d 的菌丝长势　c. 电子显微镜观察到的香菇病毒粒子，大小为 34nm

三、平菇病毒病

目前已经发现的平菇病毒有平菇球形病毒（oyster mushroom spherial virus，OMSV），病毒颗粒的直径大小为 27nm 和 33nm，被证明与子实体的顶死病有关（图 4-3）；平菇等轴病毒（oyster mushroom isometric virus，OMIV），病毒颗粒的直径是 43nm，通常与平菇球形病毒共同感染（图 4-4）。

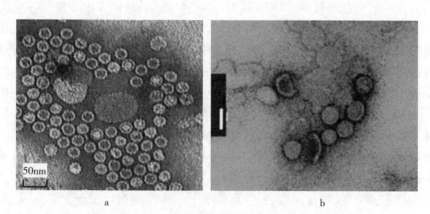

a   b

图 4-3　电子显微镜下观察到的平菇球形病毒粒子

a. 27nm 病毒粒子　b. 33nm 病毒粒子

研究发现，平菇病毒对头潮菇影响不明显，但第二潮菇与未感染病毒的菌种相比明显减产，第三、四潮菇基本不能生长，并且畸形子实体明显增多，病毒对平菇产量造成的影响已

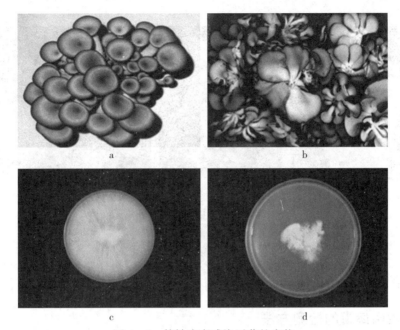

图4-4　等轴病毒感染平菇的症状

a. 健康的子实体　b. 感染病毒的子实体　c. 健康的菌丝　d. 感染病毒的菌丝

经越来越受到人们的重视。

　　平菇病毒病症状：①菌丝体生长缓慢，菌丝稀疏，边缘不整齐，发黄或吐黄水。②出菇后症状较为明显，受病毒感染的菇体，在子实体原基形成后，菌柄胀大呈泡状，菌盖不能正常分化，到了后期菌盖现裂痕并开裂，露出白色菌肉。另一症状表现为菌柄扁形，表面凹凸不平，菌盖具深的缺刻或呈歪曲的波浪形，菌盖有明显的水渍状条纹，不能形成正常的担孢子，担子梗畸形生长，症状轻时仍可形成担孢子。③转潮时间推迟，且第二、三潮菇病毒病依然畸形。

平菇病毒病

四、金针菇病毒病

　　目前已发现的金针菇病毒主要有两种，分别为 30nm 和 50nm 的球状病毒（图 4-5）。金针菇病毒的主要症状为菌丝稀疏，生长速度缓慢；出菇阶段表现为子实体褐变，菌盖易开伞，或子实体原基不分化，无法发育成正常的子实体（图 4-6）。

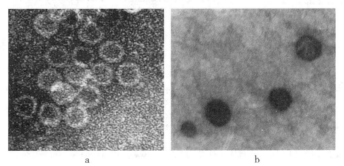

图4-5　电子显微镜下观察到的金针菇球状病毒粒子

a. 30nm 病毒粒子　b. 50nm 病毒粒子

图 4-6　健康的和感染病毒的金针菇子实体

a. 健康的金针菇子实体　b. 感染病毒导致褐变和易开伞的金针菇子实体　c. 感染病毒导致不正常发育的金针菇子实体

第三节　食用菌病毒的检测、防治及脱毒方法

一、食用菌病毒的检测方法

1. 电镜法　电子显微镜观察是检测病毒最可靠的方法。将食用菌子实体或菌丝在磷酸缓冲液中研磨裂解，然后经过蔗糖或 CsCl 密度梯度离心纯化，制成检测样品，利用磷酸钨负染色后进行电子显微镜观察，可以直接观察病毒的形态、大小、表面结构、有无包膜等。

由于食用菌病毒多为混合侵染，电子显微镜可以直观观察病毒的形态，具有其他方法不可比拟的优越性，在新病毒的检测和诊断中有重要的应用价值，但是因为电镜技术使用的设备昂贵，需要一定的操作技能，操作技术不容易掌握，不适合样品量比较大的检测，这些不足之处也限制了其在病毒检测中的广泛应用。

2. 电泳法（dsRNA技术）　目前已发现的食用菌病毒都是 RNA 病毒。单链 RNA（ssRNA）病毒可以在寄主体内形成特异复制中间型，即双链 RNA（dsRNA）。dsRNA 病毒本身就具有 dsRNA 结构，且每一种 RNA 病毒形成的 dsRNA 都是特异的，有各自的迁移率、相对分子质量、片段数。而正常的食用菌体内不存在 dsRNA，dsRNA 的存在在某种程度上反映了食用菌体内病毒的存在，因此，可以通过检测食用菌体内 dsRNA 因子来检测 RNA 病毒，并根据 dsRNA 条带的大小、数量对病毒进行鉴定。

dsRNA 技术的原理是 dsRNA 在 15％～17％乙醇浓度下能够被纤维素粉特异性吸附而将 DNA、ssRNA 洗脱掉。dsRNA 结构稳定，在高盐的情况下对 RNA 酶 A 有一定的抗性，因而较易提取。dsRNA 技术最早由 MORRIS 等发现，之后便广泛应用于植物、动物和真菌病毒的检测中。

3. 酶联免疫吸附分析法　酶联免疫吸附测定（ELISA）是一种固相吸附和免疫酶技术相结合的方法，其基本原理是以酶催化的颜色反应指示抗原、抗体的结合（将抗原和抗体包被在固相支持物上，使免疫反应在固体表面进行，并借助结合在抗体或抗原上的酶与底物的反应所产生的颜色进行检测）。常用的方法有直接法、间接法、竞争法、酶抗酶法、双夹心法、双抗体夹心法（DAS-ELISA）、三抗体夹心法（TAS-ELISA）等。

该方法将酶标记物同抗原抗体复合物的免疫反应与酶的催化放大作用相结合，既保持了酶催化反应的敏感性，又保持了抗原抗体反应的特异性，因而极大地提高了灵敏度，适用于无症状的双孢蘑菇、香菇、平菇等食用菌栽培菌株的病毒检测。

4. 血清学方法 用血清学方法检测，即制备完整病毒或 dsRNA 的抗血清，用各种血清反应方法进行检测。在病毒浓度较低时，制备的抗血清效果不好，检测效果也不理想，不适用 ELISA 或免疫电镜检测；将抗血清用健康寄主的汁液吸附后再用双扩散、对流免疫电流，特别是 ELISA 及免疫电镜等方法检测，效果可以改善。

5. 单克隆抗体检测法 用 dsRNA 特异性单克隆抗体，采用双抗体夹心 ELISA 法检测 dsRNA 病毒。如在栗疫病菌中的应用，该法不仅能从栗疫病菌低毒力菌株的总核酸粗提液中检测到 dsRNA，而且不受其他核酸的干扰。

6. RT－PCR 技术 RT－PCR 是以微量的 RNA 为反应材料，在逆转录酶的作用下与 PCR 技术相辅而形成的对 cDNA 产物进行分析的方法。RT－PCR 特异性强，可以检测到材料中皮克（pg）级甚至飞克（fg）级的病毒，而且可用于大量样品的检测，因此经常被应用于食用菌病毒病的早期诊断。

7. 生物芯片技术 生物芯片是根据生物分子间特异相互作用的原理，将生化分析过程集成于芯片表面，从而实现对多肽、蛋白质以及其他生物成分的高通量快速检测。其应用的基本原理是分子杂交或抗原—抗体反应。具体为用荧光染料标记样本的 DNA、cDNA 或抗体，与生物芯片杂交或反应，经激光共聚焦荧光显微镜检测出杂交或反应信号，通过计算机处理、分析，即可获得所需信息。如用红、绿荧光分别标记实验样本和对照样本的 cDNA，混合后与微阵列杂交，可显示实验样本和对照样本基因的表达强度（显示红色、绿色或黄色），由此可在同一微阵列上同时检测两样本的基因差异表达。根据存储的生物信息的类型，生物芯片又可分为寡核苷酸芯片（又称 DNA 芯片）、cDNA 芯片、蛋白质芯片和组织芯片等。生物芯片技术方法灵敏度高、可靠性强，是食用菌病毒快速检测技术的重要发展方向。

在食用菌病毒的检测和鉴定中，通常采用多种检测方法相结合。随着食用菌病毒的不断发现和研究的深入，越来越多的检测技术将会运用到食用菌病毒的检测与鉴定中，为食用菌病毒病的防治提供可靠的技术保障及科学依据。

二、食用菌病毒的防治方法

1. 改造菇房 采用空气过滤消毒法抑制带病孢子的传播和扩散，杜绝病原；不用病菇分离菌种，一旦发现病菇，在子实体形成前予以淘汰，阻止其孢子传播和扩散；新旧菇房应保持适当的距离。

2. 旧菇房的管理 旧菇房的床架材料要彻底消毒，杀死材料内的食用菌菌丝，以杜绝病毒通过床架材料感染传播。已发现病毒的菇房，食用菌必须在开伞之前采收完，防止病毒通过其扩散。

3. 培养料制备中保持清洁 通过巴氏灭菌法制备培养料，及时清除食用菌碎屑，工具篮以及采菇人员的衣服、鞋、手等都要保持清洁。

4. 材料的消毒 用低倍量溴甲烷熏蒸或用甲醛消毒各种材料。

5. 用具的消毒 用具煮沸消毒，或在 70℃ 条件下处理 1h。

6. 抗病毒品种的选育 利用引种驯化，物理、化学诱变和杂交育种等手段，选育抗病毒的品种。

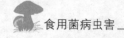

7. 病虫的防治 及时治虫治病，切断病毒传播途径。

三、食用菌病毒的脱毒方法

食用菌病毒脱毒的研究才刚刚起步，多数是借鉴植物脱毒技术，主要有原生质体再生脱毒法、化学处理脱毒法、挑取尖端菌丝脱毒法、热处理与挑取尖端菌丝脱毒法相结合等技术。

1. 原生质体再生脱毒法 在食用菌的菌丝细胞内病毒不能有均等的机会侵染每一个细胞，因此对感染病毒的菌株制备原生质体，经过原生质体再生可以得到部分不含病毒的菌丝。

2. 化学处理脱毒法 化学处理脱毒的原理主要是利用某些化学物质（如放线菌酮）能够抑制病毒增殖但对寄主生长无影响的特点，使寄主新产生的器官或组织有不含病毒的可能，从而达到脱毒的目的。例如在苜蓿花叶病毒、马铃薯 X 病毒和黄瓜花叶病毒上的应用。

3. 挑取尖端菌丝脱毒法 感染病毒的菌株，菌丝体内病毒的分布并不均匀，病毒数量随菌落位置而异，越靠近顶端区域的菌丝体病毒的感染浓度越低，因为在分裂旺盛的尖端菌丝内，病毒复制的速度不如细胞分裂的速度快，所以尖端菌丝（距顶端 0.1～0.5mm 区域）被认为几乎不含或含极少量病毒。但该方法因为实验中要严格控制尖端菌丝的长度，所以导致挑取的菌丝成活率很低，进而会影响脱毒效率。

4. 热处理与挑取尖端菌丝脱毒法相结合 病毒粒子不耐高温，温度超过一定范围时可以使病毒钝化。利用病毒与寄主细胞对高温的忍耐性不同，选择适当的温度和处理时间，抑制病毒繁殖，延缓其扩散速度，使寄主细胞的生长速度超过病毒的扩散速度，从而使长出的菌丝不含有病毒。

食用菌感染病毒后，抗杂菌的能力下降，染病毒的菌株极易受到细菌和真菌等杂菌的感染。使用脱毒菌种，可以提高食用菌的抗病、抗杂菌能力，降低生产中的病害发生率，提高食用菌的产量，还可以减少药物的使用，对栽培环境的保护和食用菌产品品质等有着积极的作用。食用菌菌种脱毒技术有着良好的应用优势和应用效益，也有着广阔的发展前景，但是目前食用菌脱毒技术还不很完善，普遍存在脱毒效率低、脱毒不彻底等问题，有待深入研究。

思考题

1. 食用菌病毒病的特点是什么？
2. 食用菌病毒病的传播方式有哪些？
3. 常见食用菌病毒病的主要症状是什么？如何进行正确判断？
4. 食用菌病毒病有哪些防治措施？
5. 食用菌病毒病的检测方法有哪些？具体原理是什么？
6. 食用菌病毒病的脱毒方法有哪些？具体原理是什么？

第五章 食用菌线虫病

第一节 病原线虫的生物学特征

线虫（nematode）又称蠕虫，是一类低等无脊椎动物，数量多且分布广。有的生活在海水、淡水（河、湖）、沼泽地里，有的生活在土壤中，有很多种类寄生在人和动物体内，还有的寄生在植物体内。寄生在植物体内的，称为植物寄生线虫，或简称植物线虫。植物线虫一般都比较小，而且虫体透明，通常只有在显微镜或解剖镜下才能看见。有许多寄生在植物体内的线虫会对植物造成严重危害，造成产量损失或使植物产品质量变劣，引起植物病害，这些线虫称为植物病原线虫。每种植物都可被一种或几种线虫寄生或危害。植物病原线虫寄生在植物的根系、幼芽、茎、叶、花、种子和果实内。寄生在根部的线虫，可造成根系衰弱、畸形或腐烂，致使植物地上部分的茎和叶发育不良甚至枯死；线虫危害茎部，可造成茎、叶发育不良，畸形、矮化或整个地上部死亡；危害叶部，可造成叶部变色、畸形或干枯；危害花，可造成花变色、变形或枯死；危害种子，可使种子变成虫瘿；危害果实，可在果实或荚果上形成褐色枯斑和局部坏死。食用菌寄生线虫属于植物寄生线虫。

在食用菌栽培过程中，线虫危害问题往往比较突出。线虫能危害双孢蘑菇、香菇、草菇、凤尾菇、银耳、黑木耳等几种主要栽培食用菌。据有关资料报道，食用菌栽培中每年因病虫害带来产量上的损失约30%，而其中由线虫造成的损失约30%，可见线虫对食用菌的危害造成的损失极为严重，有些国家20%～30%的菇房倒闭或严重减产是由于线虫危害所造成的。国外曾有人进行这样的试验：在100g培养料中分别放入线虫20条、100条和200条，结果分别造成子实体减产50%、68%和75%。由于农户的食用菌堆料场地条件普遍较差，栽培料进房前如果不进行后发酵处理或对覆土土粒不进行灭菌杀虫处理，就会为食用菌线虫的发生创造有利条件。

一、病原线虫的形态与解剖结构

线虫的大小差别很大，寄生人和动物的线虫有的个体很大，如蛔虫。寄生植物的线虫个体一般较小，食用菌上的线虫虫体也较小，一般长5～1 000μm，宽20～50μm，绝大多数肉眼不易看见。线虫体形细长，横切面呈圆形。有些线虫的雌虫成熟后膨大成柠檬形或梨形（图5-1）。

线虫的结构较简单，虫体仅体壁和体腔，体腔内有消化系统、生殖系统、神经系统等（图5-2）。体壁最外是一层平滑而有横纹或纵纹或突起不透水的表皮层即角质膜，俗称角质层，里面是下皮层，再里面是用于运动的肌肉层。角质膜是由下皮层产生的，线虫每蜕化一次，它的角质膜脱落的同时形成新的角质膜。线虫的体壁几乎是透明的，所以能看到它的内部结构。体腔也很原始，其中充满体腔液。体腔液湿润各个器官，并供给所需的营养物质和氧，可算是一种原始血液，起着呼吸系统和循环系统的作用。

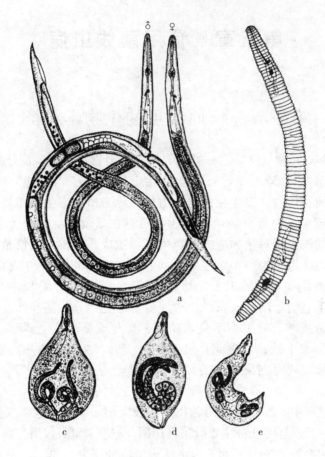

图 5-1　植物寄生线虫整体形态

a. 雌雄同形（蠕虫形）线虫　b. 中环线虫雌虫　c. 根结线虫雌虫　d. 胞囊线虫雌虫　e. 肾形线虫雌虫

（张绍升，1999）

　　线虫的消化系统是从口孔连到肛门的直通管道。口孔上有 6 个突出的唇，口孔的后面是口腔，口腔下面是很细的食道。食道中部膨大形成中食道球，有的线虫还有 1 个后食道球。食道后端有食道腺，一般是 3 个，它们的作用是分泌唾液或消化液，所以食道腺也称为唾液腺（图 5-3）。食道下面是肠，连到尾端的直肠和肛门。有些线虫的口腔内有一种称为口针的刺针状口器，口针能穿刺寄主组织，并向寄主组织分泌消化酶消化寄主细胞中的物质，然后吸入食道。

　　线虫的神经系统较为发达，中食道球后面的神经环比较容易看到。在神经环上，有 6 股神经纤维向前通到口唇区的突起、刚毛和侧器等，另外还有 6 股神经纤维向后延伸到其他感觉器官，如腹和尾部的侧尾腺等。线虫的排泄系统是单细胞，在神经环附近可以看到其排泄管和排泄孔。

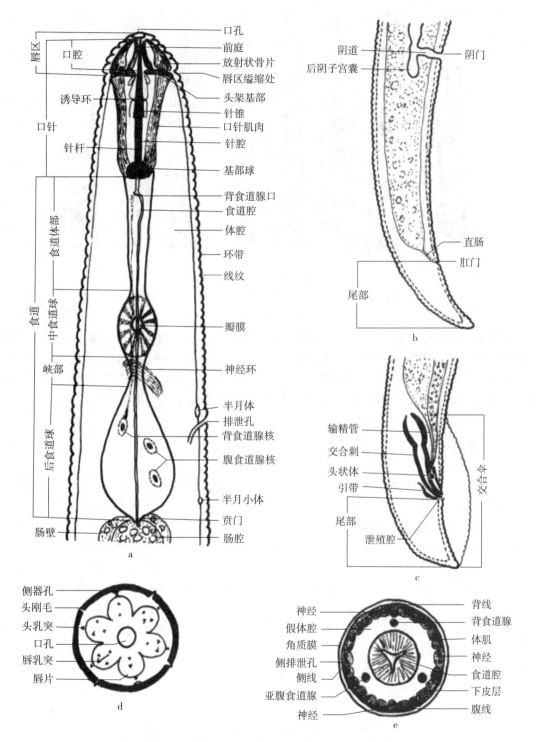

图 5-2　植物线虫虫体解剖

a. 虫体头部和食道部　b. 雌虫后部　c. 雄虫后部　d. 头部顶面观　e. 食道横切面

（张绍升，1999）

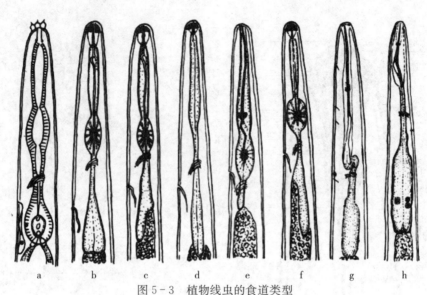

图 5-3 植物线虫的食道类型

a. 小杆型 b、c. 垫刃型 d. 拟茎型 e. 环线型 f. 滑刃型 g. 长针型 h. 毛刺型

（张绍升，1999）

线虫的生殖系统非常发达，有的占据了体腔的很大部分。雌虫有 1 个或 2 个卵巢，通过输卵管连到子宫和阴门，子宫的一部分可以膨大形成受精囊。雌虫的阴门和肛门是分开的。雄虫有 1 个或 1 对精巢，但一般只有 1 个精巢，精巢的末端连接输精管和虫体末端的泄殖腔，泄殖腔内有 1 对交合刺，有的还有引带和交合伞等附属器官。雄虫的生殖孔和肛门是同一孔口，称为泄殖孔。

二、病原线虫的生活史和生态

食用菌线虫像其他植物病原线虫一样，其生活史比较简单，它经过卵、幼虫、成虫 3 个时期，孵化出来的幼虫形态与成虫相似，所不同的是幼虫的生殖系统不发达。幼虫共有 4 个龄期。幼虫发育到一定阶段就蜕化一次，蜕去原来的角质膜形成新的角质膜，蜕化后的幼虫虫体大于原来的幼虫，每蜕化一次，线虫增长 1 个龄期，第 1 龄幼虫是在卵内发育的，所以从卵内孵化出来的幼虫已经是第 2 龄。幼虫经过最后一次蜕化形成成虫，成虫的雄虫与雌虫有明显的区别。有的线虫在发育过程中，幼虫的雄虫与雌虫在形态上就有一定的差异。雌虫经过交配后产卵，雄虫交配后随即死亡。故有的线虫雄虫很少或很难找到。有些线虫不经交配也能产卵繁殖（称孤雌生殖）。因此，在线虫的生活史中，有些线虫的雄虫是起作用的，有的似乎不起作用或者作用不清楚。在环境适宜的条件下，线虫完成一代一般只需 3～4 周的时间。如温度低或其他条件不适宜，则所需的时间要长一些。线虫在每一季节中大多可以发生若干代，发生的代数因环境条件的不同而不同。

第二节 食用菌线虫的种类

随着生命科学和生物技术的发展，许多先进的高新技术如蛋白质分析的生物化学技术，细胞遗传学中核型分析、聚合酶链式反应技术（PCR）、DNA 限制性长度多态性技术

（RFLD）、随机扩增多态性 DNA 技术（RAPD）等已经开始应用于植物线虫的鉴定和分类中，但形态学特征仍是线虫鉴定和分类的基础。因此，要准确地鉴定出植物线虫，就必须掌握植物线虫的重要形态学鉴别特征和鉴定方法。结合形态学鉴定结果和分子生物学鉴定结果可以更准确地鉴定植物线虫。

一、食用菌线虫鉴定依据的重要形态特征

食用菌线虫的鉴定除依据外部形态之外，还需要依据解剖学等特点。

1. 头部结构 头正面观结构，口腔、食道、神经环及排泄孔位置，侧器结构，头部附属。

2. 生殖系统 性器官构造及外生殖器位置。

3. 角质膜特征 角质膜体环和侧带构造。

4. 侧尾腺 有无侧尾腺，侧尾腺口大小及位置。

5. 体形及大小 虫体形态以及各部分大小和比例。

二、食用菌线虫的种类与分布

食用菌线虫种类多，分布广，具有寄生致病性的线虫可危害灵芝、茶树菇、双孢蘑菇、平菇、香菇、草菇、金针菇、黑木耳、毛木耳、银耳等。危害食用菌的线虫主要属于垫刃目、滑刃目、小杆目等几个目。

发生在食用菌上的线虫按其食性大体可分为两类。

第一类为直接危害线虫——寄生线虫。如蘑菇堆肥线虫和蘑菇菌丝线虫，这类线虫危害最大。线虫的口器像管口针，将菌丝束刺孔吮吸其内容物。菌丝被穿刺后几乎完全被吮吸空，从而造成菌丝萎蔫倒伏，子实体呈软腐状。食用菌被线虫危害以后，邻近的细菌就在受害的菌丝体或子实体上生长，继续危害造成腐烂，故有腐臭的味道。此外，线虫还可传播病毒使食用菌发生顶枯病，这很可能是线虫刺伤菌丝束所引起的。

第二类为间接危害线虫——腐生线虫（腐食线虫）。据报道，与食用菌减产有关的腐生线虫大约有20属24种，腐生线虫中最重要的是小杆线虫。腐生线虫没有管口针似的口针，但具有镰刀状的广阔的吮吸口器，这些线虫取食腐朽的植株、动物尸体和这些废料上生长的真菌和细菌以及食用菌的菌丝体，所以俗称吃废料线虫。腐生线虫的觅食方式是吸吞式（吮吸和吞咽协调进行）。在危害食用菌菌丝体（包括子实体）时，首先依靠其头部迅速有力地搅动，使菌丝断成碎片，然后才能吸吞进食。

三、食用菌线虫分类检索表

食用菌线虫分类检索表

1. 食道分三部分，中食道球通常有瓣膜，有峡部和腺质的后食道部；口针一般有基部球 ·················· (2)

　食道分两部分，前部细，后部宽，无中食道球和瓣膜；口针无基部球 ·················· (34)

2. 口针基部球明显，背食道腺口位于食道前体部的口针基部球后；中食道球一般为中等或小于3/4

　体宽 ·················· 垫刃目 (3)

　口针基部球小，背食道腺开口于中食道球内瓣膜前，中食道球大，宽度约占满该部位的虫体 ·········

　·················· 滑刃目 (31)

3. 中食道球增厚并与食道前体部愈合，后食道小（环线型食道）；雄虫的食道和口针通常退化 ……………………………………………………………………………………………… 环总科（23）

　　食道前体部与中食道球明显分开，后食道发达（垫刃型食道）；雄虫的食道和口针一般正常 ………………………………………………………………………………………………… 垫刃总科（4）

4. 雌虫和雄虫均为蠕虫形，活泼。雌虫将卵产于体外，不产于胶质混合物中；雄虫交合伞大 …… （9）

　　雌雄异形。雌虫膨大，定居型寄生于根内或根上，卵产于体外胶质混合物中或留在体内；雄虫交合伞小或无 ……………………………………………………………………………………………… （5）

5. 雌虫形成胞囊或保持柔软体壁，体形呈梨形、囊状、球形或柠檬形，头架不骨质化。雄虫蠕虫形，食道发达，尾短、钝圆，无交合伞 …………………………………………………………… （7）

　　雌虫虫体柔软，囊状、长囊状或肾形，头架骨质化。雄虫蠕虫形，有时前部退化，有的有小而明显的交合伞 ………………………………………………………………………………………… （6）

6. 雌虫单生殖管，阴门位于虫体端部；背食道腺开口于口针基部球附近。雄虫前部不退化，口针发达；交合伞包至尾部 ……………………………………………………………………… 珍珠线虫属

　　雌虫双生殖管，阴门位于虫体中部；背食道腺开口于口针基部球后，为口针长度的 1/2 以上。雄虫前部退化 ……………………………………………………………………………………… 肾形线虫属

7. 雌虫虫体形成硬而坚韧的胞囊 ………………………………………………………………… （8）

　　雌虫虫体不形成胞囊而保持相对柔性，角质膜中等厚。成熟雌虫梨形或球形，有明显颈部；阴门和肛门靠近，阴门位于虫体端部，卵产于胶质卵囊中。会阴部不突起，有会阴花纹 ………… 根结线虫属

8. 胞囊圆球形，胞囊壁有各种花纹，常为"之"字形或波浪形或网状 ……………… 球形胞囊线虫属

　　胞囊呈梨形或柠檬形 …………………………………………………………………… 胞囊线虫属

9. 食道腺围成后食道球，通常与肠平接 ……………………………………………………… （10）

　　食道腺不围成后食道球，呈耳叶状重叠于肠前端 ………………………………………… （16）

10. 头部骨质化明显，口针长而发达，2 个卵巢；雄虫交合伞大，端生，呈三叶状 ………… （11）

　　头部无或弱骨质化，口针弱至中等，1 个或 2 个卵巢；雄虫交合伞为肛侧板，不呈三叶状 ……… （12）

11. 口针长，在 60μm 以上；雌虫尾部圆锥形 …………………………………………… 锥线虫属

　　口针长度在 60μm 以下；雌虫尾部细 ……………………………………………… 短锥线虫属

12. 阴门在虫体后部，单卵巢；雄虫尾部细，线形、棍棒形或长锥形，角质膜环纹细 …………… （13）

　　阴门在虫体中部，双卵巢；雌虫尾呈圆柱状，末端钝圆，角质膜环纹粗 …………… 矮化线虫属

13. 卵原细胞通常绕中轴多行排列，极少为 2 行；雌虫虫体肥胖或粗短，卵巢常延伸至食道或越过后食道，具 1～2 次回折 ………………………………………………………………………… （14）

　　卵原细胞单行排列，极少为双行，不呈轴状 …………………………………………… （15）

14. 雌虫肥大，常在植物地上部的叶片或花的结瘿中或种子内发现 ……………………… 粒线虫属

　　雌虫中等短胖，常在禾本科植物的根瘿中发现 …………………………………… 亚粒线虫属

15. 食道腺呈明显的后食道球，梨形至棍棒状；有明显贲门，阴门位于虫体中后（V＝60～70）；尾长，渐细，呈线形 …………………………………………………………………………… 垫刃线虫属

　　食道腺呈后食道球，有时延伸和具小耳叶状伸至肠上；无贲门或贲门退化，阴门位于虫体后部（V＝75～85），尾长锥形 ……………………………………………………………………… 茎线虫属

16. 雌虫唇部低，前端扁平或圆，基部宽；口针发达，长为体宽的 1/2～3/5 …………………… （17）

　　雌虫唇部高或隆起，凸锥形，半球形或宽圆形 ………………………………………… （19）

17. 雌虫单卵巢，食道腺明显覆盖于肠的腹面 ………………………………………… 根腐线虫属

　　雌虫双卵巢 ……………………………………………………………………………… （18）

18. 大型线虫，体长 1～4mm；尾端尖，常有尾尖突；食道腺长大，覆盖于肠的腹面；雄虫不退化 ……………………………………………………………………………………………… 潜根线虫属

小型线虫，体长 0.5～1.0mm；尾端圆，无尾尖突；食道腺大，覆盖于肠的背面；雄虫前部退化 ……

……………………………………………………………………………………………………… 穿孔线虫属

19. 雌虫双卵巢，尾部较短，不超过肛门部体宽的 2 倍；侧尾腺口小，孔状，位于肛门部，或侧尾腺
　　口大，位置不定 …………………………………………………………………………………………（20）

　　雌虫双卵巢，尾部较长，至少为肛门部体宽的 2 倍；侧尾腺口小，孔状，位于尾部；头部突出，
　　缢缩，有唇盘 …………………………………………………………………………………………… 刺线虫属

20. 侧尾腺口小，孔状，位于肛门部 …………………………………………………………………………（21）

　　侧尾腺口大，位于虫体不同部位 …………………………………………………………………………（22）

21. 食道腺叶通常大部分覆盖于肠的背面 …………………………………………………………… 盘旋线虫属

　　食道腺叶通常大部分覆盖于肠的腹面 …………………………………………………………… 螺旋线虫属

22. 侧尾腺口位于尾部或肛门附近，相对或近相对 ………………………………………………… 盾状线虫属

　　侧尾腺口位于虫体前、后部，唇部常有纵纹；中等至大型线虫，体长 1～2mm；有极发达的口针，口
　　针基部球有前突物，头架坚实 ………………………………………………………………… 纽带线虫属

23. 雌虫角质膜有明显的粗体环，体环后缘有时具有刺状、鳞片状或膜状附属物，有的具角质膜鞘 ……

………（24）

　　雌虫角质膜有细环纹 ………………………………………………………………………………………（28）

24. 雌虫虫体粗短，常呈纺锤形；体环数一般在 200 个以下，口针基部球锚状 …………………………（25）

　　雌虫虫体较细，口针基部球为球形，后倾；虫体有角质膜鞘 ………………………………… 鞘线虫属

25. 成熟雌虫有明显的角质膜鞘 ……………………………………………………………………… 拟鞘线虫属

　　雌虫无角质膜鞘 ……………………………………………………………………………………………（26）

26. 体环后缘有附属物；体环极粗，有后伸的角质膜刺或鳞片 ……………………………………… 线虫属

　　体环后缘无鳞片状、刺状或其他形态的附属物 …………………………………………………………（27）

27. 第一体环为盘状，明显缢缩 ……………………………………………………………………… 盘小环线虫属

　　第一体环不呈盘状，唇部有或无亚中叶，阴门张开或闭合 ……………………………………… 小环线虫属

28. 雌虫口针发达，长；虫体蠕虫形，纤细和不丰满 ………………………………………………………（29）

　　雌虫口针发达，较短；雌虫囊状，排泄孔位于神经环后的虫体中后部；雄虫口针弱 …… 半穿刺线虫属

29. 雌虫肥胖，有角质膜饰物；尾极短，尾端钝 ………………………………………………… 坏死线虫属

　　雌虫细至粗短或肥胖，无角质膜饰物；尾短，锥形至细长 ……………………………………………（30）

30. 雌虫口针长度为 36μm 以下；排泄孔位于神经环后 …………………………………………… 针线虫属

　　雌虫口针长度为 45～120μm；排泄孔位于神经环前，常在中食道球瓣膜附近 ……………… 纤针线虫属

31. 虫体较粗短（$a \leqslant 80$）；中食道球无瓣膜，阴道正常 ………………………………………………（32）

　　虫体较细长（a 约为 100）；中食道球有瓣膜，阴道弯弧形 ………………………………… 细杆滑刃线虫属

32. 雌虫尾部钝，侧带有 4～14 条沟纹；雄虫有交合伞和引带 ………………………………… 真滑刃线虫属

　　雌虫尾部圆锥形 ……………………………………………………………………………………………（33）

33. 尾部有或无尾尖突，侧带有 2～4 条沟纹；雄虫有交合伞和引带；与昆虫（天牛）有联系 ………

…… 伞滑刃线虫属

　　尾部具有 1 至多个尾尖突，侧带有 2～4 条沟纹；雄虫无交合伞和引带 ………………… 滑刃线虫属

34. 口针短，弯曲；雌虫双卵巢，直伸；虫体粗短 …………………………………………………………（35）

　　口针长，直；虫体细长 ……………………………………………………………………………………（36）

35. 阴道伸至体宽的一半，肌肉质发达；在阴门前后一个体宽距离内有侧体孔；在固定液中固定时角
　　质膜不膨胀；雄虫无交合伞 ……………………………………………………………………… 毛刺线虫属

　　阴道伸至体宽的 1/3，无侧体孔；在固定液中固定时角质膜膨胀 ……………………………… 拟毛刺线虫属

36. 口针极长，有基部骨质化凸缘；导环位于口针与基部凸缘连接处之前 …………………………… 剑线虫属

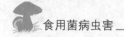

注：$V=$阴门至头顶距离$\times100$/体长，$a=$体长/最大体宽。

第三节　食用菌线虫的危害与防治

一、食用菌线虫病的一般特征及侵染途径

1. 食用菌线虫病的发病特征与发病条件

①菇房湿闷，不通风，这类菇房都有线虫滋生。

②培养料表面全部潮湿或者黑黏，返松，菌丝萎缩或消失，覆土及堆料浸出液中可以检出活的线虫或虫卵。是湿、黑、黏的培养料导致线虫滋生，还是长有线虫的堆肥使培养料变湿、黑、黏，这两种可能性都存在，应视具体情况而定。子实体受侵染，组织变黑腐烂，变黑部位有大量线虫存在。如果感染的线虫是摄食细菌的，据报道其对菌种和培养料影响很小，有的菌丝体还能正常生长，甚至长得更多，但会使收获推迟，产量明显下降。如果感染的线虫是摄食真菌菌丝的，食用菌将突然停止生长，培养料中明显缺少白色的菌丝体细丝，有的培养料会散发出"药瓶"的气味，并会很快变黑变潮湿。

③料面上食用菌分散生长，菇床上的食用菌全部或局部大量死亡，死菇淡黄色至咖啡色，表面发黏，有腥臭味，挤出的液汁中有大的或小的、活的或死的线虫及虫卵，严重时可以看到褐色腐烂的组织中有白色的线虫在穿行。

④总产量低于当地的一般产量。

出现上述四种情况，很可能有线虫危害，必须进行镜检或饲料试验，以减少生产上的损失。

2. 线虫的侵染途径

双孢蘑菇和其他草腐菌受到线虫危害很普遍，但危害程度有所不同。在卫生条件好的菇房，堆肥发酵好（能形成高温），菌丝生长旺盛，用水适宜，线虫发生就少；反之，菇房的条件差，堆肥发酵不良（湿、黏、黑，不形成高温），菌丝生长衰弱，打重水伤及培养料，则线虫发生严重。

许多地区培养料的堆制发酵一般都在室外露天环境下进行，风吹、雨淋、日晒，发酵不均匀；翻堆不及时，不能形成高温，再加上地面建堆，都为线虫繁殖提供良好的条件。用过的培养料没有经过任何处理立即施到大田污染土壤和水源，有些地方用沟水作水源，还有人、工具及昆虫的携带，都是线虫的来源。由于线虫在培养基上移动速度很慢，活动范围有限，故线虫本身不易进行远距离大面积迁移流行，线虫的远距离传播主要靠人、工具及昆虫。线虫的严重危害大多数是由培养料和旧菇房内的带出物污染，继而虫体大量繁殖所致。

二、几种典型的食用菌线虫病介绍

(一) 双孢蘑菇线虫病

唐崇惕（1982）记载危害双孢蘑菇的线虫有 2 种，唐亮（1983）记载有 15 种，其中数

量最多且常见的只有 6 种。以下列举 2 种常见的线虫。

1. 噬菌丝茎线虫　噬菌丝茎线虫（*Ditylenchus myceliophagus* Goodey）又名蘑菇菌丝线虫或基线虫，属垫刃目，滑刃科，是重要的食真菌线虫，能危害许多食用菌。

雌虫和雄虫虫体线形，头部唇区低平。口针纤细，有小的基部球。中食道球梭形，后食道宽大，稍向后延伸并覆盖于肠背面。侧区有 6 条侧线。雌虫阴门位于虫体后部；单生殖管朝前直伸，卵原细胞单行排列；尾部呈圆锥形，末端钝圆。雄虫有翼状交合伞，交合刺成对，稍向腹面弯曲；尾部呈圆锥形，末端钝圆。

2. 堆肥滑刃线虫　堆肥滑刃线虫（*Aphelenchoides composticola* Franklin）又名蘑菇堆肥线虫或滑刃线虫，属滑刃目，滑刃科。该线虫有雌虫和雄虫，虫体细长，侧区 3 条侧线，表皮具细微环纹。口针纤细，基部球小。中食道球大，椭圆形，食道腺叶覆盖于肠的背面。雌虫单卵巢前伸，受精囊中充满盘状精子；尾部圆锥形，腹部一个尾尖突（图 5 - 4）。雄虫交合刺成对，尾部具 3 对尾乳突，即泄殖腔后 1 对、尾中部 1 对、尾端 1 对。

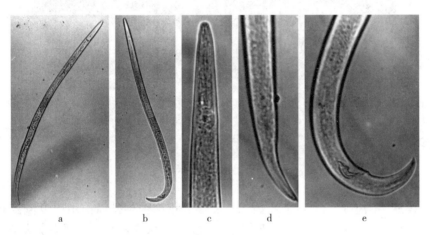

图 5 - 4　堆肥滑刃线虫
a. 雌虫整体　b. 雄虫整体　c. 雌虫头部　d. 雌虫尾部　e. 雄虫尾部
（张维瑞等，2008）

（二）香菇线虫病

1. 病原　蘑菇滑刃线虫（*Aphelenchoides composticola*）、雅各布滑刃线虫（*A. jacobi*）。接种表明这两种线虫能侵染香菇、双孢蘑菇、平菇、猴头菇、金针菇、竹荪、灰树花、灵芝等的菌丝体。

2. 症状　发生于反季节栽培香菇和地栽香菇上。反季节栽培香菇菌筒脱袋至菇蕾形成期发病。用手触摸转色后的发病菌筒外部脆，内部松软；把发病菌筒折断，断面出现退菌斑块，菌筒内的菌丝完全消失后菌筒软化腐烂，易断易碎，出菇少或不出菇；菌筒腐败后易受木霉等杂菌再侵染（图 5 - 5）。

地栽香菇菌筒受线虫侵染后菌皮腐烂，内部菌丝消失变黑腐烂，发病菌筒易遭木霉再侵染。

3. 发病条件　线虫生存于土壤中，通过土壤和水传播。海拔 500～1 000m、夏季气温稳定在 25℃、水稻田作菇场的山区反季节栽培香菇发病重；菌筒与土壤直接接触和用沟水

图5-5　反季节栽培香菇和地栽香菇线虫病

a、b 反季节栽培香菇线虫病　c. 地栽香菇线虫病

（张维瑞等，2008）

泼浇的菌筒易发病。

4. 防治措施　①地膜隔离，清洁用水。反季节栽培香菇排筒前用地膜覆盖畦面，然后将菌筒排立于地膜上，可阻隔线虫侵染。菌筒宜用清洁水源补水，禁用沟水泼浇。②出菇地卫生，健康栽培。地栽香菇宜选用新土，防止土壤积水，菌筒要充分转色后地栽，加速子实体萌发和生长；旧菇场香菇地栽前，土壤可先用棉隆熏蒸处理。

（三）木耳类线虫病

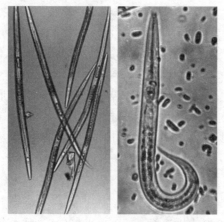

图5-6　双尾滑刃线虫（左）和小杆线虫（右）

（张维瑞等，2008）

1. 病原　双尾滑刃线虫（*Aphelenchoides bicaudatus*）和小杆线虫（图5-6）。总体形态与蘑菇滑刃线虫相似，雌虫尾端有呈双叉状的尾突，造成子实体腐烂后可诱发镰刀菌再侵染。还有一种危害毛木耳和黑木耳的线虫，依可萨皮线虫［*Pelodera（Cylindridera）cosiensis*（Maupas）Dangherty］，属小杆目，小杆科。腐食性线虫，能侵害受伤的菌丝和子实体，此外还能侵害灵芝、茶树菇、香菇、平菇、双孢蘑菇等多种食用菌。雌虫和雄虫线形，细小；口腔无口针，食道分为柱形的前部和球形具骨化瓣的后部两部分。雌虫尾部细长；雄虫有交合伞，交合刺长。

依可萨皮线虫的繁殖周期短，在正常情况下，发育到成虫产卵为12～16d。

2. 症状 子实体呈胶质状腐烂，不论银耳、黑木耳还是毛木耳受线虫危害后均造成烂耳和流耳。黑木耳受害后呈混浊糊状腐烂，感病初期黏湿。耳部感染部位的胶质变糊浊状，随着病斑向四周蔓延，耳片组织破坏，变成糊状，整体流失，有腥臭味（图5-7）。造成危害的线虫有几种，分属小杆目、垫刃目、滑刃目三个目。毛木耳受害后从原基到成熟期都有明显症状，木耳颜色变暗黑，手触易烂，生长停滞。

据岑明（1984）、计鸿贤（1986）报道，在栽培过程中，每到高温高湿的夏季，特别是梅雨季节烂耳严重，不论是段木栽培还是代料栽培均会受害，有的地方毛木耳损失达30%甚至全部无收，黑木耳更敏感。流耳的发生虽然是线虫、细菌或原生动物综合感染的结果，但仍以线虫危害为最重要。

3. 发病条件 线虫侵入主要是因为段木在接种前后接触了感染线虫的泥土或感染了线虫的水（浇喷或水浸没），其次是采耳时由于烂耳引起交叉传染或由螨、蚊、蝇、小动物携带传染。

图5-7 木耳线虫病（左）和正常木耳子实体（右）
（张维瑞等，2008）

4. 防治措施 搞好菇房环境卫生，使用干净的水源，加强害虫防治。

（四）平菇类线虫病

1. 病原 病原线虫有两种，其优势种为依可萨皮线虫〔*Pelodera*（*Cylindridera*）*cosiensis*（Maupas）Dangherty〕。

2. 症状 感染线虫后，菌丝生长不旺盛，渐呈萎蔫状，贴于料上，菌丝越来越少，即退菌，而床料则特别潮湿，呈腐烂状（周徽，1984）。若在现蕾期发病，菇蕾软腐，菌盖中央变黄，渐及整个菇蕾。幼菇期发病，菇体畸形，柄长，盖薄而小，整个菇体软腐，发黏腥臭，酷似软腐病，从菌盖到菇顶颜色逐渐由浅而深呈黄褐色，最后菇体枯萎，受害严重，轻者减产50%，重者减产80%，甚至绝收。

（五）银耳线虫病

1. 病原 病原线虫为小杆线虫（*Rhabditida* sp.）。雌成虫体长484μm（最长达0.9mm），最宽处24μm。卵的大小为30.8μm×22μm，椭圆形。雌虫多，雄虫少。雄虫比雌虫小一半（图5-8）。

2. 症状 南方是银耳主要的种植区，段木栽培或代料袋栽的银耳均会遭到小杆线虫的侵害，主要取食其菌丝及子实体。因该线虫无口针，所以其取食时先将菌丝与子实体断成碎片，然后吸吞。这种取食方式与具有口针的线虫长期刺吸营养液是不同的，但最后均导致烂耳（黄年来，1975）。段木栽培的银耳受到不同程度的危害，造成较大损失，危害程度取决于被侵染菌种的虫口数和栽培的温湿度。在食物充足的情况下（菌种穴中有银耳羽毛状菌丝、酵母状分生孢子），每条雌成虫一次可产12

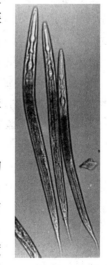

图5-8 小杆线虫
（张维瑞等，2008）

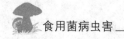

枚虫卵，在银耳生长的温度范围（18～23℃）内，10d可繁殖一代。在月平均气温15.4℃时，用银耳酵母状分生孢子作为食物，一代约为20d；在19.9℃时，一代为10d。6—8月气温超过30℃，试管中饲养的银耳线虫开始大量死亡。

银耳线虫的繁殖速度很快，假设条件合适，段木上的接种穴，每穴侵入一条雌成虫，到出耳时（一般控制在40d左右），每穴就可繁殖为20 736条，接种穴钻进10条线虫，出耳时就可变为207 360条，足以将银耳蚀光，何况线虫的入侵和危害必然引起细菌、真菌或其他病原菌的复合感染，由此可见线虫对银耳危害的严重性。

（六）草菇线虫病

草菇菇蕾被害后变为黄褐色，枯死；子实体被害后开始变黄，以后转为褐色，最后整体腐烂，腥臭。危害种类属小杆类线虫。

除了以上这些常见食用菌致病线虫外，还有以下几种在食用菌上均有发生：①刚硬全凹线虫［*Panagrolaimus rigidus*（Schneider）Thorne］，属小杆目，全凹科。②拟无顶线虫（*Acrobeloides* sp.），属小杆目，头叶科，无顶亚科。③三唇线虫（*Triladialus* sp.），属小杆目，全凹科。④刺中杆线虫［*Mesorhabditis spiculigera*（Steiner）Dougnerty］，属小杆目，杆形科。

三、具有生防作用的线虫

并不是所有的线虫均有害，人们发现有些线虫能寄生于危害食用菌的双翅目昆虫，如呼瓦杜线虫寄生于蚤蝇等。英国和日本试验用一种寄生性线虫——新线虫属线虫（*Neoaplectana carpocapsae*，最初通称为DD-136线虫）防治双翅目害虫效果显著，并且这些线虫是不会对食用菌造成伤害的，故这类线虫亦可用于生物防治中。

四、食用菌致病线虫的防治（以双孢蘑菇线虫为例）

1. 提高堆肥发酵技术 改长期发酵（30～40d）为短期发酵（15～25d），以防止和减少线虫在堆肥中繁殖，南方省份气温高，培养料以稻草和牛粪为主，发酵时间更不宜太长，要特别注意通风发酵，堆料要疏松、通气。2～3d翻堆一次，且翻堆要均匀，才能形成高温并借此杀死线虫及其虫卵。培养料中碳氮比应适当，否则草料中缺氮，堆肥就不能升温发酵，无法杀死线虫，堆肥温度达68℃以上并维持48h线虫才会被杀死。

2. 选用活力强的菌种 虽然目前还未育出抗线虫的食用菌菌株，但健康的双孢蘑菇菌丝表面有一层拒水物质（似乎是类脂质），菌丝不会被打湿和形成水膜，双孢蘑菇周围的细菌少，限制了那些以细菌为食的腐生线虫大量繁殖，并降低其危害，在线虫危害严重的地区可以适当增加菌种，以使菌丝尽可能快地长满堆肥。

3. 覆土消毒 应推广蒸汽或火焙消毒法，使用火烧或喷洒石灰水等方法对覆土消毒，连续6h 60℃的温度足以消灭来自覆土的线虫。

4. 水源清洁 使用洁净的水，如井水等，有条件的地区应将水过滤或加氯处理，以消灭水中的线虫。

5. 加强管理 严防打重水，特别是第二、三潮菇，严防生水入料，使线虫没有活动的水膜。在罹病地区，培养料应偏干一些，温度控制在12～14℃，这样菌丝生长虽然慢些，但可以控制线虫的危害。

6. 菇房的处理 ①罹病的菇房，连同堆肥就地进行蒸汽消毒，使温度达到 70℃ 保持 12h 或用 2%～5% 氨水处理，防止污染农具。②床架喷 0.5%～1% 二甲醇溶液或甲酚皂，2%～5% 氨水或棉隆处理。③有条件的地区，空菇房可以用氯化苦、二硫化碳、甲基硫等进行熏蒸。

思考题

1. 简要叙述植物病原线虫的形态特征。
2. 食用菌线虫鉴定依据的重要形态特征有哪些？
3. 食用菌线虫的侵染途径有哪些？
4. 简述木耳类线虫病与银耳线虫病的异同点。

第六章　食用菌生理性病害

非病原病害也称为生理性病害，是由食用菌自身生理缺陷或不适宜的环境条件（物理、化学等因素）直接或间接引起的一类病害。其与病原病害的区别在于无病原生物的侵染，在不同个体间不能互相传染，因此又称为非侵染（传染）性病害。

食用菌与其他生物一样，在生长发育过程中，如遇到不适宜的物理、化学因素的刺激，正常的生长发育将受阻，继而出现各种不正常的症状，最终将导致食用菌产量和质量的降低。

物理因素和化学因素与食用菌栽培、生产密切相关。不适宜的物理因素主要包括温度、湿度、空气、光照等的异常；不适宜的化学因素主要包括基质中的养分失调、空气污染和违规化学物质的使用等。这些因素有的单独起作用，但常常是多种因素共同作用引起病害。食用菌自身遗传因子或先天性缺陷引起的遗传性病害虽然不属于环境因子，但由于无病原也属于非病原病害。

一、菌丝徒长

1. 症状　在外界条件有利于菌丝生长，而不能满足生殖生长要求时，菌丝体迟迟不结子实体的现象称为菌丝徒长，又称为冒菌丝。制作菌种时，若所用母种菌丝体属气生型菌丝，移管分离过程中又挑选一些生长旺盛的气生菌丝体移接到腐熟过度、含水量过高（含水量在60％以上）的培养料上制成的原种或栽培种，当菌丝长满后，在培养温度偏高（22℃以上）的情况下，菌丝体往往在瓶口上部生长过浓，甚至密集成块。使用这样的菌种，栽培床上容易发生冒菌丝现象。栽培床上的菌丝徒长多发生在覆土调水以后。在土层调水较轻、较快，温度较高（22℃以上），菇房通风不当，空气相对湿度达90％以上的条件下，菌丝冒出土层，茂密生长，严重时可密结成块，栽培者称之为菌皮或菌被，若不及时处理，便始终不产生子实体（图6-1）。

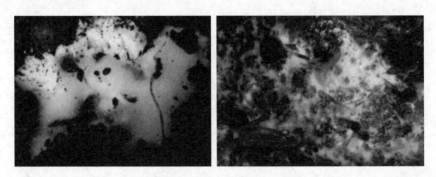

图6-1　双孢蘑菇（左）及草菇（右）菌丝徒长

木屑栽培香菇，在压块后的菌丝愈合阶段，当表面菌丝已经发白而有黄色水珠产生时，不及时掀动塑料薄膜进行换气降温，表面的菌丝便继续生长，最后结成一层白色浓厚的菌皮，抑制菇蕾的形成，严重影响香菇的产量。这就是香菇菌丝徒长的现象。

2. 病因　①培养室内通风不良，CO_2 积累浓度过高。②培养基或培养料内含水量过高和培养室的空气湿度过大。③栽培的品种与生产季节不匹配，如高温型的品种在低温季节栽培或低温型的品种在高温季节栽培。④培养料的氮素营养过高，碳氮比失调。⑤菌丝不能完成生理成熟，未进入转化期。

3. 防治措施　①科学设计培养料的配方，使培养料的营养全面、均衡，特别是根据食用菌不同发育时期对养分的要求，配比合适的养分和碳、氮元素。②接种菌种时连同培养基质一起接入下级菌种内；在移接双孢蘑菇母种的过程中，挑选半基内半气生菌丝混合接种。③加强培养室的通风换气，控制适宜的空气湿度；菌丝达到生理成熟时，要调节培养条件，使之转入生殖生长。④防止双孢蘑菇制种的培养料过熟、过湿、培养温度过高。⑤双孢蘑菇栽培中土层调水不宜过急，应在早、晚天气阴凉时喷水，并加大菇房通风量，降低空气湿度。⑥双孢蘑菇菇床菌丝徒长后，应及时用刀或拉耙破坏徒长菌丝体；加大菇房通风量，降低空气湿度，喷重水，促成菌丝及时结成子实体。⑦香菇菌块菌丝愈合后，表面菌丝已经发白并且有黄色水珠产生时，应及时掀动覆盖的塑料薄膜，进行透气降温，防止菌丝徒长，结成老皮。

二、菌丝萎缩

（一）双孢蘑菇菌丝萎缩

1. 症状　在双孢蘑菇栽培中不同的生产阶段，经常会遇到菌丝生长不良乃至萎缩死亡的现象，往往给双孢蘑菇生产带来很大威胁。

2. 病因　双孢蘑菇菌丝萎缩的原因很多，主要有以下几方面：①双孢蘑菇播种后，菌种块菌丝不萌发。可能由于培养阶段遇到过高的温度，菌丝生活力降低所致，另外在使用河泥菌种进行表面撒播时，培养料过干，再加上气候干燥，菌种块的菌丝由于缺少水分而干瘪萎缩，不能及时萌发。②菌种块菌丝不往培养料上生长。播种后，虽然菌种块萌发很好，但始终不往培养料上生长，时间久则菌种块的菌丝逐渐萎缩，造成这种状况的原因是培养料过干或过湿、培养料内有氨气、培养料酸性过高等。③培养料表面的菌丝萎缩。在土层调水阶段，由于粗土调水，结菇水、出菇水以及春菇调水，喷水过急、过重，使水分经土缝流入料面，隔绝了表层的空气，表层菌丝由于缺氧而萎缩死亡，形成了夹层，尤其是高温情况下调水过重，菇房通风不良，最容易引起培养料表面菌丝萎缩。④料内菌丝萎缩。在双孢蘑菇栽培中，往往由于培养料前发酵堆温不高、营养不良、培养料过湿等原因，引起料内菌丝逐渐萎缩的现象；出菇后期或越冬以后，由于土层水分过多、培养料透气不良，也可引起料内菌丝萎缩。⑤土层中的菌丝萎缩变黄。这种现象最常出现在越冬春菇的调水阶段，若春菇调水以后遇到突发的低温影响，或受到干燥的西南风的侵袭，土层中开始萌发的菌丝便会很快变黄、萎缩而死亡。

3. 防治措施　①选用菌丝生长旺盛的栽培种，使用河泥菌种播种时，料面应较潮湿，播种后尽量少通风，在气候干燥的情况下，最好用清洁潮湿的稻草或旧报纸覆盖。②播种前应检查培养料是否过湿或过干，若培养料过湿，应在进房前摊晒，若已进房，则应多翻几次架，开门窗通风，蒸发掉多余的水分；若培养料过干，应适当补充一些水分。若料内有氨气则不能播种，应喷洒 1% 甲醛或 5%～10% 石灰水，以中和并散发掉氨气。若培养料过酸，料干时可用 pH 为 9 左右的石灰水调节，料湿时可撒入石灰粉进行调节。③粗土调水前应用中土填缝，结菇喷重水。出菇重水要分 2～3d 喷洒，每天喷洒 3～4 次，防止水分直接流入料面。高温时不喷重水，喷水时和喷水后菇房要进行适当通风。④秋菇后期（第三潮菇后），要从床架反面对培养料戳洞加强料内的透气性，提高培养料前发酵的堆温和营养成分，以防培养料内菌丝萎缩。⑤春菇调水要严格掌握好季节，低温前不调水，菌丝萌发时注意菇房的通风，严防干燥的西南风吹入菇房。

（二）袋栽食用菌菌丝衰退

1. 症状　食用菌菌袋内菌丝开始生长正常，当菌丝体进入生殖生长时或出完一潮菇后，菌丝逐渐消失，即退菌。

2. 病因　①培养料含水量过高，由于闷热、水大导致菌丝自溶。②菌种退化，抗性减弱，无法适应培养时的高温。

3. 防治措施　①选用适龄、脱毒的菌种。②科学设计配方，培养料的含水量控制在 63％～65％。③培养料内加入食用菌三维营养精素，可调节培养料的营养平衡。④培养料拌好后要及时装袋，防止失水。⑤发菌期间根据栽培品种特性调节培养室的温度，避免出现高温。

三、菌丝不吃料

1. 症状　袋栽食用菌的菌袋内表面菌丝浓密、洁白，不能预期出菇，开料后发现菌丝只深入料表 3～5cm，并形成一道明显的断线，未发菌的基料变为黑褐色，有腐味。夏季栽培食用菌较易发生。

2. 病因　①培养料配方不合理，原料中含有不良物质。②菌种退化或老化。③培养料的含水量过高。

3. 防治措施　①选用适龄健壮的菌种。②培养料的含水量要适宜。③科学合理设计培养料的配方，保持营养的均衡、全面。

四、菌袋内形成拮抗线

1. 症状　食用菌菌袋内的菌丝不发展，菌丝积聚，由白变黄，形成一条明显的黄色菌丝线，有的是菌丝连接处形成一道明显凸起的菌丝线（图 6-2）。

2. 病因　①菌袋两头接入了两个互不融合的菌种。②培养料的含水量过高，菌丝不能向高含水量的培养料渗入。

3. 防治措施　①接种时不能将两个或两个以上的菌种接种到同一菌袋内。②培养料的含水量要适宜。

五、菌丝稀疏

1. 症状　食用菌菌丝稀疏、纤细、无力，生长速度非常慢。

图 6-2　菌袋内形成拮抗线

2. 病因　在排除细菌污染的前提下，引起菌丝稀疏的原因主要有：①培养料的 pH 不适宜，过高或过低。②菌种感染病毒。③菌种退化。④培养料的配方设计不合理，营养不均衡或过低。⑤培养料的含水量过低，菌丝无法正常生长。⑥培养室的温度过高、湿度过大。

3. 防治措施　①选用适龄健壮的菌种。②培养料的含水量要适宜，料水比为 1：(1.3～1.5)。③科学合理设计培养料的配方，保持营养均衡、全面。④控制好培养室的温湿度，若温度超过 35℃、空气相对湿度达 100％时，菌丝则明显纤细、稀疏。

六、菌丝氨害

氨害俗称氨烧菌，一旦发生则问题十分严重。

1. 症状　整理菇床时或之后，从菇床上能闻到一股刺激性气味，该气味与碳酸氢铵挥发的气味一样。气温 18～24℃，播种 2d 不见菌种萌发，或稍有萌发，但隔 2d 尚不见菌丝吃料，抓起培养料可闻到刺激性气味，用 pH 试纸测定培养料呈碱性。在菇床的下层，通气较好的床沿处菌种萌发，吃料较好，而菇床上层及通气不良的床中菌种萌发，吃料较差或不吃料，掉落在湿地板上的菌种萌发最早、最好。

2. 病因　①氮素转化不良。除碳素外，氮素是双孢蘑菇最重要的营养物质，也是产生氨害的物质来源。发酵前培养料碳氮比为 33：1，总氮量占总投料量的 1.55％左右对双孢蘑菇较为理想。②生产操作不当。培养料水分过多，各种有害微生物在发酵中大量繁殖，并占主导地位，影响了高温有益微生物的繁殖，进而削弱氨基化过程中所需的酶和中间物的合成，影响了氨的固定；前发酵时尿素或氨肥加入太迟或加入太多，造成后发酵氨基化不彻底而游离出 NH_3；发酵巴氏消毒时温度控制不好，料温超过 65℃ 而且时间较长，使尿素或氨肥以及前发酵中已固定的氨基分解释放出氨气，同时温度过高会使有益微生物和酶的活力受破坏；在后发酵 48～52℃ 控温腐熟阶段，时间保持不足，嗜热放线菌等有益微生物数量少，氨的固定不彻底。

3. 防治措施　①堆肥的碳氮比要适宜，氮肥不宜太多。②尿素或氨肥等速效氮源要尽早加入，不宜太迟。③做好二次发酵，防止发酵不彻底。

七、地蕾菇

1. 症状　主要在双孢蘑菇栽培中出现。出菇初期，由于初生子实体着生部位低（在料内、料表或粗土下部），往往破土而出，菇根长，菇形不圆整，栽培者称这种子实体为地蕾菇、顶泥菇（图 6-3）。地蕾菇质量差，出菇稀，并且在出土过程中严重损伤周围土层上部的幼小菇蕾，显著降低双孢蘑菇前期的产量和质量。

2. 病因　①培养料过湿或培养料内混有泥土。菌丝体在培养料内生长过程中遇到潮湿的环境，加上透气性差，绒毛状菌丝便扭结变粗而在培养料内、料表或床架反面形成子实体；双孢蘑菇生料栽培因培养料内含泥土，在培养料过湿的情况下，往往容易产生地蕾菇。②覆土后，粗土调水时间过长、菇房通风过多、室内温度降低，都会抑制菌丝向粗土层内生长，促进提早结菇。③细土覆盖过迟，调水过快、过急，菇房通风过多，都不利于菌丝在土层内继续生长，造成结菇过早，结菇部位过低，形成地蕾菇。④采用基内菌丝类型的菌种，在管理上稍不注意，很容易产生地蕾菇，这是因为基内类型的菌丝较一般气生菌丝上土慢，易结菇。

图 6-3　双孢蘑菇地蕾菇

3. 防治措施　①培养料不能过湿或混进泥块，生料栽培的培养料应偏干。②粗、细土调水时菇房适当通风，调水后减少通风，保持一定的空气相对湿度（85％左右），促使菌丝向土层生长。③尽量在粗土层尚未形成小菇蕾时覆盖细土，创造菌丝继续向细土层生长的条件，防止过早结菇。

八、死菇

1. 症状　在出菇阶段由于环境条件的不适，菇床上经常发生小菇萎缩、变黄，最后死亡的现象，有时成批死亡。死菇现象常发生在双孢蘑菇和香菇的栽培中，在草菇上也极为严重，经常见到成片的小菇萎蔫死亡（图 6-4）。

死菇

2. 病因　不同食用菌死菇原因如下。

（1）双孢蘑菇死菇

①在双孢蘑菇栽培中，秋季出菇前期若菇房温度连续几天超过 23℃，春季出菇后期连续几天超过 21℃，加之菇房通风不良，O_2 不足，CO_2 过多，新陈代谢过程中产生的热量不能很快散发，大量幼小菇蕾就会被闷死。另外，由于过高的温度不适于子实体的发育而适于菌丝体的生长，已形成子实体的其营养便会倒流给菌丝，因此幼小菇蕾会因缺乏营养而萎缩死亡。

②在双孢蘑菇栽培中，覆土后出菇前菌丝生长太快，出菇部位过高，在土表形成过密的子实体，由于营养供应不上，也会产生部分小菇死亡的现象。

③第一、二潮菇过密，采菇时操作不慎，往往会损伤周围的小菇，导致其死亡。

④使用过量农药也是双孢蘑菇发生大量死菇的一个原因。

（2）香菇死菇　夏季覆土栽培的香菇中，经常会出现萎蔫现象，菌丝体凋亡，后期幼蕾逐渐枯死，菌棒彻底腐烂。在夏季覆土栽培香菇中，当遇到连续 5d 气温在 30℃ 以上的情况，或者使用不耐高温的香菇品种，一般会出现死菇现象。香菇栽培中在菌丝愈合之后，菇蕾形成期间，若培养室内温度过高（低温品种）或温度过低（高温品种）且缺少温差刺激，已形成的菇蕾也会因为营养向菌丝倒流而萎缩死亡。

（3）草菇死菇

①通气不畅，料堆中的CO_2过多导致缺氧，小菇难以正常长大而萎蔫。

②建堆播种时水分不足或采菇后没有及时补水，导致小菇萎蔫。

③温度骤变，盛夏季节持续高温致使小菇成批死亡。

④环境偏酸，当 pH 在 6 以下虽可结蕾，但难以成菇。

⑤水温不适，喷 20℃ 左右的井水或喷被阳光直射达 40℃ 以上的地面水，到第二天小菇会全部萎蔫死亡。

（4）平菇死菇

①萎菇。发病症状为菌盖向下逐渐皱缩干瘪，萎缩死亡。该病是生理性病害，主要因培养料过干、空气湿度过低导致平菇生理失水，正常生长受到影响而死亡。

②幼菇萎缩干枯病。幼菇萎缩干枯病多发生在水分管理技术差的菇床上。幼菇及菇丛生长势弱，从菇顶向下萎缩枯死，分化形成的小菌盖及菌柄皱缩干瘪。原因是生理性缺水和空气湿度过低，不当的管理导致菇床含水量过低或出菇期空气湿度过低等，使幼菇失水干枯死亡。

图 6-4　死菇症状

a. 双孢蘑菇　b. 香菇　c. 草菇　d. 秀珍菇

3. 防治措施　①根据当地气温变化特点和不同品种生长对温度的要求，科学安排双孢蘑菇播种和香菇压块的时间，防止双孢蘑菇在高温时出菇以及香菇在高温不适和缺少温差的情况下形成菇蕾。②春菇后期加强菇房保温管理，防止高温袭击。③土层调水阶段，防止菌丝长出土面，压低出菇部位，以免出菇过密。④防治病虫杂菌时，避免用药过量造成药害。

九、硬开伞

1. 症状　双孢蘑菇栽培中，秋菇后期若遇冷空气突然来袭，温度急剧下降或昼夜温差过大（10℃ 以上），尤其在天气干燥以及菇房内空气相对湿度低的情况下，菇床上常出现未成熟的子实体菌盖与菌柄分离裂开的现象，暴露出的淡粉红色菌褶极嫩，不符合商品要求，严重影响经济效益（图 6-5）。

2. 病因　发生双孢蘑菇硬开伞主要是由于气温变化大造成培养料温度、土层温

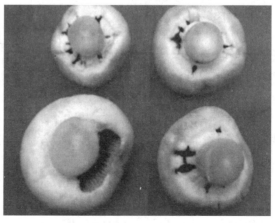

图 6-5　双孢蘑菇硬开伞

（张维瑞等，2008）

度与空气温度之间的差异，当冷空气来袭时，气温首先降低，而土层温度和培养料温度则是逐渐缓慢下降，这样便形成了培养料温度和土层温度高而室温低的状况，使得扎根于土层内的菌柄和暴露于土层表面的菌盖生长不平衡而开裂。另外，硬开伞与在母种培养期间菌种菌丝生长形态和挑选的类型也有一定的关系，在母种培养期间，若从气生型的菌种中挑选基内型的菌丝，当年栽培则往往容易产生硬开伞的现象。

3. 防治措施 为了防止硬开伞的发生，主要应加强秋菇后期菇房的保温工作，减小菇房温度的变幅，并增加空气湿度，促进菇体均衡生长；在选种时，应逐渐改变挑选菌丝的形态，避免将气生型菌种很快改变为基内型。

十、畸形菇

食用菌在形成子实体期间，若遇到不良的环境条件，子实体不能正常生长发育，常常产生各种各样的畸形，降低产品质量，影响经济效益。子实体畸形是食用菌生产中常见的一种生理性病害，各种食用菌畸形表现症状及原因均有一定的差异。

（一）双孢蘑菇

1. 症状 双孢蘑菇子实体生长发育不正常，表现为菌盖高低不平、形状不圆整、长柄小盖等各种各样的畸形，产品质量降低，经济效益受到影响（图6-6）。

畸形菇

图6-6 双孢蘑菇畸形菇
（张维瑞等，2008）

2. 病因

①双孢蘑菇栽培中，在粗土粒过大、土质过硬的情况下，从粗土层中长出的第一批子实体，菌盖往往高低不平，形状不圆整，这主要是由于机械性损害造成的。②出菇期间菇房通风不良，室内 CO_2 浓度超过0.3%，往往会出现长柄小盖的畸形菇。若冬季采用煤炉加温，CO过量，子实体会产生瘤状突起。③轻度药害也会产生粗柄小盖的子实体。

3. 防治措施 为了防止双孢蘑菇畸形菇的产生，粗土粒不要过大、土质不要过硬，出菇期间要注意通风，冬季加温火炉应放在菇房外利用火道送温，出菇期间适量使用农药。

（二）猴头菇

1. 症状 猴头菇子实体生长发育不正常，表现为光秃无刺型、珊瑚型等各种各样的畸形，产品质量降低，经济效益受到影响。

2. 病因

①猴头菇对 CO_2 浓度相当敏感，当培养环境中 CO_2 含量超过0.1%时菌柄就会受到刺

激不断分枝，而抑制菌盖发育。生产上片面强调湿度、温度的重要性而造成通气不良，往往出现珊瑚型畸形猴头菇；水分管理不善，是造成光秃无刺型畸形猴头菇的直接原因，特别是温度偏高（24℃±1℃）、湿度较低时更易产生。

②猴头菇传代过多，可引起菌种退化，也有可能导致子实体畸形。

③培养基内有芳香族化合物或其他有毒物质。为了防止畸形猴头菇的产生，在配制培养基时，应注意避免混入油松、香樟等含有芳香族化合物的木屑。

3. 防治措施 当用塑料薄膜保温时，要特别注意通风，只要经常换气，珊瑚型畸形子实体就可被消除。如果已形成珊瑚型畸形子实体，在其幼小时连同培养基一起铲除，可以重新获得正常的子实体。当气温高于25℃时，要加强水分管理，除保持90%的空气相对湿度外，还要向子实体喷雾，以补足其需水量。此外，在通风换气处，切忌风直接吹向子实体，以减少水分的蒸发，这样可以防止光秃无刺型畸形子实体的产生。

（三）平菇

1. 症状 平菇子实体生长发育不正常，表现为花椰菜状菇、珊瑚状菇、贝壳状菇、二次分化菇、高脚菇、黑边菇等各种各样的畸形（图6-7），产品质量降低，经济效益受到影响。

2. 病因

①花椰菜状菇。由大量密集原基组成，直径由几厘米到20cm不等，菌柄不分化或极少分化，不形成菌盖。由培养室内CO_2浓度过高或农药中毒所引起；遗传性状的变化也能形成这种畸形菇，一般菇体较大。

②珊瑚状菇。由一大群分化不正常的菌柄所组成，菌柄呈珊瑚状分枝，没有或很少有菌盖。此类畸形菇的形成与O_2供应不足、揭膜过迟和光照不足有关。

③贝壳状菇。菌柄短而粗，菌盖发育不完全，外形如同贝壳，没有菌褶或仅有残留菌褶痕迹。大多数发生在气温较低、O_2供应不足、CO_2浓度过高的菇房。气温回升后，开窗通风，可发育成正常子实体。

④二次分化菇。在菌盖上生长小菇，为菇房通风不良所造成。

⑤高脚菇。菇房（特别是地下室）最常见畸形菇，柄粗而长，质韧，盖薄而小，比例失调。主要是光照不足、CO_2浓度过高、气温偏高所引起。4—6月发生较多。

⑥黑边菇。子实体形态发育比较正常，但个体较小，菌盖边沿深黑色，产量很低。其发生与遗传性状有关。为防止误用，应在出菇鉴定后用于生产。

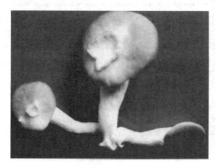

图6-7 平菇畸形菇

（张维瑞等，2008）

3. 防治措施 ①注意加强菇房通风。②给予充足的光照。③出菇期间不要使用敌敌畏等化学农药。④没有经过出菇鉴定的品种，不要在生产中使用。

（四）香菇

1. 症状 畸形是香菇生产中的重要生理性病害，明显影响产品质量。

①菌盖异常型。菌盖有缺刻，边缘呈波浪形，盖顶下陷，盖缘内卷或呈钟状，菌盖上有凹斑，或生有角状、须状等附属物。

②菌柄异常型。菌柄膨大呈球棍状，基部膨大上端扁窄，菌盖很小或无。

③子实体联合型。两个子实体的菌盖和菌柄连在一起，或菌柄、菌盖无区分，有时没有菌褶。

2. 病因 香菇的畸形菇主要发生于室内袋栽类型上。由于开袋过迟、空气湿度过低、菌筒失水、光照不足、CO_2 浓度过高、气温偏高等原因引起。

3. 防治措施 ①加强通风换气，注意调节光线。②子实体形成期保持空气相对湿度90％左右。③及时开袋出菇。

（五）杏鲍菇

1. 症状 畸形是杏鲍菇生产中一种常见的生理性病害。其症状主要表现为菌盖和菌柄皱裂；菌盖和菌柄不协调，即菌盖小、菌柄细长，外观差；菌盖和菌柄开裂，子实体不规则丛生，菌柄膨大，呈多角状等（图 6-8）。

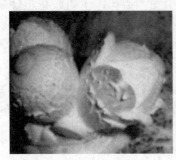

图 6-8　杏鲍菇畸形菇

2. 病因 ①菌盖和菌柄不协调主要是菇房内 CO_2 浓度过高所致。通常发生于突发的高温天气，由于菌体代谢旺盛，产生较多的 CO_2，在通风不良的情况下容易造成 CO_2 浓度过高。②菌体开裂主要是由于温差大而湿度过低，菌盖表皮细胞生长停滞而内部生长正常所造成。

3. 防治措施 加强菇房温湿度调控，根据天气变化情况及时采取相应措施，保持菇房内相对稳定的温度，同时注意通风以增加 O_2 进入、CO_2 排出，并调节菇房空气相对湿度在85％～90％。

（六）金针菇

1. 症状 金针菇的生理性病害主要是畸形菇，主要有菌盖畸形、菌柄开裂和柄生菇等（图 6-9）。

2. 病因 开袋过迟，子实体在袋内生长受抑制，喷水过多、湿度过大等。

3. 防治措施 及时开袋、搔菌，加强管理，控制好水分和空气湿度，促进子实体生长与发育。

图 6-9 金针菇畸形菇

(张维瑞等, 2008)

(七) 茶树菇

1. 症状 主要有菌盖上表皮开裂,现出白色的菌肉,开裂处纵横交错,形成花瓣纹,严重的菌盖边缘会出现较深的裂痕。此外会在菌袋侧边生长出子实体,子实体受压迫呈扭曲状(图 6-10)。

图 6-10 茶树菇畸形菇

(张维瑞等, 2008)

2. 病因 由于菌袋装料过松、喷水过多、湿度过大等原因造成。

3. 防治措施 菌袋装料要紧实,出菇阶段加强管理,控制好水分和空气湿度,促进子实体生长与发育。

(八) 灵芝

1. 症状 灵芝在人工栽培中常出现各种畸形的子实体,如长柄不长盖、长柄小盖、长柄弯曲、连体芝、菌盖厚小、脚掌芝、盖生芝等。

2. 病因 ①若 CO_2 浓度过高,则灵芝会形成鹿角状分枝,菌盖小或无。②机械压迫会导致灵芝菌柄扭曲畸形。

3. 防治措施 加强通风,防止 CO_2 浓度过高,防止机械压迫。

(九) 大球盖菇

1. 症状 表现为菌盖皱缩凹陷、菌柄纵向爆裂、菌柄表皮严重皱裂等(图 6-11)。

2. 病因 空气相对湿度过低(90%以下)、覆土面喷水少、土层过干等。

3. 防治措施 盛产期要定期喷水保证覆土层得到水分的补充,同时保持空气相对湿度在 85%～90%。

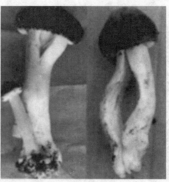

图 6 - 11　大球盖菇畸形菇

（张维瑞等，2008）

（十）灰树花

1. 症状　灰树花畸形菇主要表现为子实体不分化，形成一团组织块，子实体不开片或开片不正常。

2. 病因　CO_2 浓度过高、菇房湿度过大均会引起子实体不分化或不开片。

3. 防治措施　加强通风，防止 CO_2 浓度过高，菇房空气相对湿度保持在 90% 左右。

（十一）真姬菇

1. 症状　真姬菇畸形菇主要表现为子实体出现二次分化，在菌盖上生长小菇。

2. 病因　菇房通风不良、湿度过高。

3. 防治措施　加强通风，防止 CO_2 浓度过高，菇房空气相对湿度保持在 90% 左右。

（十二）其他食用菌

若 CO_2 浓度过高则毛木耳耳基不开片呈鸡爪状，鸡腿蘑子实体也呈鸡爪状，银耳呈团耳现象。

十一、空根白心

1. 症状　菌柄中间由于缺水产生白色的髓部（图 6 - 12），严重影响双孢蘑菇的质量。

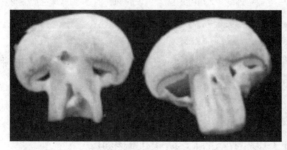

图 6 - 12　双孢蘑菇空根白心

（张维瑞等，2008；宋金俤，2004）

2. 病因　双孢蘑菇盛产期，菇房空气相对湿度过低（90% 以下），土面喷水少，土层过干，尤其是粗土层水分不足，正在迅速生长的子实体，既不能从土层尤其是粗土层中得到充足的水分，菌盖表面的水分又大量蒸发所致。

3. 防治措施　为了防止双孢蘑菇空根白心的现象发生，在粗土调水、结菇水、出菇水时期，水要喷足，使粗土水分充足（沙质土壤的含水量在 20％～22％）。一批菇结束后要喷一次重水，使粗土在整个秋菇盛产期能够不断地得到水分的补充；同时，盛产期要在菇房内经常喷雾，增加菇房的空气湿度。

十二、水渍斑

1. 症状　有水滴在菌盖表面凝结时，便会出现水渍状的斑点（图 6-13），降低双孢蘑菇质量，减少收益。

2. 病因　双孢蘑菇子实体出土后，床面喷水但未及时通风，空气相对湿度过高（95％以上），菇体表面水分蒸发慢，在菌盖表面有水滴凝结所致。

3. 防治措施　为了防止水渍斑的发生，喷水时和喷水后，菇房必须适当通风；在阴雨潮湿的天气也要做好菇房的通风工作，及时蒸发掉菇体表面的水分。

图 6-13　双孢蘑菇菌盖水渍斑
（张维瑞等，2008）

十三、红根

1. 症状　双孢蘑菇子实体的菇根会发生变红根甚至变绿根的现象，严重影响双孢蘑菇的质量。

2. 病因　双孢蘑菇出菇早期，高温阶段喷水过多，土层含水量过大，尤其在双孢蘑菇采收前床面喷水过多、追施葡萄糖过量、菇房通风不良等。出菇后期，低温阶段水分过多会产生红根。

3. 防治措施　出菇期间土层不能过湿，采菇前床面不喷水，加强菇房通风，可以防止红根产生。

十四、薄皮早开伞

1. 症状　双孢蘑菇子实体柄细盖薄，提早开伞，不符合加工制罐的要求。

2. 病因　①双孢蘑菇出菇密度过大，温度偏高，子实体生长快，成熟早，加之此时空气湿度不够，床面土层偏干，这种情况下易发病。②若所用菌种的菌丝形态为基内型，出菇密度过大且水分不足更易造成菇小盖薄，提早开伞。

3. 防治措施　为了防止薄皮早开伞现象发生，应适当挖除出菇部位，尤其在使用基内型菌丝时，应防止菌丝部位吊得过高，出菇过密；盛产期菇房通风时间宜放在早、晚或夜间；降低菇房温度；适当增加土面水分和空气湿度。

十五、草菇白毛菇

1. 症状　在子实体下半部尤其靠近基部处有大量的白色菌丝产生。这种子实体可以食用，但由于其菇体含水量高，不耐贮藏，菇体上的白色菌丝容易形成水渍斑，对其商品价值有一定的影响。同时，生长白毛菇的菇床对草菇的产量也有影响。

草菇白毛菇

2. 病因 可能与培养料含水量偏高有关。

3. 防治措施 严格控制培养料含水量，不要过湿。

十六、草菇肚脐菇

草菇肚脐菇

草菇的子实体发育不完全，其顶部缺少包膜，形成一个缺口，状如肚脐。这种子实体口感和风味与正常的草菇没有区别，可以食用，但严重影响其商品价值。

十七、香菇荔枝菇

香菇荔枝菇

香菇原基发生后，菇体各部分组织不分化，只膨大形成大小不一、高度组织化的菌丝团，多为半球形或球形，表面龟裂，有的像爆米花，有的像荔枝，这种菇不仅没有商品价值，如不及时采摘还会造成香菇烂筒。

十八、香菇蜡烛菇

香菇原基发生后，菇体各部分组织不正常分化，只向上伸长，呈无菌盖的光杆状，形似蜡烛（图6-14）。

图6-14 香菇蜡烛菇
（张维瑞等，2008）

十九、香菇袋内菇

1. 症状 袋栽香菇在菌筒未开始转色、未下地时便长出子实体，而子实体被束缚在袋内，长不成形，无商品价值，却消耗大量的养分，经过一段时间后，子实体便染绿霉，并导致烂筒。

2. 病因 开袋出菇的时间偏迟。

3. 防治措施 菌袋成熟后及时开袋出菇。

二十、香菇转色异常

1. 症状 香菇出现转色不正常主要有以下3种情况。

①不转色。菌筒在产菇阶段未经历转色过程，菌筒表面始终呈白色或略带其他非正常颜色。

②转色差。菌筒自转色阶段开始到产菇期结束，转色现象只是在菌筒表面局部发生或间断出现，外表呈深浅不一的斑块状；菌筒整体转色后，外观浅褐色，无光泽，弹性差。

③转色过度。菌筒转色时间过长，表面形成厚厚的深褐色至黑褐色菌皮，光泽暗，结实有余而弹性不足。

2. 病因 ①菌袋未达到生理成熟，导致不转色。②转色过程光照不足。③温度偏高、湿度偏大，导致转色不良。④菌丝徒长，导致转色不良。⑤品种原因，品种温型与季节不符，导致转色不良。

3. 防治措施 ①选择适宜的栽培品种。②根据品种特性，要保证足够的菌袋生理成熟期，一般菌袋（长袋）培养时间应达 90~110d。③转色过程要有足够的光照。

二十一、黑木耳流耳

1. 症状　常发生在黑木耳的耳片上，有胶质状的黏液流出，腐烂，发臭。一般情况是从耳片的伤口处开始出现自溶现象，产生胶质状液体并流下，然后整个耳片变成糊状，仅残留耳基（图 6-15）。

2. 病因　主要由空气湿度偏高引起，特别是在空气湿度长时间接近饱和状态且耳片有伤口的情况下极易发生。在温度 30℃ 以上和空气相对湿度 95% 以上的环境条件下，若耳片受到菇蚊、菇蝇、线虫、螨类危害而造成伤口，极易发生黑木耳流耳。

图 6-15　黑木耳流耳

（边银丙，2016）

3. 防治措施　注意加强通风，降低耳场湿度，防止伤口产生。

二十二、子实体变色

有些食用菌受不良环境的影响，菇体表现出变色的症状。

1. 猴头菇子实体变红　当培养温度低于 14℃ 时，猴头菇子实体变红，将变红的子实体放到适温 20℃ 中继续培养，若水分不足，仍不能改变其红色。

2. 猴头菇子实体变黄　在较强的光线照射下，猴头菇子实体会变黄或变粉红色。

3. 平菇变黄　平菇子实体生长发育过程中，受到一些农药刺激后，菌盖会变黄或出现黄色斑点。

猴头菇子
实体变红

4. 平菇变蓝　冬季菇房使用煤炉加热时，产生的 CO 会导致平菇子实体表面出现蓝色条纹或蓝色斑点。

5. 双孢蘑菇铁锈斑　双孢蘑菇子实体生长发育过程中溅上覆土中含铁锈的水后会形成铁锈斑，将生锈的喷水工具用于喷水管理也会使双孢蘑菇产生铁锈斑。

二十三、鸡腿蘑干裂

1. 症状　菌盖提前开伞，呈放射状开裂或形成不规则裂口；菌柄从基部纵向开裂，并向外鼓起形成空柄。

2. 病因　主要由于菇房空气过度干燥，温度偏高，使子实体表面失水过多而收缩，最后开裂。

3. 防治措施　加强温湿度管理，适时喷水，适量通风。

思考题

1. 什么是非病原病害？引起非病原病害的物理和化学因素主要有哪些？
2. 导致菌丝生长不良的生理性病害有哪些症状？病因是什么？有哪些防治措施？
3. 简述子实体阶段的生理性病害的症状、病因和防治措施。

第二篇　食用菌虫害

第七章　昆虫学基础知识

第一节　概　论

一、昆虫纲特征

自然界中，昆虫属于动物界，节肢动物门，昆虫纲。除具备节肢动物所共有的特征外，还具有不同于节肢动物门下其他纲的特征。

（一）节肢动物门的特征

体躯分节，由一系列的体节组成，整个体躯被有含几丁质的外骨骼，有些体节上具有成对分节的附肢，节肢动物的名称即由此而来；体腔就是血腔，心脏在消化道背面；中枢神经系统包括一个位于头内消化道背面的脑和腹面由一系列成对神经节组成的腹神经索。

（二）昆虫纲的特征

体躯分节，分散集合组成头、胸、腹 3 个体段（图 7-1）。头部为感觉和取食中心，具有 3 对口器附肢和 1 对触角，通常还有复眼和单眼。胸部是运动中心，具有 3 对足，一般还有 2 对翅。腹部是生殖中心，其中包含着生殖系统和大部分内脏，无行动用的附肢，但多数有转化成外生殖器的附肢。从卵中孵化出的昆虫在发育过程中，通常要经过一系列显著的内部及外部体态的变化，才能转变为性成熟的成虫，这种体态上的变化称为变态。

二、昆虫与节肢动物门其他近缘动物的区别

除昆虫纲外，甲壳纲、剑尾纲、蛛形纲、唇足纲、重足纲、原尾纲、弹尾纲、双尾纲等也都属于节肢动物门。

1. 甲壳纲（Crustacea）　如虾（7-2a）、螃蟹等。头部和胸部愈合为头胸部，内脏和生殖器官大都集中在此处。背部有坚硬的头胸甲，头胸部和腹部都有附肢；

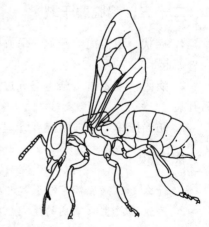

图 7-1　昆虫外部形态

螃蟹的腹部萎缩，埋藏在头胸部的下面呈三角形（雌宽雄窄），通常称为脐。头部共有 2 对触角，第 1 对触角呈二分支状，第 2 对不分支。其他各体段上的附肢也呈二分支状。

2. 剑尾纲（Xiphosura）　　分头胸部和腹部两段。头胸部腹面具有 6 对附肢，包在口周围，腹部末端的附属器变为一个很长的刺针，如鲎（图 7 - 2b）等属于此纲。

3. 蛛形纲（Arachnida）　　如蜘蛛（图 7 - 2c）、叶螨（红蜘蛛）、锈螨（锈壁虱）等。蜘蛛的头部和胸部愈合，有 6 对附肢：第 1 对称为螯肢，在口的前面；第 2 对称为脚须；胸部 4 对附肢为步足。腹部有 3～4 对纺锤形突起，称为纺锤突，顶端开有许多小孔，内通丝腺，分泌的液体由小孔出来遇空气即凝成蛛丝。本纲还有一些体型很小的种类称为蜱、螨，头、胸、腹部均愈合而不分节。蜱又称壁虱，体型小；螨的体型也很小，常不易被发现，部分螨类危害食用菌，对食用菌生产造成极大的威胁，如腐食酪螨［*Tyrophagus putrescentiae*（Schrank）］。

4. 唇足纲（Chilopoda）　　身体延长，全身分头和躯干两部分，身体扁平，行动快速，躯干部分为许多节，每节上有 1 对分节的步行足。肉食性，咬人剧痛。如蜈蚣（图 7 - 2d）。

5. 重足纲（Diplopoda）　　身体呈圆筒状，全身分头和躯干两部分，行动缓慢，躯干部分为许多节，每节上有 2 对分节的步行足，草食性。马陆（图 7 - 2e）为常见代表，部分马陆是食用菌栽培过程中的有害生物。

6. 原尾纲（Protura）　　如原尾虫（图 7 - 2f），体微小，分头、胸、腹三段，无复眼、单眼和触角。前足上举，可代替触角功能。腹部 12 节，第 1～3 节有腹足遗迹（附肢）。取食腐殖质、菌丝等。

7. 弹尾纲（Collembola）　　俗称跳虫（图 7 - 2g）。体微小至小型，分头、胸、腹三段，长形或近球形，复眼退化，触角线状。腹部少于 6 节，第 1 节有黏管，第 3 节有握弹器，第 4 节或第 5 节有弹器。多数腐食，少数危害蔬菜或食用菌，如紫跳虫［*Hypogastrura communis*（Folsom）］。

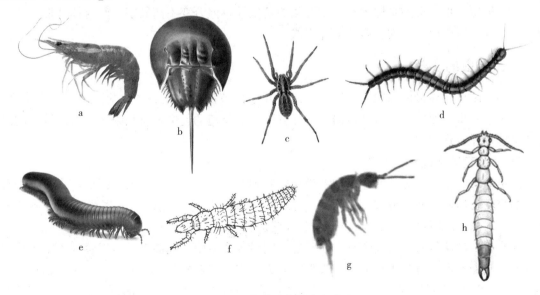

图 7 - 2　节肢动物门各纲代表

a. 甲壳纲　b. 剑尾纲　c. 蛛形纲　d. 唇足纲　e. 重足纲　f. 原尾纲　g. 弹尾纲　h. 双尾纲

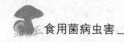

8. 双尾纲（Diplura）　体小，分头、胸、腹三段。触角细长，无复眼和单眼。胸足跗节1节，2～3个爪。腹部11节，第1～7节有刺突；尾须发达，线状或铗状（图7-2h）。生活于潮湿土壤、烂木头、落叶中。

另外，脊椎动物中一些害鸟、害兽也危害食用菌。因此，食用菌害虫研究对象也常附带介绍这些动物。

三、昆虫与人类的关系

全世界已知植物种类33.3万多种，动物种类约计150万种，其中昆虫就有100万种以上，仍有许多种类尚待发现，仅鞘翅目就已知36万多种，象甲类昆虫近7万种。因此，昆虫纲是节肢动物门乃至动物界最大的一个纲。估计中国昆虫有60万～100万种，但目前仅记载9万种左右。

昆虫不但种类多，而且同种昆虫的个体数量也是十分惊人的，一个蚂蚁群体可达50万个体。昆虫除了数量大、种类多外，其分布也相当广泛，几乎遍及整个地球。从赤道到两极，从海洋、河流到沙漠，高至世界的屋脊——珠穆朗玛峰，低至几米深的土层甚至原油层中均有昆虫存在。

昆虫与人类关系极为密切，且十分复杂。地球上没有一种植物不受昆虫危害。大面积栽培的农林植物，为昆虫提供了充足的食料，以致昆虫大量繁殖，使昆虫的数量极为可观。食用菌与其他栽培植物一样，亦深受昆虫的危害，无论是山林中野生的食用菌或是人工栽培的食用菌无一不受昆虫危害，特别是老食用菌产区受害程度更重。

第二节　昆虫的外部形态结构与功能

昆虫的种类繁多，形态千差万别、丰富多样。昆虫形态的多样性是昆虫对多变环境适应的结果。虽然昆虫在形态结构上有千变万化的复杂性，但万变不离其宗，其身体外形有共同的基本结构，体躯由头、胸、腹三部分组成。

一、昆虫的头部

头部是昆虫身体最前面的一个体段，是由几个体节愈合而成的，外壁坚硬，形成头壳。昆虫的头部着生主要感觉器官及口器，里面有脑、消化道的前端及有关附肢的肌肉等，所以头部是感觉和取食中心。

（一）头壳的构造

昆虫的头壳是一个完整的体壁高度骨化的坚硬颅壳，一般呈圆形或椭圆形，头壳上没有分节的痕迹，但有一些与分节无关的后生的沟（唯有次后头沟也许是下颚节和下唇节的分界），沟内具有相应的内脊和内突，形成头部的内骨骼。

在头壳上部两侧有1对复眼且常在两复眼间具3个单眼，前面有1对以感觉为主要功能的触角，头壳前面下方是1片上唇。头壳的后方连接一条狭窄拱形的骨片是后头，如将头部从昆虫体上取下，可见头的后方有1个很大的孔洞，即为后头孔，它是消化道、背血管和神经通入体腔的孔道。后头孔周围有一膜质的颈部与胸部相连（图7-3）。

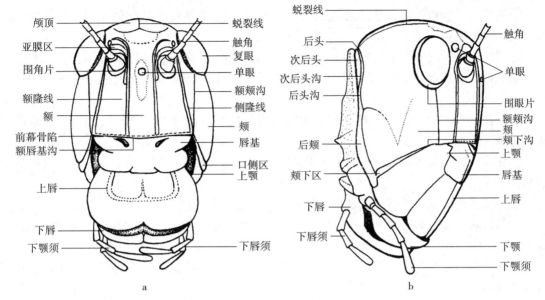

图 7-3　昆虫的头部

a. 正面观　b. 侧面观

（雷朝亮等，2011）

（二）头部的感觉器官

昆虫的主要感觉器官大多着生在头部，如触角、单眼、复眼，此外口器附肢和舌上也有感觉器。

1. 触角　昆虫纲大多种类有触角（antenna），着生于额区两复眼之间或复眼之前，基部包被于膜质的基节窝内，围角片上的支角突是触角活动的关节。多数幼虫（若虫）的触角则前移长在两上颚关节附近。

（1）触角的基本构造　触角可以自由转动，触角由柄节、梗节、鞭节3部分组成（图7-4）。

①柄节：柄节（scape）是触角基部第1节，通常粗短。

②梗节：梗节（pedicel）是触角的第2节，较为细小，里面具感觉器。

③鞭节：鞭节（flagellum）为触角第2节以后的整个部分，通常分成很多亚节，鞭节在各类昆虫中变化很大，形成各种不同类型。

（2）触角的功能　触角主要起感觉作用；在寻找食物和配偶上起嗅觉、触觉和听觉的作用。有些昆虫的触角尚有其他用处，如雄性芫菁在交配时用来握住雌虫，仰泳蝽的触角在水中能平衡身体，水龟虫用以辅助呼吸等。

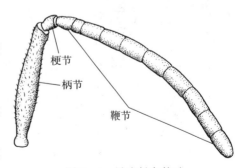

图 7-4　昆虫触角构造

（雷朝亮等，2011）

（3）触角的类型　昆虫触角的形状多种多样，根据常见的种类归纳成下面12种主要类型（图7-5）。

①刚毛状：触角很短，基部的第1、2节较大，其余突然缩小，细似刚毛，如蜻蜓、叶蜂、飞虱等的触角（图7-5a）。

②锤状：鞭节端部数节突然膨大，形状如锤，如瓢虫、郭公虫等的触角（图7-5b）。

③鳃片状：端部数节扩展成片状，可以开合，状似鱼鳃，如金龟子类的触角（图7-5c）。

④双栉状或羽状：鞭节各亚节向两边突出成细枝状，像篦子或鸟类的羽毛，如雄性蚕蛾、毒蛾等的触角（图7-5d）。

⑤念珠状：鞭节由近似圆球形的小节组成，大小一致，像一串念珠，如白蚁、褐蛉等的触角（图7-5e）。

⑥棒状：鞭节端部数节膨大如棒，如蝶和蚁蛉的触角（图7-5f）。

⑦栉齿状：鞭节各亚节间一边突出很长，形如梳子，如雄性绿豆象等的触角（图7-5g）。

⑧环毛状：除基部两节外，每节具有一圈细毛且基部的毛较长，如雄性的蚊子、摇蚊等的触角（图7-5h）。

⑨锯齿状：鞭节各亚节向侧面突起似锯条，如叩头虫、雌性绿豆象等的触角（图7-5i）。

⑩线状或丝状：触角细长，呈圆筒形，除基部第1、2节稍大外，其余各节大小、形状相似，逐渐向端部缩小，如蝗虫、蟋蟀及某些雌性蛾类等的触角（图7-5j）。

⑪具芒状：触角很短，鞭节仅1节，较柄节和梗节粗大，其上有一刚毛状或芒状构造称为触角芒，为蝇类所特有，触角芒有的光滑，有的具毛或呈羽状，其毛的有无、形状及排列位置是蝇的分类依据之一（图7-5k）。

⑫膝状或肘状：柄节特别长，梗节短小，鞭节由大小相似的亚节组成，在柄节和梗节之间形成肘状或膝状弯曲，如象鼻虫、蜜蜂和蚂蚁等的触角（图7-5l）。

触角的类型可以用以辨别昆虫的种类和雌雄；触角的着生位置、分节的数目、节与节之间长短比例等也常用作分类的依据。

2. 单眼 昆虫的单眼（ocellus）分背单眼和侧单眼两类。背单眼一般为成虫和不完全变态类的若虫所具有，与复眼同时存在，背单眼着生于额区上端的复眼间，多数为3个，排成倒三角形，极少为1个。侧单眼为完全变态类的若虫所具有，位于头部的两侧，

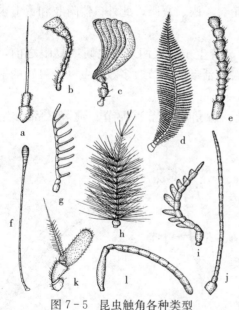

图7-5 昆虫触角各种类型

a. 刚毛状　b. 锤状　c. 鳃片状　d. 双栉状或羽状
e. 念珠状　f. 棒状　g. 栉齿状　h. 环毛状　i. 锯齿状
j. 线状或丝状　k. 具芒状　l. 膝状或肘状

（许再福，2009）

其数目在各类昆虫中不同，常为1～7对，排列各不相同（图7-6a）。

3. 复眼　昆虫成虫和不完全变态若虫（稚虫）的头部通常有 1 对复眼（compound eye），位于颅侧区的上方，多为圆形或卵圆形，亦有肾形。低等昆虫、穴居及寄生性种类昆虫的复眼常退化或消失。复眼由很多小眼组成，每个小眼与单眼的基本构造相同，小眼的数目越多，复眼成像越清晰。在双翅目和膜翅目昆虫中，雄性的复眼常较雌性大，甚至 2 个复眼在背面相接称接眼，雌性的复眼则相离称离眼（图 7 - 6b）。

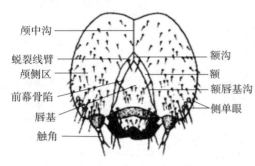

图 7 - 6　昆虫单眼和复眼

a. 侧单眼　b. 复眼

（三）昆虫的口器

口器（mouthparts）也称取食器，由属于头部体壁构造的上唇、舌以及头部的 3 对附肢（即上颚、下颚、下唇）组成。不同的昆虫，由于食性和取食方式不同，口器构造也发生相应的变化，形成各种类型的口器，一般分为咀嚼式口器和吸收式口器两类。咀嚼式口器是最原始的形式，其他口器类型均由这种口器演化而成。

1. 咀嚼式口器　咀嚼式口器包括上唇、上颚、下颚、下唇和舌 5 个部分（图 7 - 7）。许多甲虫和鳞翅目幼虫的口器属于咀嚼式口器，这类口器的昆虫取食主要靠吞食。

（1）上唇　上唇是盖在口器上方的 1 个薄片，外面坚硬里面有柔软的内唇，能辨别食物的味道。

（2）上颚　上颚在上唇下方，是 1 对坚硬带齿的块状物。上颚具有切区和磨区，能切断和磨碎食物，上颚仅能左右活动。

（3）下颚　下颚在上颚之后，左右成对，由轴节、茎节、外颚叶、内颚叶和下颚须 5 部分组成。下颚能帮助上颚取食，当上颚张开时，下颚就把食物往口里推送，以便上颚继续咬食；下颚须具有嗅觉和味觉功能。

（4）下唇　下唇在口器的底部，其构造相当于下颚合并而成，由后颏、前颏、侧唇舌、中唇舌和下唇须组成，下唇须的功能与下颚须相似。

（5）舌　舌是位于口器中央的一囊状突出物，其后侧有唾腺开口，能帮助吞咽食物。

2. 吸收式口器　吸收式口器是由咀嚼式口器演化而来的，其特点是口器的某些部分特别长，便于吸收流体养分。吸收式口器因昆虫种类的不同，又可分为刺吸式口器、虹吸式口器、舐吸式口器、锉吸式口器、嚼吸式口器、刮吸式口器 6 种。

（1）刺吸式口器　构造特点是下唇伸长成 1 条喙管，喙管里包藏 2 对细长的口针，外面 1 对是由上颚延伸而成的，称为上颚针，其末端有倒刺。上颚针的内侧是下颚针，其内侧各有 2 条纵沟，当左右 2 条针嵌合在一起时，这 2 条纵沟便合成 2 条极细的管道，1 条是排出唾液的唾液道，另 1 条是吸取养分的食物道。2 对口针互相嵌合在一起就形成了刺入植物内

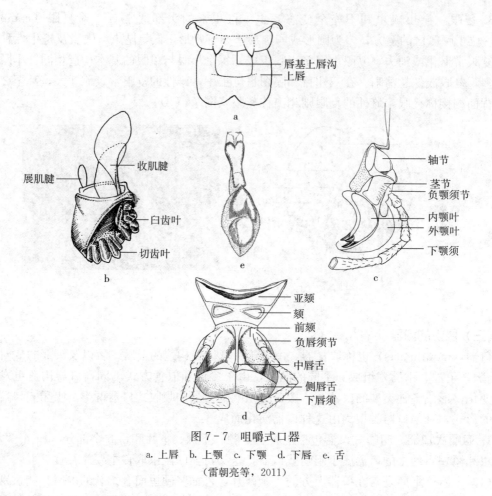

图 7-7　咀嚼式口器
a. 上唇　b. 上颚　c. 下颚　d. 下唇　e. 舌
（雷朝亮等，2011）

部吸取汁液的口针。刺吸式口器的上唇多退化成小型片状物，盖在喙管基部的上面，下颚须多退化或消失（图 7-8）。

当刺吸式口器害虫取食时，先用喙管选定取食部位，并用喙管夹紧内部的口针，接着口针中的 1 根上颚针先刺入植物内部，随后另 1 根上颚针也刺入，同时 2 根下颚针也随之插入，持续进行穿刺直至植物内部有营养液的部位，但下唇（喙管）并不插入植物内部。

刺吸式口器需要吸取植物汁液，所以在口腔和咽喉部分形成强有力的抽吸结构，称为食窦和咽喉唧筒；昆虫吸食时，头部食窦肌肉收缩，使口腔部分形成真空，因而汁液流入口腔，随即咽下。

昆虫刺吸植物汁液时，必须先把唾液注射到植物组织中，用唾液酶把构造复杂的养料分解为简单的成分，如把淀粉分解为单糖、蛋白质分解为氨基酸等，然后才能吸入体内，这种现象称为体外消化。

（2）虹吸式口器　蝶蛾类昆虫成虫的口器是虹吸式口器。其构造特点是上唇、上颚和下唇的 2 对唇舌已退化或消失；下颚的内颚叶和下颚须亦不发达，仅外颚叶极度延长形成 1 条中空的管子，平时卷曲在头的下方，取食时伸长至花心吸取花蜜。虹吸式口器的昆虫中除少数吸果夜蛾类能穿破果皮吸取果汁外，一般均无穿刺能力。但蝶蛾类昆虫幼虫的口器属于咀嚼式口器，在农业上危害严重（图 7-9）。

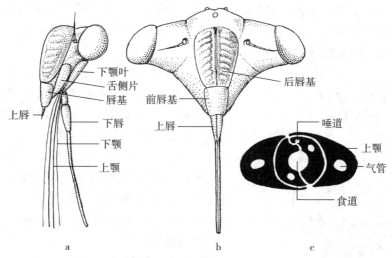

图 7-8　蝉的刺吸式口器

a. 侧面观　b. 正面观　c. 口针横切面

（雷朝亮等，2011）

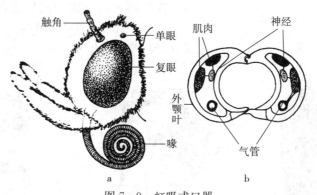

图 7-9　虹吸式口器

a. 侧面观　b. 喙横切面

（彩万志等，2011）

（3）舐吸式口器　蝇类的口器是舐吸式口器，其特点是上颚、下颚完全退化，下唇变成粗短的喙，喙的背面有 1 个小槽，内藏 1 个扁平的舌，槽面由上唇加以掩盖，喙的端部膨大形成 1 对富有伸展和收缩合拢能力的唇瓣，两唇瓣间有许多横列的小沟与食管相通，取食时即由唇瓣在食物上借抽吸作用将液体或半流质食物吸入食道内。这类口器的昆虫都无穿刺破坏能力（图 7-10）。

（4）锉吸式口器　锉吸式口器为蓟马类所特有，主要特点是左右上颚不对称。蓟马头部向下突出，口器短喙状；喙由上唇、下唇合成，喙内有 3 根口针，由 1 对下颚针和左上颚针组成，右上颚针退化。1 对下颚针组成食道，舌和下唇间组成唾道。

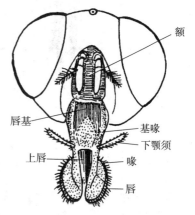

图 7-10　舐吸式口器

（Soodgrass，1935）

取食时，先以上颚针锉破寄主表皮，然后以喙端密接伤口，借唧筒作用通过下颚针将汁液吸入食道。蓟马主要取食植物花、叶，也取食食用菌菌丝等。少数有益，可捕食其他蓟马；还有极少数可吸人血（图7-11）。

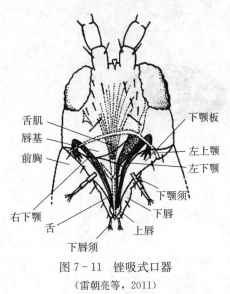

图 7-11　锉吸式口器

（雷朝亮等，2011）

（5）嚼吸式口器　嚼吸式口器为一部分高等蜂类所特有，兼有咀嚼和吸取汁液两种功能。主要特点是下颚和下唇特化为可以临时组成吸食液体食物的喙。下面以蜜蜂为例说明嚼吸式口器的构造（图7-12）。其上颚发达，长筒靴形，可咀嚼固体食物和筑巢；下颚的轴节棒状，茎节大，外颚叶发达，刀片状，下颚须和内颚叶稍退化；下唇细长，下唇须（4节）与中唇舌延长，侧唇舌较小，后颏三角形，前颏近长柱形。

取食时，外颚叶盖在中唇舌的背侧面，形成食道，下唇须贴在中唇舌基部形成唾道。内颚叶和内唇盖在舌基部的侧上方，使口前腔闭合，便形成了临时喙，在中唇舌与下颚叶间形成食物道，然后借由咽喉、口腔、食窦形成的唧筒的抽吸作用将花蜜或其他液体食物吸入消化道。

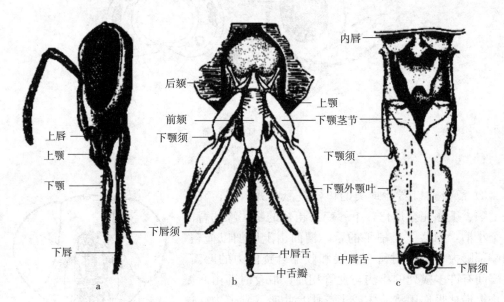

图 7-12　蜜蜂的嚼吸式口器

a. 头部侧面观　b. 口器后面观　c. 喙管基部前面观

（a引自 Elzinga，2004；b、c引自 Soodgrass，1935）

（6）刮吸式口器　双翅目蝇类幼虫所特有。头部退化，口器也退化，外观仅余1对口钩，用以刮碎食物（粪便、叶肉组织等）。如家蝇、果蝇幼虫等的口器（图7-13）。

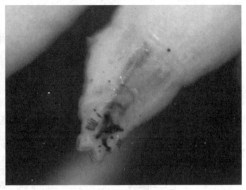

图 7-13　蝇幼虫的刮吸式口器

a. 橘小实蝇幼虫　b. 幼虫头部的口钩

3. 口器类型与化学防治的关系　了解昆虫口器的构造、类型及取食方式，有助于从被害状初步判别昆虫的类群，如咀嚼式口器的昆虫咬食植物，造成缺环、叶片穿孔、缺刻、光秆、钻蛀性隧道等机械损伤；刺吸式口器的昆虫吸食汁液后，造成生理伤害，可引起白斑、卷缩、畸形、虫瘿、枯焦，传播病毒病等。进行害虫防治时，口器的类型还可作为选择杀虫剂、选择用药时间和用药方式的依据。咀嚼式口器的昆虫由于咬食吞下植物组织，可选择胃毒剂、触杀剂（可制成毒饵诱杀），当害虫吞食或接触后就会中毒而死；刺吸式口器的昆虫用口针刺入植物内部吸取汁液，故胃毒剂对其无效，可选择内吸剂、触杀剂等；对于虹吸式口器的昆虫，则可将胃毒剂制成液体毒饵，诱杀成虫。用药时间方面可根据昆虫的类别，选择在钻蛀前、卷叶前用药。

内吸杀虫剂如吡虫啉、烯啶虫胺等药剂喷在植物上或拌在种子上会被植物或种子吸入内部并传送到各组织中，当害虫刺吸植物汁液时，药剂随植物汁液被吸入虫体，使害虫中毒而死。有些杀虫剂兼具胃毒、触杀、内吸甚至熏蒸作用，适用于防治各类型口器的害虫。

二、昆虫的胸部

胸部是昆虫的第二体段，由前胸、中胸和后胸 3 个体节组成，各胸节的侧下方均生 1 对足，依次称为前足、中足、后足。在中胸和后胸的背面两侧通常各生 1 对翅，分别称为前翅和后翅。翅是昆虫的主要运动器官，所以胸部是昆虫的运动中心。

（一）胸部的基本构造

昆虫的胸部由于要承受足的强大动力和配合翅的飞行动作，故体壁高度骨化，具有复杂的沟和内脊，肌肉特别发达；各节结构紧密，特别是中后胸（又称具翅胸节）尤为紧凑，胸部各节发达程度与足、翅的发达程度有关。如蝇、蚊等的前翅特别发达，故中胸很发达；蝼蛄、螳螂的前足发达，所以前胸也很发达。

昆虫的每一胸节均由 4 块骨板组成，位于背面的称背板，两侧的称侧板，腹面的称腹板。此外，胸部的骨板又被某些沟缝划分成若干骨片，每块骨片也各有其专有的名称。有些骨板和骨片的形状、突起和角刺等常用于昆虫种类的鉴别（图 7-14）。

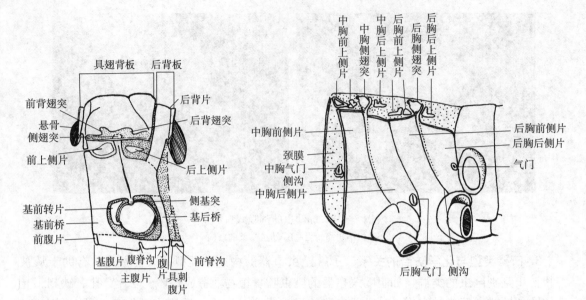

图 7 - 14　昆虫具翅胸节构造

（雷朝亮等，2011）

（二）胸足的构造与类型

1. 胸足的构造　胸足是昆虫体躯上最典型的附肢，是昆虫行走用的器官。胸足从基部向端部由下列各部分组成（图 7 - 15）。

（1）基节　基节是胸足连在胸部的 1 节，形状粗短，着生于胸部侧板下方的足窝里。

（2）转节　转节是胸足基部的第 2 节，常为最小的一节，呈多角形，可使足的行动转变方向，少数昆虫有 2 节转节，如某些蜂类。

（3）腿节　腿节是胸足最长的一节，能跳的昆虫腿节特别发达。

（4）胫节　胫节通常细而长，与腿节呈膝状相连，常具成行的刺，端部多具能活动的距。

（5）跗节　足末端的几个小节，通常由 1～5 个小节组成。节下面常生有跗垫。

（6）前跗节　即跗节末端的附属构造，包括 1 对爪和两爪中间的 1 个中垫。

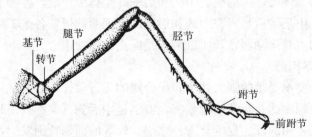

图 7 - 15　昆虫胸足模式构造

昆虫跗节的表面具有许多感觉器，当害虫在喷有触杀剂的植物上爬行时，药剂也容易由此进入虫体使其中毒死亡。

2. 胸足的类型　昆虫的足大多数是用来行走的，有些昆虫由于生活环境和方式不同，在构造和功能上发生了相应的变化，形成各种类型的足。

（1）步行足　步行足是最常见的足，比较细长，各节无显著特化现象。有的适于慢行，如蚜虫的足；有的适于快行，如步行虫的足等（图7-16a）。

（2）跳跃足　跳跃足的腿节特别发达，胫节细长，末端有强大的距，适于跳跃，如蝗虫和蟋蟀的后足（图7-16b）。

（3）开掘足　开掘足粗短扁壮，胫节膨大宽扁，末端具齿，足呈铲状，便于掘土，如蝼蛄、金龟子的前足（图7-16c）。

（4）捕捉足　捕捉足的前足基节特别大，腿节的腹面有1条沟槽，槽的两边有两排刺，胫节弯折时正好嵌在腿节的槽内，好似折刀，适于捕捉小虫，如螳螂的前足（图7-16d）。

（5）携粉足　携粉足的特点是后足胫节端部宽扁，外侧平滑而稍凹陷，边缘具长毛形携带花粉的花粉筐，同时第1跗节明显膨大，内侧具有多排横列的刺毛，形成花粉刷，用以梳集花粉，如蜜蜂的后足（图7-16e）。

（6）游泳足　有些水生昆虫的后足，各节变得宽扁，在胫节和跗节上生有细长的缘毛，适于水中游泳，如龙虱、水龟虫等的后足（图7-16f）。

（7）抱握足　雄性龙虱的前足，其前节明显膨大，且有吸盘状的构造，在交配时能抱住雌体（图7-16g）。

（8）攀缘足　攀缘足为虱类所特有。跗节仅1节，前跗节为大形钩状爪，胫节外缘有一指状突起，内缘有角，曲折合向时，将寄主毛发紧夹于其中（图7-16h）。

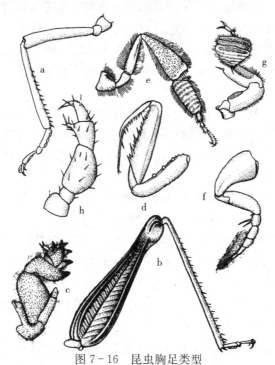

图7-16　昆虫胸足类型

a. 步行足　b. 跳跃足　c. 开掘足　d. 捕捉足　e. 携粉足　f. 游泳足　g. 抱握足　h. 攀缘足

（雷朝亮等，2011）

（三）翅的构造和变异

在昆虫中除了原始的无翅亚纲和某些因适应生活翅已退化的种类外，绝大多数的昆虫都

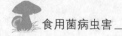

具有 2 对翅，翅是昆虫的飞翔工具。昆虫有翅能飞，不受地面爬行的限制，对于其寻找食物、追求异性、营巢育幼、躲避敌害以及传播分布等都非常有利。

1. 翅的构造　昆虫的翅是由胸部背板向两侧伸展而成的。昆虫的翅多为膜质薄片，贯穿着翅脉，一般呈三角形。其角和边缘各有名称，靠身体的一角为肩角或称基角，外方顶端的角称顶角，外下方的角称臀角，肩角到顶角的边缘为前缘，顶角到臀角的边缘为外缘，臀角到肩角的边缘为后缘（也称内缘）（图 7-17）。

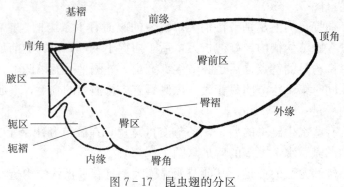

图 7-17　昆虫翅的分区
（雷朝亮等，2011）

为了适应飞行和折叠，昆虫的翅上生有褶纹，从而把翅面分为几个区：在翅基部有基褶，把基部划出一个三角形的腋区；从翅基部到臀角有一条臀褶，臀褶之前到前缘的部分为臀前区，是主要纵脉分布的区域；臀褶之后的部分是臀区，是臀脉分布的区域；有些昆虫在臀区的后方还有一条轭褶，轭褶的后方有一个小区为轭区，有些昆虫在飞行时以轭区连接前后翅增强飞行的力量。昆虫的翅上分布着许多翅脉，具有增强翅的骨架作用，同时也是昆虫分类的重要依据之一。

2. 翅脉、假想脉序和翅室　翅脉（vein）是翅的两层薄壁间纵横分布的条纹，由气管部位加厚而成，是翅飞行时的支架。翅脉在翅面上的分布形式称为脉序或脉相，在不同的昆虫间差异较大。因此，为了便于比较研究，昆虫学家假想概括出一种脉序，称为假想脉序，其中较通用的假想脉序见图 7-18。

翅脉有纵脉和横脉之分。从翅基部到边缘的翅脉称为纵脉，横列在纵脉之间的短脉称为横脉。模式脉相的纵脉和横脉都有一定的名称和缩写代号。

（1）纵脉　从前至后依次如下：①前缘脉（costa，C），位于翅的最前方，通常不分支，并与翅的前缘合并。②亚前缘脉（subcosta，Sc），是位于前缘脉之后的凹脉，通常二分支，分别称 Sc_1、Sc_2。③径脉（radius，R），通常为最发达的脉，共分 5 支，主干凸脉先分两支，第一支称第一径脉（R_1），直达翅的边缘，第二支称径分脉（Rs），是凹脉，再经两次分支，成为 4 支（R_2、R_3、R_4、R_5）。④中脉（media，M），位于径脉之后，近于翅的中部，分 4 支，即 M_1、M_2、M_3、M_4。⑤肘脉（cubitus，Cu），分两支，即第一肘脉 Cu_1、第二肘脉 Cu_2。Cu_1 又分两支，以 Cu_1a、Cu_1b 表示。⑥臀脉（anal，A），在臀区内，通常 3 条，多可达 10 余条，以 1A、2A、3A……nA 表示。⑦轭脉（jugal，J），在有轭区的昆虫中，仅 2 条，以 J_1、J_2 命名。

（2）横脉　多根据所连接的纵脉来命名。常见有 6 条：①肩横脉（h），位于肩角处，连接前缘脉和亚前缘脉。②径横脉（r），连接 R_1 与 R_2。③分横脉（s），连接 R_3 与 R_4 或 R_{2+3}

与 R_{4+5}。④径中横脉（r-m），连接 R_{4+5} 与 M_{1+2}。⑤中横脉（m），连接 M_2 与 M_3。⑥中肘横脉（m-Cu），连接 M_{3+4} 与 Cu_1。

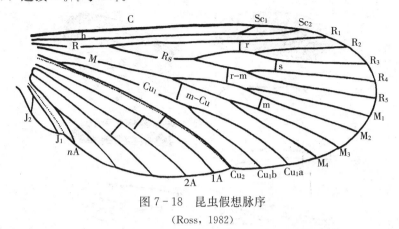

图 7-18　昆虫假想脉序
(Ross，1982)

（3）翅脉的变化　在现代昆虫中仅少数毛翅目昆虫的脉序与假想脉序近似，而绝大多数种类或多或少有变化，或增加或减少，或合并或完全消失。

①翅脉的增多：翅脉的增多主要靠两个途径：一是原有的纵脉出现分支，称为副脉，命名时在原有纵脉名称后面加上小写字母 a、b、c 等；二是在相邻的两条纵脉间加插较细的纵脉，通常是游离的或以短横脉与比邻纵脉相接，称为闰脉或加插脉，命名时在其前一纵脉的名称前加"I"表示。双翅目食蚜蝇科昆虫在 R 与 M 间有一条两端游离的伪脉。

②翅脉的减少：翅脉的合并与消失导致了翅脉的减少。大多数双翅目、膜翅目昆虫翅脉合并较为常见。合并翅脉的命名有两种情况：当两条纵脉来自不同主脉时，用"＋"号把原来的纵脉名称连起来表示，如 Sc 脉与 R_1 脉合并，即命名为 $Sc+R_1$ 脉；当两条纵脉来自相同主脉时，用"＋"号把支脉的序号连起来放在主脉名称的右下角来表示，如 M_1 脉和 M_2 脉合并命名为 M_{1+2}，M_3 和 M_4 合并后的脉命名为 M_{3+4}。

（4）翅室　翅脉将翅面划分成的小区称翅室（cells）。翅室的一边与翅的边缘相通，称开室；翅室完全由翅脉封闭，称闭室。翅室用前缘的纵脉来命名。但具体翅室又有不同的名称，膜翅目昆虫有中室、盘室、缘室等习惯称呼。

3. 翅的类型　昆虫的翅一般为膜质，用作飞行，但有些昆虫由于适应特殊需要和功能，因而发生各种变异，最常见的有以下几种。

（1）覆翅　蝗虫和蟋蟀的前翅加厚变硬如革质，覆盖于后翅的上面，但翅脉仍保留（图 7-19a，图 7-19j）。

（2）半鞘翅　蝽类的前翅基部一半加厚为革质，端部一半为膜质，称为半鞘翅（图 7-19b）。

（3）膜翅　蜂的前、后翅和蝇类的前翅为膜质透明，称为膜翅（图 7-19c，图 7-19h）。

（4）毛翅　石蛾的翅为膜质，翅面布满细毛，称为毛翅（图 7-19d）。

（5）缨翅　蓟马的翅细而长，前后缘具有长的缨毛，称为缨翅（图 7-19e）。

（6）鳞翅　蝶、蛾的翅为膜质，翅面覆盖无数的鳞片，称为鳞翅（图 7-19f）。

（7）鞘翅　各种甲虫的前翅骨化坚硬如角质，翅脉消失，而翅相接于背中线上，称为鞘翅（图 7-19g）。

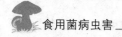
（8）平衡棒　蚊蝇类的后翅退化为小型棒状体，用于飞行时保持身体平衡，故称为平衡棒（图7-19i）。

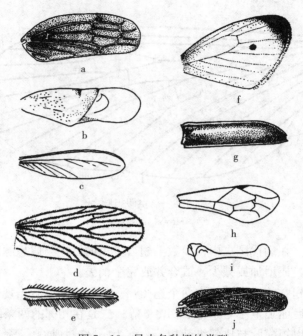

图7-19　昆虫各种翅的类型

a、j. 覆翅　b. 半鞘翅　c、h. 膜翅　d. 毛翅　e. 缨翅　f. 鳞翅　g. 鞘翅　i. 平衡棒

（雷朝亮等，2011）

三、昆虫的腹部

腹部是昆虫的第三体段，构造比头部、胸部简单，一般无分节的附肢。腹部内包含各种脏器和生殖器官。腹部末端具有外生殖器，所以腹部是昆虫新陈代谢和生殖中心。

（一）腹部的基本构造

昆虫的腹部一般由10～11节组成，腹部的体节只有背板和腹板，而无侧板。背板与腹板之间以侧膜相连，由于背板向下延伸，侧面膜质部常被掩盖，前后相邻的两腹节间也有环状节间膜相连。相邻的两腹节常互相套叠，后一节的前缘套入前一节的后缘内，由于腹节间和两侧均有柔软宽阔的膜质部分，使得腹部具有很大的伸缩性，对容纳脏器、进行气体交换、卵的发育和产卵活动都非常有利，如蝗虫产卵时腹部可延长1～2倍，以便把卵产入土中。

腹部1～8节侧面有圆形或椭圆形的气门，着生在背板两侧的下缘，是呼吸的通道。在腹部第8节和第9节上长着外生殖器，是雌雄交配和产卵的器官。有些昆虫在第10节或第11节长着1对尾须，是一种感觉器官。有些昆虫尾须很长，如蟋蟀、蝼蛄等；有的尾须很短，如蝗虫、蚱蜢等；有的无尾须，如蝶蛾、椿象、甲虫等。

蝶、蛾幼虫的腹部具有临时性腹足2～5对，由基节和跗掌组成，末端着生趾钩，趾钩数目和排列形式用于鉴别其种类；叶蜂幼虫腹部具有临时性腹足6～8对，但端部无趾钩，腹足到幼虫化蛹时会退化消失。

（二）外生殖器的构造

昆虫的外生殖器是交尾和产卵时用的器官。雌虫的外生殖器称为产卵器，用于产卵；雄虫的外生殖器称为交配器，主要用于与雌虫交配。

1. 雌性外生殖器　雌虫的生殖孔多位于腹部第 8、9 节的腹面，生殖孔周围着生 3 对产卵瓣，合成产卵器，卵由产卵器产出。在腹面的称为腹产卵瓣，由第 8 腹节附肢所形成；在内方的称为内产卵瓣，由第 9 腹节附肢所形成；在背方的称为背产卵瓣，由第 9 腹节肢基片演化而成（图 7 - 20）。

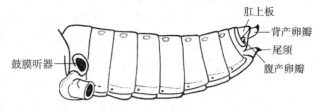

图 7 - 20　雌性昆虫腹部末端构造
（雷朝亮等，2011）

2. 雄性外生殖器　交配器的构造比较复杂，具有种的特异性，主要包括阳具和抱握器。阳具由阳基及辅助构造组成，着生在第 9 腹节腹板后方的节间膜上，此膜内陷为生殖腔，阳具即隐藏在里面。抱握器由第 9 节附肢所形成，其形状、大小变化很大，一般有叶状、钩状和弯臂状（图 7 - 21）。

了解雌雄虫外生殖器的不同构造，一方面可用于鉴别昆虫的性别，另一方面可以用外生殖器特别是雄虫的外生殖器鉴别近缘种类。

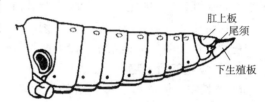

图 7 - 21　雄性昆虫腹部末端构造
（雷朝亮等，2011）

四、昆虫的体壁

昆虫等节肢动物的骨骼在身体的外面，称为体壁，而肌肉都着生在骨骼的里面。体壁的功能是构成昆虫的躯壳，着生肌肉，保护内脏，防止体内水分蒸发，以及防止微生物或其他有害物质侵入。此外，体壁上具有各种感觉器，与外界环境联系密切，昆虫的前肠、后肠、气管和某些腺体也多由体壁内陷而成。

（一）体壁的构造和特性

体壁由表皮层、真皮细胞层和基膜 3 部分组成。基膜是紧贴在真皮细胞层下的一层薄膜；真皮细胞层是一层活细胞，虫体上的刚毛、鳞片、各种分泌腺体都由真皮细胞特化而来；表皮层是真皮细胞向外分泌的非细胞性的物质层。体壁的特性和功能主要与表皮层有关（图 7 - 22）。

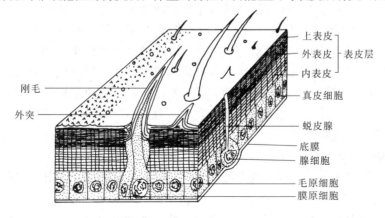

图 7 - 22　昆虫体壁构造
（Richards，1977）

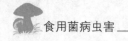

表皮层是一个分层结构，各种昆虫分层情况不同，但一般分为 3 层，由内向外依次是内表皮、外表皮和上表皮，内、外表皮中纵贯着许多微孔道。

内表皮是表皮中最厚的一层，一般无色柔软，富有延展曲折性，主要由蛋白质和几丁质组成，几丁质是昆虫纲和其他节肢动物表皮中的特征成分，其化学性质很稳定，不溶于水、有机溶剂、稀酸与浓碱，昆虫死后虫体长期不腐烂与几丁质有很大关系。

外表皮由内表皮外层硬化而来，一般呈琥珀色，是表皮中最坚硬的一层，主要由鞣化蛋白质和几丁质组成。当昆虫外表皮形成后，体壁即具有较强的硬度，虫体的生长和活动就会受到限制。

上表皮是表皮层最外最薄的一层，不含几丁质，大部分为硬化的蛋白质。上表皮起着防止水分蒸发、病原菌侵入等作用。

不同昆虫的体躯上，常有不同的颜色、斑点和花纹，可用于识别不同昆虫，这些颜色和花纹是由昆虫皮层中的各种色素所形成的。

昆虫的体色主要有两种，一种是色素色或称化学色，是由于存在各种色素而引起的，如黑色素、血红素、嘌呤色素、叶绿素及其衍生物等；另一种是结构色或称物理色，是由昆虫体表结构特化而成，如薄的蜡层、凹刻沟纹、隆脊或鳞片等，引起光线反射和折射而呈现不同的色彩，这类颜色常具光泽。以上两种体色经常混合存在，因而昆虫色彩更加鲜艳美丽。

（二）体壁的衍生物

1. 外长物　体壁很少是光滑的，常常凸出或凹陷，形成体壁的外长物，如瘤状突起、刻点、毛刺、鳞片等。外长物按构造可分以下 3 类。

（1）多细胞性突起　突起内部有真皮细胞层参与，如从体壁向外突出成中空的刺状物，基部固定在体壁上不能活动的称为刺，基部周围以膜质部与体壁相连可以活动的称为距。

（2）单细胞性突起　由 1 个真皮细胞转化而成，如刚毛。毛细胞转化为毛原细胞，周围有膜原细胞，上面为刚毛，刚毛能自由活动。毛原细胞与毒腺相连的称毒毛，与神经相连的称感觉毛。鳞片也是与刚毛一样的外长物。

（3）非细胞性突起　完全由表层向外突出所形成，没有皮细胞层参与，一般呈隆脊、皱褶、小毛、小刺等。

2. 皮细胞腺　昆虫体壁的真皮细胞一般都有一定的分泌作用，有些昆虫身体某些部位的真皮细胞特化为某种腺体，按照腺体的分泌物和功能可分为以下几种。

（1）唾腺　1 对多细胞的腺体，位于头内或伸至中胸。每一腺体各有 1 条唾管，2 条唾管在头内汇合为一，开口于舌的后侧基部，能分泌唾液湿润和消化食物。

（2）丝腺　鳞翅目幼虫的丝腺是由唾腺特化而成的，能分泌丝质，如家蚕等。

（3）蜡腺　在半翅目昆虫中，不少种类具有蜡腺，如介壳虫的蜡腺几乎分布于身体的各个部位，我国的白蜡虫是世界上有名的产蜡昆虫。蜜蜂工蜂的第 2～4 腹节腹面，每节有 2 组蜡腺，蜡腺开口处皮肤光滑称为蜡板，蜂蜡即由蜡板的小孔排出。此外，蚜虫、粉虱等身体上也有许多蜡腺，能分泌蜡质。

（4）胶腺　紫胶虫是我国有名的产胶昆虫，身体上具有胶腺，能分泌虫胶或紫胶，在工业上有很多用处。

（5）毒腺和臭腺　有些昆虫在遇到敌害时，能分泌毒液或臭液，以此抵御敌害，如膜翅目蜂类的尾刺内连着毒腺用以螫刺外敌。

（6）蜕皮腺　昆虫在幼虫期，真皮细胞转化成蜕皮腺，在幼虫蜕皮之前，受到前胸腺分泌蜕皮激素的刺激，致使蜕皮腺膨大并分泌蜕皮液，蜕皮液中含有蛋白质水解酶，能把大部分内表皮消化溶解以便蜕去旧的表皮。如家蚕的胸节上有蜕皮腺2对，第1～7腹节上各有1对，第8腹节有2对。

（三）体壁与触杀剂应用的关系

触杀剂必须接触到虫体并透过体壁渗入虫体内，才能发挥其毒效。因此，药剂能够黏着展布并穿过虫体，是其发挥毒效的先决条件。从昆虫体壁的构造特点来看，昆虫的体表具有许多微毛、小刺和鳞片等衍生覆盖物，能把一部分空气保留在药液与表皮之间，使药液不易直接触及虫体，更重要的是体壁的表皮层具有蜡层和其他脂类化合物，对药液均无亲和性，药液不易在虫体黏着展布和穿透体壁，起不到杀虫的作用。不同种类的昆虫，体壁厚薄不同，一般体壁坚硬、蜡层特别发达的，药剂不易在表皮黏着展布而且难以穿透。即使同一种昆虫幼虫的不同龄期，体壁厚薄也有差别，一般低龄幼虫比老龄幼虫体壁更薄，因此喷药防治一般在3龄幼虫之前效果较佳。此外，虫体节间膜区、触角、复眼、口器、跗节、气孔均是药剂易穿透部位，药剂更容易通过这些部位使昆虫中毒死亡。

第三节　昆虫的内部器官与功能

昆虫的内部器官位于体壁包被的体腔内，按照生理功能分为消化、排泄、呼吸、循环、神经、生殖、内分泌等7个系统。每个系统执行着独特的功能，同时又互相配合，保证昆虫个体的生命活动以及种族的繁衍。

昆虫的体腔里充满血液，称为血腔，昆虫体内的一切器官都浸浴在血液里。整个体腔又由上、下两个肌纤维隔膜分成3个小腔，称为血窦。上面的一层隔膜着生在背板两侧，称为背隔，上方隔出背血窦，因循环系统的心脏和背血管在这里面，所以又称为围心窦。下方的一层隔膜在腹部腹板的上方，着生在腹板的两侧，称为腹隔，下方隔出腹血窦，因神经系统在这个小腔内，故又称为围神经窦。背隔和腹隔之间的腔最大，里面着生有消化、排泄、呼吸和生殖等相关的各种脏器，所以称为围脏窦（图7-23）。

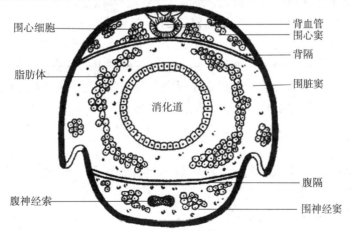

图7-23　昆虫体躯横切面模式

（许再福，2009）

各种内部器官在体腔内的相对位置：体腔中央是消化道；背血管位于消化道背面（上方），是主要的循环系统；腹神经索在消化道腹面（下方），与脑组成昆虫的中枢神经系统；气管系统分布在消化道的两侧、背面和腹面的内脏器官之间，再以微气管伸入各器官和组织中；生殖器官卵巢或睾丸在消化道的背侧面；排泄器官——马氏管连在消化道的后端，在中肠、后肠分界处；脂肪体包围在内脏周围；内分泌腺如心侧体、咽侧体和前胸腺位于体腔内相应的部位；肌肉系统附着在体壁上和组成各相关内脏器官（图7-24）。

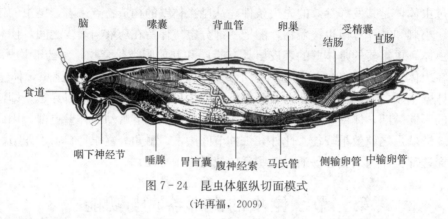

图7-24 昆虫体躯纵切面模式

（许再福，2009）

一、消化系统

昆虫取食后在消化道里进行消化作用。消化道是一条由口至肛门纵贯腔中央的管道，由前向后分为前肠、中肠和后肠3部分。昆虫的消化和吸收都在中肠内进行，中肠能消化食物，主要依赖消化液中各种酶的作用，把糖、脂肪、蛋白质等水解为较简单的分子，然后由中肠壁吸收。消化道的功能就是消化食物和吸收营养。

二、排泄系统

排泄是昆虫代谢的重要生理现象，其功能是移除体内的代谢废物和某些有毒的、多余的物质，保持体内离子平衡和一定的渗透压，维持昆虫正常的生命活动。

马氏管是绝大多数昆虫的主要排泄器官，是1969年意大利解剖学家Malpighi首次在家蚕幼虫体内发现并命名的。马氏管着生在消化道的中肠与后肠的交界处，是一些浸浴在血液里的细长盲管，内与肠管相通。血液里各组织新陈代谢排出的废物，如酸性尿酸钠或酸性尿酸钾被马氏管吸收后便流入后肠，经过直肠时大部分水分和盐分被肠壁回收，以便供应体内水分循环，形成的尿酸沉淀下来随粪便一同排出体外。

三、呼吸系统

昆虫的呼吸系统即从空气中摄取O_2供给体内营养物质的氧化并产生热能、维持生活力、进行正常新陈代谢的气管系统。

气管系统由许多富有弹性和一定排列方式的气管组成，气门位于身体两侧。气管主干通常2条、4条或6条，纵贯体内两侧，主干间有横走的气管相连接，由主干再分出许多分支，越分越细，最后分成许多微气管，分布到各组织的细胞间或细胞内，能把O_2直接送到身体的各部分。

气门是体壁内陷而成的开口，其数目和位置因昆虫种类而异。一般成虫和幼虫多为 10 对，即中胸、后胸各 1 对，腹部第 1～8 节各 1 对。但由于昆虫生活环境不同，气门的数目和位置也发生变化。常见的气门有全气门式、两端气门式、前气门式、后气门式、无气门式 5 种形式。

四、循环系统

昆虫属于开放式循环动物，即血液循环并非封闭在血管里，而是充满整个体腔，浸浴着内部器官。昆虫的循环器官主要是身体背下方的 1 条前端开口、后端封闭的背血管。

昆虫的血液里没有血红素，颜色呈绿色、黄色或无色，不能担负携带 O_2 的任务，昆虫供氧和排碳作用主要由气管系统进行。昆虫体内有类似白细胞的血细胞。昆虫血液的主要作用是把中肠消化后吸收的营养物质输送到各个部位，同时把各组织新陈代谢的废物运送到马氏管排出体外。

五、神经系统

昆虫的一切生命活动，如取食、交尾、迁移等，都受神经系统的支配，同时通过身体表面的各种感觉器官感受外界各种刺激，又通过神经系统协调，支配各器官做出适当的反应，进行各种生命活动。

昆虫的神经系统包括中枢神经系统、交感神经系统和周缘神经系统 3 部分。

神经系统是具有兴奋和传导性的组织，能接受外界刺激迅速发生兴奋冲动，通过神经纤维传导到脑部或其他反应组织，同时产生一定的反应。

六、生殖系统

昆虫的生殖系统担负着繁殖后代、延续种族的任务。由于雌雄性别不同，生殖器官的构造和功能差别很大。

雌性昆虫的生殖器官由 1 对卵巢及与其相连的输卵管、受精囊、生殖腔和附腺组成。雌性昆虫性器官成熟时，能分泌性外激素引诱雄虫来交配。因此，农业上常利用这种外激素诱杀雄虫，使其失去交配受精的机会。

雄性昆虫的生殖器官由 1 对睾丸及与其相连的输精管、贮精囊、射精管、生殖孔和生殖附腺等组成。

交尾是雌雄昆虫两性结合的过程。昆虫在交尾时，雄虫把精子射入雌虫生殖道内，并贮存于雌虫的受精囊中，雌虫接受精子之后，不久便开始排卵。由于卵巢管内的卵是先后依次成熟的，成熟的卵被排到受精囊的开口时，一些精子就从受精囊中释放出来，与排出的卵结合。精子从卵的受精孔进入卵内，然后精核与卵核互相结合，完成受精过程。

七、昆虫的激素

昆虫的激素是体内腺体分泌的一种微量化学物质，起支配昆虫的生长发育和行为活动的作用。按激素的生理作用和作用范围，昆虫激素可分为内激素与外激素两类。

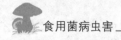

（一）内激素

内激素是由昆虫的内分泌系统分泌于体内的微量化学物质，经血液运送到作用部位，在昆虫不同的生长发育阶段相互作用，调节和控制昆虫的生长、变态、滞育和生殖等内部生理活动。如位于昆虫脑中的神经分泌细胞能分泌脑激素，刺激位于前胸气门内侧气管上的前胸腺，分泌出促使昆虫蜕皮的蜕皮激素；脑激素也能活化位于咽喉附近的咽侧体，分泌保幼激素，使昆虫保持幼龄生理状态，抑制蜕皮和变态。

（二）外激素

外激素又称信息激素，是由昆虫腺体分泌于体外，作用于种间或种内个体间产生生理和行为反应的微量化学物质。昆虫的外激素种类很多，主要有性信息素、追踪信息素和告警信息素等。

性信息素是由昆虫的特定器官分泌于体外的化学物质，扩散于空气中，能影响同种异性个体行为或生理反应，如雌性蛾类引诱雄性蛾类等。已有许多学者对性信息素进行了研究，其中对鳞翅目的研究最为详尽。目前根据性信息素的化学特征，发现并合成了许多有实用价值的性诱剂，对害虫的测报和防治有一定的作用。

追踪信息素是许多社会性昆虫分泌的一些作为路径标记的化学物质，借此指引同种群中的其他个体，帮助其找到食源或返巢时遁迹而归，如蜜蜂的工蜂会分泌追踪物质。

告警信息素是昆虫对抗外来侵犯时释放的一种诱导产生聚焦和防御行为的活性物质。例如蜂巢受到侵犯时，工蜂立即释放一种化学物质，向其他工蜂发出告警，以警卫蜂巢。

第四节　昆虫生物学

昆虫生物学是研究昆虫生命特征的科学，包括昆虫的繁殖方式、昆虫的发育和变态，以及各生长发育阶段的生命特征和行为习性。通过学习昆虫生物学，了解昆虫的行为习性及在发育过程中的薄弱环节，对抓住有利时机采取有效措施积极防治害虫或保护利用昆虫资源等具有重要的实践指导意义。

一、昆虫的繁殖方式

昆虫属于雌雄异体动物，但极少数雌雄同体。雌雄异体的动物多数行两性生殖，但由于对生活环境的适应性和种类变异，形成了多种生殖方式，主要有如下几种。

（一）两性生殖

昆虫绝大多数通过雌雄两性交配后，由精子和卵子结合形成合子，合子经过胚胎发育产生新个体。如农业上的重要害虫小菜蛾、荔枝蝽、二化螟等。

（二）孤雌生殖

孤雌生殖也称单性生殖，指昆虫雌雄个体可不经交配，或有的有交配但卵不经受精也可发育成新个体。如蚜虫、蓟马、粉虱等。

孤雌生殖和两性生殖随季节的变迁而交替进行，即所谓异态交替，如蚜虫。许多蚜虫从春季开始行 10 多次孤雌生殖，到秋末冬初种群中分化出雌雄两性个体后进行 1 次两性生殖产出受精卵越冬。

（三）多胚生殖

多胚生殖是一个卵产生 2 个或更多个胚胎的生殖方式，这种生殖方式常见于膜翅目的一些寄生性蜂类，如小蜂科、细蜂科、小茧蜂科等。多胚生殖是对活体寄生的一种适应性，寄生性昆虫一旦找到寄主，就可利用少量的生活物质产生较多的后代，对于种群繁衍延续有利。

（四）胎生和幼体生殖

绝大多数昆虫是进行卵生的，但也有一些昆虫可以从母体直接产生幼虫或若虫，这种生殖方式称为胎生。另外，有少数昆虫在母体尚未达到成虫阶段（还处于幼虫期）时进行生殖称为幼体生殖，凡是进行幼体生殖的昆虫，产出的都不是卵而是幼虫，所以幼体生殖可以认为是胎生的一种形式。

二、昆虫的发育和变态

昆虫的个体发育过程可划分为胚胎发育和胚后发育两个阶段。胚胎发育是从卵发育成幼虫（若虫）的发育期，又称为卵内发育；胚后发育是从卵孵化开始至成虫性成熟的整个发育期。

（一）变态的类型

昆虫的生长发育是新陈代谢的过程。昆虫的一生自卵产下起至成虫性成熟为止，在外部形态和内部构造上要经过复杂的变化，经若干次由量变到质变的过程，从而形成几个不同的发育阶段，这种现象称为变态。按昆虫发育阶段的变化，变态可分为下列两大类。

1. 不完全变态 不完全变态在个体发育过程中只经过卵、若虫和成虫 3 个阶段，其若虫和成虫的形态、生活习性基本相同，翅在体外发育。如蝗虫、蝼蛄、蟑、叶蝉、粉虱等，其幼体称为若虫（图 7-25）。

2. 完全变态 完全变态在个体发育过程中要经过卵、幼虫、蛹和成虫 4 个阶段，幼虫的形态、生活习性与成虫截然不同（图 7-26）。

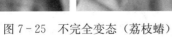

图 7-25 不完全变态（荔枝蝽）　　　　　图 7-26 完全变态（家蝇）

（二）昆虫个体发育各阶段的特性

1. 卵期 对于绝大多数卵生昆虫而言，在个体发育过程中，卵是第一个虫态，胚胎发育在卵内进行。卵自产下后到孵出幼虫（若虫）所经过的时间称为卵期，卵期的长短因昆虫种类、季节和环境不同而异，短的只有1～2d，长的可达数月之久，如棉蚜的受精越冬卵。

（1）卵的形态结构　昆虫的卵是一个大型细胞，最外面有一层坚硬的卵壳，卵壳表面常具有特殊的刻纹；卵壳下有一层薄膜，称为卵黄膜，膜内为原生质和卵黄；在卵黄和原生质的中央有细胞核，又称卵核；卵的前端卵壳上有1至数个小孔，称为卵孔，是精子进入卵内进行受精的通道（图7-27）。

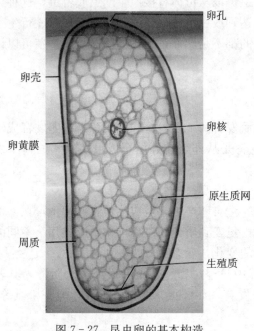

图7-27　昆虫卵的基本构造

昆虫的卵的大小种间差异大，多数在0.5～2mm，长的可达6～7mm，短的不足0.03mm；卵的形状因种类而异，常见的有球形、半球形、长卵形、篓形、肾形、桶形等。草蛉的卵有很长的丝柄，有的卵在卵壳上有刻纹。从产卵方式看，有的是单粒或几粒散产，有的是多粒产在一起称为块产，有的昆虫产下卵后，卵块上覆盖着一层绒毛。如三化螟多数将卵产在植物枝叶表面，有的产在寄主植物组织内，有的产在土壤中；有些寄生蜂将卵产在其他昆虫的卵、幼虫、蛹或成虫体内（图7-28）。

（2）卵的发育和孵化　两性生殖的昆虫，其卵子在母体生殖腔内完成受精过程，产出体外以后，如果环境条件适宜，便进入胚胎发育期，逐渐发育形成幼虫。在卵内完成胚胎发育，幼虫破壳而出的过程称为孵化。一批卵（卵块）从开始孵化到全部孵化结束称为孵化期。孵化时，幼虫用上颚或特殊的破卵器弄破卵壳，有些种类初孵化的幼虫还有取食卵壳的习性。

2. 幼虫（若虫）期　不完全变态昆虫，自卵孵化为若虫到变为成虫所经过的时间称为若虫期；完全变态昆虫，自卵孵化为幼虫到变为蛹所经过的时间称为幼虫期。幼（若）虫期一般15～20d，长的几个月甚至1～2年。刚从卵孵化的幼（若）虫称为初龄幼虫（或1龄幼虫），以后每蜕1次皮便增加1龄，即昆虫幼虫或若虫的虫龄＝蜕皮次数＋1。初龄幼虫个体小，取食后不断增大，当长到一定程度时，由于体壁坚硬，生长受到限制，就必须蜕去旧皮，同时重新形成新的表皮才能继续生长，蜕下旧皮的过程称为蜕皮。

昆虫在蜕皮前常不食不动，每蜕皮1次，昆虫的体积都显著增加，食量也增大，在形态上也发生相应的变化。两次蜕皮之间所经历的时间称为龄期，昆虫蜕皮的次数和龄期的长短因种类及环境条件而不同，一般幼虫蜕皮4次或5次即虫龄为5龄或6龄。

完全变态昆虫的幼虫期，从虫体构造、体色、形状等外形和生活方式上都与成虫显著不同。幼虫期的共同特点是体外无翅，按其体型或足式可分为以下几种类型。

（1）多足型　幼虫体长而柔软，头部发达，咀嚼式口器，有3对胸足和多对腹足，如蝶蛾类幼虫有3对胸足和2～5对腹足（图7-29a）。

（2）寡足型　幼虫体柔软或坚硬，头部发达，咀嚼式口器，只有3对发达的胸足，无腹

卵孔

卵壳

卵黄膜

周质

卵核

原生质网

生殖质

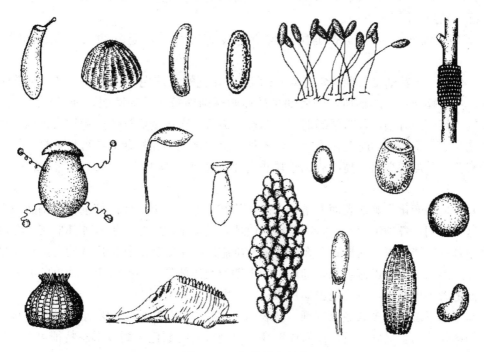

图 7-28 各种昆虫的卵

(雷朝亮等，2011)

足，有的行动敏捷如瓢虫幼虫，有的行动迟缓如金龟子幼虫（图 7-29b）。

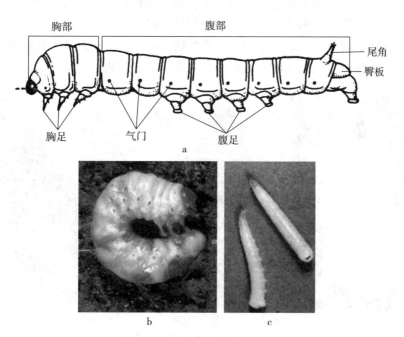

图 7-29 完全变态昆虫幼虫类型

a. 多足型 b. 寡足型 c. 无足型

（3）无足型　幼虫体柔软，头部发达，口器咀嚼式或呈口钩状，胸足、腹足均退化或无，如蝇类幼虫（图 7-29c）。

3. 蛹期　蛹期是完全变态类昆虫特有的发育阶段，也是幼虫转变为成虫的过渡时期。

（1）化蛹　末龄幼虫后期（常称老熟幼虫），在化蛹之前先停止取食，将消化道内残留物排光，然后爬到适当的场所，随后幼虫的体躯逐渐缩短，活动减弱，准备化蛹，称为预蛹。预蛹所经历的时期，称为预蛹期；预蛹蜕去最后一次皮变成蛹的过程称为化蛹；从化蛹起至羽化为成虫所经历的时期称为蛹期。各种昆虫的预蛹期和蛹期的长短与食料、气候及环境因子有关，适当的高温、高湿有利于昆虫化蛹，蛹期一般为 7～14d，但越冬蛹可达数月之久。

（2）蛹期的变化　蛹期表面上是处于静止状态，但实际上蛹体内部进行着剧烈的生理变化。在这一时期，各种组织、器官都要重新改造，蛹期出现的足、翅等外部器官，在幼虫期以器官原基（或器官等）的形式存在于体壁的细胞层，呈束状或其他形状的内陷或仅是一群细胞，在末龄幼虫期才迅速生长，到预蛹期末期便突出体外，但此时仍被幼虫的旧表皮包藏着，表面上看不出变化，一旦蜕去幼虫表皮后，便显出蛹的形态。

（3）蛹的形态　大多数昆虫的蛹，从表面大致可以辨认出成虫的形态和外部器官。初化蛹时，蛹体柔软而多呈乳白色，以后体壁变硬出现特有的颜色。蛹按形态特征可分为以下 3 种类型。

①离蛹：离蛹又称裸蛹，其翅、足、触角等不紧贴蛹体，腹部内节可活动，如金龟子、蜂的蛹（图 7-30a）。

②被蛹：翅从背面向腹面抱合，且翅、足、触角等排列非常紧密并紧紧地贴在蛹体上，体外围成一层硬膜，不能自由活动，如蝶蛾类的蛹（图 7-30b）。

③围蛹：围蛹为蝇类所特有，呈长筒形或长椭圆形。蝇类末龄幼虫化蛹时蜕下的皮硬化形成一个圆筒形分节的蛹壳。实际上也是一个离蛹（图 7-30c）。

a　　　　　　　　b　　　　　　　　c

图 7-30　昆虫 3 种蛹的类型

a. 离蛹　b. 被蛹　c. 围蛹

4. 成虫期

（1）羽化　不完全变态昆虫末龄若虫蜕皮变为成虫或完全变态昆虫由蛹壳破裂变为成虫的行为都称为羽化。成虫从羽化直到死亡所经历的时间称为成虫期。成虫期是昆虫个体发育过程中的最后一个阶段，也是交配产卵繁殖后代的生殖时期。初羽化的成虫，体壁还未硬化，身体较柔软且色浅，翅短而厚；随后成虫吸入空气，借助肌肉收缩和血液循环流向翅内，借血液的压力使翅伸展，待翅和体壁硬化以后即能飞翔。

（2）性成熟　有些昆虫在幼虫期已摄取了足够的营养，成虫羽化时，性器官发育完全并具有成熟的卵子或精子。这类昆虫成虫期一般不取食甚至口器退化仅残留痕迹，而且寿命往往也较短；羽化后，短期内即可交配和产卵，产卵后不久雌虫即死亡。有些昆虫，羽化后生殖器官还未发育完全，必须继续取食某些营养物质，经一段时间，生殖器官逐渐发育成熟后，才能交配产卵。这种成虫期对性成熟不可缺少的取食，称为补充营养。一般此类昆虫成虫寿命较长，如金龟子、蝗虫等。

雄成虫从羽化到性成熟开始交配所经历的时期称为交配前期。雌成虫从羽化到第一次交配所经历的时期称为产卵前期，如黏虫为 4～6d。交配后雌成虫产卵的数量称为繁殖力，雌雄成虫的比例称为性比。

（3）交配和产卵　许多种昆虫在性成熟期，由一定的腺体分泌性诱激素（又称性外激素）引诱同种异性来交配，昆虫交配后，雌虫体内生殖器官的贮精囊内贮存了雄虫输入的精液，待雌虫产卵时，才释放出少量精液，在生殖道内完成受精过程。因此，昆虫可以一次交配多次产卵，也可以多次交配多次产卵。但大多数昆虫的卵在卵巢内分批成熟多次产出。产卵次数和产卵期的长短因昆虫种类而异，也受环境条件影响。产卵期短的只有1～2d，长者可达数月以上。昆虫的生殖能力相当强，一般害虫每头雌虫一次产卵数十粒至数百粒。

各种昆虫对产卵场所有一定的选择，一般选择对幼虫取食有利的地方。多数昆虫在产卵时由内生殖器官的附腺分泌胶状物质，将卵粒黏着在物体上。

（4）性二型和多型现象　大多数昆虫雌雄的形态相似，主要区别在于生殖器官，称为第一性征；有些昆虫雌雄两性在触角形状、身体大小、颜色及其他形态上有明显的区别，称为第二性征。如双叉犀金龟和锹甲的雄虫，其头部具有雌虫所没有的角状突起或特别发达的上颚，这种雌雄两性在形态上有明显差异的现象称为性二型或雌雄异型。有些昆虫在同一种群中，除了雌雄异型以外，即使在同一性别中也有不同的类型，称为多型现象。多型现象主要表现在体躯构造、体态和颜色等的不同。如蜜蜂在同一巢中，有蜂王、雄蜂和工蜂；白蚁和蚂蚁在同一巢中，有有生殖能力的蚁后、蚁王和有翅生殖蚁，还有无生殖能力的工蚁和兵蚁，蚁巢中蚁王和蚁后多数只有 1 对，在巢内有严格的分工，营"社会组织"生活。

（三）昆虫内激素对生长发育和变态的调节控制及应用

昆虫的生长、蜕皮、变态、生殖等生理活动机能除了受外界环境条件（温度、湿度、光照）的影响外，主要受到 3 种内激素的调节和控制，即位于昆虫胸中的脑神经细胞分泌的脑激素、位于咽喉附近的咽侧体分泌的保幼激素和位于前胸气门内侧胸腺分泌的蜕皮激素。昆虫体内的激素变化有一定的节律，在每一龄幼虫的后期，脑激素激发和活化前胸腺分泌蜕皮激素与咽侧体分泌保幼激素。在蜕皮激素与保幼激素保持动态平衡

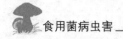

时，幼虫蜕皮后仍为幼虫；到了末龄幼虫后期，蜕皮激素含量较高，保幼激素含量逐渐下降，末龄幼虫蜕皮后变成蛹（成虫）；在蛹期，保幼激素完全消失，所以蜕皮后变成成虫。

昆虫生长调节剂是人工合成的昆虫内激素或类似物。用昆虫生长调节剂主要是干扰昆虫体内的激素平衡，破坏正常的生长发育或干扰变态和生殖，从而达到防治害虫的目的，且对人畜安全，不污染环境，故被称为第三代杀虫剂，如灭幼脲等。

三、昆虫的世代和年生活史

（一）昆虫的世代和年生活史

昆虫的卵或若虫从离开母体开始发育到成虫性成熟并能产生后代为止的个体发育史称为一个世代，简称一代或一化。一个世代通常包括卵、幼虫、蛹及成虫等虫态，习惯上以卵或幼体离开母体作为世代的起点。不同昆虫一年发生的代数不同，这是由种的遗传性决定的。一年发生一代的昆虫称一化性昆虫，一年发生两代以上的昆虫称多化性昆虫。多数昆虫一年发生 4～5 代，多可达 10 代、20 多代（蚜虫）。水稻害虫三化螟在江浙地区一年发生 3 代，而在福建则一年发生 4 代。

一年发生多代的昆虫常常由于成虫羽化期不整齐导致产卵期长，或越冬虫态出蛰不集中，造成前一世代与后一世代的同一虫态同时出现的现象，即前后世代重叠发生的现象，称为世代重叠。世代重叠多在下半年发生。一般情况下，一年中发生的代数越多，世代重叠现象越严重。

此外，由于昆虫生长发育不整齐，到最后世代常发生局部世代。如三化螟的最后一代常受秋季短日照的影响，一部分 3～4 龄幼虫滞育，另一部分预蛹或蛹继续发育转化为下一世代，称为局部世代。

昆虫的生活史又称生活周期，是指昆虫个体发育的全过程。年生活史是指昆虫在一年内的发育史，即昆虫从当年越冬虫态开始活动起到翌年（第二年）越冬结束为止的发育过程。一年一代的昆虫，年生活史与世代的含义相同；一年多代的昆虫，年生活史可包含几个世代；几年发生一代的昆虫，它的生活史需要两年或多年才能完成。世代的计算，是由卵到成虫的一个周期。但许多昆虫以幼虫、蛹或成虫越冬，到翌年出现的幼虫、蛹或成虫，却不算当年的第一代而是前一年的最后一个世代，这一代特称为越冬代，要到卵期才算当年第一代的开始。

昆虫的年生活史常用图、表或图表混合来表示。昆虫的生活史表格有两种：第一种是以月份为列，以虫态为行，将各代各虫态发生的时间范围在表中标出；第二种是以月份为列，以代和虫态为行，用不同的符号或字母表示不同的虫态，并将各代各虫态发生的时间范围在表中标出，这种方法适合多化性昆虫的年生活史。

各虫态的表示方法有符号或字母两类。卵常用"⊙"". ""●"或字母 E 表示；幼虫或若虫常用"－"或分别用字母 L 和 N 表示；蛹常用"△""○""▲"或字母 P 表示；成虫常用"＋"或字母 A 表示。越冬虫态可用（）将代表符号或字母括起来（表 7-1）。

表7-1　南平思茅松毛虫生活史表

世代	1~3月			4月			5月			6月			7月			8月			9月			10月			11月			12月		
	上	中	下	上	中	下	上	中	下	上	中	下	上	中	下	上	中	下	上	中	下	上	中	下	上	中	下	上	中	下
越冬代	（一）			—	—	—	▲	▲	▲ +	▲+⊙	▲+⊙	▲+⊙	+⊙																	
第一代												—	—	—	—	—	—	▲	▲	▲	▲+	▲+⊙	▲+⊙	+⊙	⊙					
第二代																		⊙	⊙	⊙+	⊙+	⊙+	⊙	—	—	—	（一）	—	—	—

注：⊙为卵；一为幼虫；▲为蛹；+为成虫；（一）为越冬幼虫。

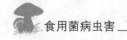

（二）研究昆虫年生活史的意义

研究害虫的年生活史，目的是摸清害虫在一年内的发生规律以及活动和危害情况，结合害虫生活史中的薄弱环节与防治有利时机进行防治，具有重大的实践意义。研究的基本内容包括害虫的越冬虫态、越冬场所和一年中发生的世代数，各世代各虫态出现的始期、盛期、末期以及越冬虫态开始和结束的时间。发生始期指的是某种昆虫一个世代中少数发生早的个体出现的时期，盛期即大量个体发生的时期，末期指少数发生迟的个体出现的时期。掌握昆虫的发生代数、发生阶段、相应的寄主发育情况以及越冬虫态等，可作为制订防治措施的依据，用以确定害虫是否需要防治、何时防治、采用何种措施防治等。

四、昆虫的休眠与滞育

昆虫或螨类在一年生长发育过程中，常出现暂时停止发育的现象，这种现象从其本身的生物学与生理学特性来看可分为两类，即休眠与滞育。

（一）休眠

休眠是昆虫在个体发育过程中对不良环境的一种暂时的适应性，一旦不良环境条件解除而且能满足其生长发育的要求时，便可立即停止休眠而继续生长发育。在温带及寒带地区每年冬季严寒来临之前，随着气温下降、食物减少，各种昆虫都找寻适宜的场所进行休眠，称为休眠越冬或冬眠，等到来年春季气候温暖又开始活动。在干旱或热带地区的干旱或高温季节，有些昆虫或螨类也会暂时停止活动，进入夏眠状态，称为休眠越夏或夏眠，到环境适宜时再开始活动。这种越冬、越夏的昆虫如给予适宜的生活条件仍可恢复活动。

（二）滞育

滞育是昆虫在个体发育过程中内部生理机能与外界环境条件间的矛盾不断统一的结果。引起滞育的原因，不能以个体发育过程中的不良外界条件来解释，而是一种比较稳定的遗传性。在个体发育期间，通常是在一定的季节、一定的发育阶段发生滞育。在滞育期间，即使给予良好的生活条件也不能解除，必须经过较长的滞育期，并要求有一定的刺激因素，才能重新恢复生长。滞育期的长短除受遗传性因素影响外，还受季节性的光照周期的变化和昆虫对光照周期的反应影响。短日照滞育型（又称长日照发育型）：在温带及寒带地区，当自然光照周期每天长于12～16h，昆虫可继续发育而不发生滞育，相反，当日照逐渐缩短至临界光照周期（引起昆虫种群50％左右个体发生滞育的光照周期界限，称临界光照周期）时数以下时，滞育的比例激增，我国大部分冬季发生滞育的昆虫属此类。长日照滞育型（又称短日照发育型）：自然光照周期每天短于12h，昆虫可以正常发育，相反，日照逐渐增加，超过临界光照时数，大部分幼虫发生滞育，凡夏季发生滞育的昆虫均属此类。

引起滞育的重要生态因素有光周期、温度、食物等，而内在因素则是滞育激素。各种外界条件引起昆虫滞育的产生或解除是一种外因，但外因必须通过内因才能起作用。引起昆虫滞育的内因，主要是体内激素的活化或抑制的调节作用。如体内激素的平衡受到扰乱或失调，会引起滞育。

昆虫在休眠与滞育期间，生命的维持完全依赖于休眠和滞育前体内储蓄的营养物质。生理上表现为呼吸代谢的速度急剧下降，耗氧量大大减少；体内脂肪贮藏量和糖含量增多；体内含水量，特别是游离水显著减少。因此，昆虫进入休眠与滞育状态时，抗逆力显著增强，对寒冷、干旱、药剂等的抵抗力均增强。

五、昆虫的行为

昆虫的行为是有机体生命活动中各种活动的综合表现，是通过神经活动对刺激的反应，这种反应是由于感觉器所接受的环境刺激及虫体分泌的外激素（又称信息激素）如性信息素、追踪信息素、告警信息素等协同影响和作用下，表现出适应其生活所需的种种行为，是自然选择的结果，为种内所共有。

（一）趋性

趋性是指昆虫对外界刺激（如光、温度、湿度和某些化学物质等）所产生的趋向或背向的行为活动。趋向活动称正趋性，背向活动称负趋性。昆虫的趋性主要有趋光性、趋化性、趋温性和趋湿性等。昆虫在长期系统发育过程中对一定的外界条件逐渐适应，按刺激物的性质，趋性可分为 3 类。

1. 趋光性　趋光性指昆虫对光刺激所产生的趋向或背向的活动。趋向光源的反应称正趋光性，大多数夜间活动的昆虫具趋光性，如蛾、金龟子、蝼蛄等；背向光源的反应称负趋光性，如蟑螂。各种昆虫对光照强弱和光波长短的反应不同，蛾类对 330～400nm 的紫外光特别敏感，因此农业上用黑光灯诱杀蛾类和进行预测预报；蚜虫对 550～600nm 的光线趋性很强，可用黄盘（板）进行诱杀。

2. 趋化性　昆虫通过嗅觉器官对化学物质的刺激产生反应的行为，称为趋化性。其正负趋化性通常与觅食、求偶、避敌、寻找产卵场所有关，如菜粉蝶喜好在含有芥子油的十字花科植物上产卵。可利用趋化性来诱杀害虫，如用毒饵、糖醋液诱杀地老虎、黏虫、蝇等。

许多昆虫在交配之前，由腺体分泌性外激素，引诱异性前来交配。性外激素的引诱有效距离在 1km 之内。目前已人工提纯或合成许多农业重要害虫的性诱激素，在测报和防治实践中应用。

3. 趋温性　昆虫是变温动物，没有保持和调节体温的能力，体温会随所处环境而改变。因此，环境温度变化时，昆虫会趋向适宜其生活的温度条件，称为趋温性。

（二）食性

昆虫在生长发育过程中需要不断取食大量有机物质，不同种类的昆虫对食料的要求是不同的，按其取食的种类，可分为 3 类。

1. 植食性　以新鲜植物的各部分组织器官为食的各种害虫，根据其食性范围的大小，可以分为下面 3 种。

（1）单食性　只取食一种植物，如水稻三化螟只危害水稻。单食性昆虫在缺乏其所喜欢的食料时就难以生存。

（2）寡食性　能取食几种不同植物，一般只取食同一科或近缘科的若干种植物（包括食用菌在内）。如二化螟，除危害水稻外，还危害茭白、玉米、小麦等禾本科植物。

（3）多食性　能取食不同科、属的许多种植物，如玉米螟可危害 40 科 181 属 200 种以上植物。多食性害虫食性范围广，在不同地点、不同时间都容易获得其所需的植物，因而对环境的适应能力强。

2. 肉食性　肉食性昆虫以小动物或昆虫为食，大多数是益虫，可利用其防治害虫。按其生活和取食方式又可分为两类。

（1）捕食性　捕食性昆虫一般身体比被捕食的对象大，通常成虫和幼虫都为捕食性，甚

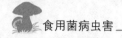

至捕食同一种猎物，捕得猎物后立即将其咬死或吃掉。捕食性昆虫常为多食性或寡食性，少为单食性，在一生中往往要捕食多种猎物才能完成发育。

（2）寄生性　寄生性昆虫一般比寄主小，寄生在一个寄主上，可发育成一个或更多个体。其成虫和幼虫食性不同，只在幼虫期营寄生生活，寄生在寄主的体内或体外，寄生后并不立即杀死寄主。寄生性昆虫成虫期才自由生活，常见寄生性昆虫有寄生蜂和寄生蝇类。

3. 杂食性　杂食性昆虫的食物种类包括动物和植物，常见的杂食性昆虫有蚂蚁、蜚蠊和蟋蟀等。

昆虫的食性是自然选择和昆虫本身适应的结果。一般昆虫取食适宜的食料时，生长发育快、死亡率低、繁殖力高。但昆虫的食性并非固定不变，当外界条件发生变化时，如食料不足时，其食性也会发生相应的变化。昆虫取食不到适宜的食料时，就会被迫取食其他种食料，虽然有大量个体不能适应新的食料而死亡，但只需少量个体能生存下来，就能逐渐适应并产生新的食性。

（三）群集性

大多数昆虫都是分散生活的，但也有一些种类在一定区域内聚集大量个体，这种群集现象可分为两种。

1. 暂时性群集　仅在某一虫态或某一段时间群集，然后分散。如瓢虫、椿象、跳甲等在冬季群集于石缝中、建筑物的隐蔽处或地面落叶层下越冬，到春天即分散活动。又如许多蛾类幼虫孵化后，3龄以前都有明显暂时群集危害的习性。另外一些活动力弱的昆虫，在短期内大量繁殖而产生密度很大的群落，如蚜虫、介壳虫等，固定在植物的某一部位危害，由于繁殖力强，活动范围小，在栖息取食处出现虫口密度很大的群集现象，但分散后仍可各自生活。

2. 永久性群集　群体形成以后往往不再分散，包括个体整个生活周期。例如群居型飞蝗，从卵块孵化为蝗蝻（若虫）后密度增大，由于各个体间视觉和嗅觉器官的相对刺激，形成蝗蝻群集生活方式，在成群迁飞活动中，很难用人工方法将其分散，到羽化变成成虫后，仍成群迁飞危害，但这种群集性也是相对的，如果经过防治留下少数个体，它们不能从其他个体得到习惯的刺激就失去群集习性而变为分散的生活方式。

（四）迁飞和扩散

1. 迁飞　昆虫通过飞行成群从一个发生地长距离地转移到另一个发生地的特性称为迁飞性，如东亚飞蝗、稻褐飞虱、白背飞虱等。迁飞多发生在成虫生殖前期，并常与一定的季节有关，开始迁飞时雌成虫的卵巢往往尚未发育，大多数没有交尾产卵。迁飞是昆虫的一种适应性，有助于种的繁衍延续。迁飞的原因、发生的时间、动力、持续时间、飞行高度及距离、回迁与否等在不同的迁飞昆虫中差别很大。

2. 扩散　某些昆虫个体经常或偶然、小范围分散或集中活动，称为扩散，也称蔓延或传播。扩散常使一种昆虫的分布区域扩大，对害虫而言即形成虫害的传播和蔓延，如非洲蜜蜂的扩散。了解害虫的迁飞特性，查明它的来龙去脉及扩散转移的时期，对害虫的测报与防治具有重大意义。

（五）假死性

假死性指某些昆虫受到突然刺激时，身体蜷缩、静止不动或从原停留处跌落下来呈假死状，稍停片刻即恢复正常而离去的现象。不少鳞翅目幼虫和鞘翅目成虫具有假死性，如金龟子、象甲、椿象等。假死性是昆虫逃避敌害的一种方式，利用昆虫的假死性，可以用骤然触动法或震落法等来采集昆虫标本或进行害虫的测报和防治等。

（六）昆虫的社会行为

社会性昆虫是指白蚁和膜翅目中蚂蚁、蜜蜂等昆虫，其个体间有明显的等级分化和分工。如在蜜蜂的蜂群中有蜂后、雄蜂、工蜂等分工专化的众多成员；白蚁群中有蚁后、工蚁、兵蚁等分工专化的成员。

第五节　昆虫的分类

一、分类学的基本原则

自然界的昆虫种类繁多，估计有数百万种，已定名的有100多万种，即绝大多数昆虫至今尚未被人类所知。要去正确认识和识别它们，就必须根据其形态特征、地理分布、生物学特性、生态要求等加以分析和归纳，找出亲缘关系进行系统分类。

昆虫分类与其他动物、植物分类一样，分为一系列阶元，包括界（kingdom）、门（phylum）、纲（class）、目（order）、科（family）、属（genus）、种（species）等7个基本等级。种是分类的基本单位，种以上的分类阶元则是代表在形态、生理和生物学等方面相近的若干种的集合单位。亲缘关系相近的种归纳为属，亲缘关系相近的属归纳为科，以此类推。如黏虫属于动物界，节肢动物门，昆虫纲，有翅亚纲，鳞翅目，夜蛾总科，夜蛾科，夜盗蛾亚科，黏虫属。

昆虫的名称，采用国际上统一的林奈双名法命名，即昆虫种的学名由属名和种名两个拉丁文组成，属名在前，第一个字母大写，种名在后，第一个字母小写，在种名后附上定名人的姓。如黏虫，它的学名是 *Mythimna separata* Walker，其中 *Mythimna* 是属名，*separata* 是种名，均用斜体排版，Walker 是定名人的姓。在除分类学之外的其他文章中，定名人可以省略不写。当学名在文章中第二次被提到时，属名可以略写，如黏虫可略写为 *M. separata*。

二、常见目的分类

昆虫纲的分目，全世界尚未有一致的意见，从林奈（7个目）至今200多年，有许多分类方式，不同学者有不同的看法。但目前国内外多采用最新分类系统，即"六足总纲"（广义昆虫纲）4纲35目分类系统：原尾纲（3目）、弹尾纲（1目）、双尾纲（1目）、昆虫纲（狭义，30目）。Gullan 和 Cranston 根据形态学、分子生物学和生物信息学数据，结合国际上多数学者意见，将狭义的昆虫纲分为原始无翅类（无翅亚纲，Apteryota）和有翅类（有翅亚纲，Pterygota）2类30目（图7-31）。

（一）原始无翅类（无翅亚纲）

（1）衣鱼目（Zygentoma）　触角长丝状，复眼分离，无单眼；口器外生，适于咀嚼；腹部11节，第7~9节有成对刺突和泡囊；腹末有1对长尾须及1根中尾丝。广布世界各地，室内可危害书籍、衣服、食物，并传播细菌，如生活在室内的多毛栉衣鱼。

（2）石蛃目（Archaeognatha）　多数特征与衣鱼相似，但复眼内面接触，有单眼；腹

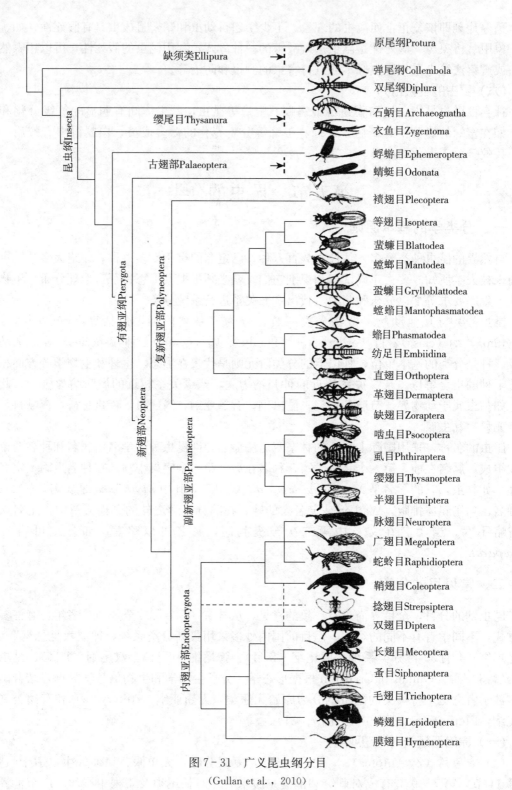

原尾纲Protura
缺须类Ellipura
弹尾纲Collembola
双尾纲Diplura
石蛃目Archaeognatha
缨尾目Thysanura
衣鱼目Zygentoma
蜉蝣目Ephemeroptera
古翅部Palaeoptera
蜻蜓目Odonata
襀翅目Plecoptera
等翅目Isoptera
蜚蠊目Blattodea
螳螂目Mantodea
蛩蠊目Grylloblattodea
螳䗛目Mantophasmatodea
䗛目Phasmatodea
纺足目Embiidina
直翅目Orthoptera
革翅目Dermaptera
缺翅目Zoraptera
啮虫目Psocoptera
虱目Phthiraptera
缨翅目Thysanoptera
半翅目Hemiptera
脉翅目Neuroptera
广翅目Megaloptera
蛇蛉目Raphidioptera
鞘翅目Coleoptera
捻翅目Strepsiptera
双翅目Diptera
长翅目Mecoptera
蚤目Siphonaptera
毛翅目Trichoptera
鳞翅目Lepidoptera
膜翅目Hymenoptera

昆虫纲Insecta
有翅亚纲Pterygota
新翅部Neoptera
复新翅亚部Polyneoptera
副新翅亚部Paraneoptera
内翅亚部Endopterygota

图7-31　广义昆虫纲分目

(Gullan et al.，2010)

部第2～9节有成对的刺突。生活于草原或林区的树叶中、树皮下、枯木中、石头裂缝等环境，活泼、善跳。

（二）有翅类（有翅亚纲）

有翅1对或2对，有的翅退化或无翅。根据翅芽在体外还是在体内发育分为外生翅部和内生翅部两大类群。

1. 外生翅部（Exopterygota） 不完全变态类，无蛹期，翅芽在体外发育。

（1）蜉蝣目（Ephemeroptera） 口器退化，触角丝状；前翅脉纹网状，后翅小；尾长。幼虫称为稚虫，水生。如蜉蝣。

（2）蜻蜓目（Odonata） 口器咀嚼式，触角刚毛状；胸部倾斜，翅狭，脉纹网状；腹部长；捕食小虫。幼虫水生。如蜻蜓和豆娘。

（3）襀翅目（Plecoptera） 口器退化，触角线状；后翅臀区发达。幼虫水生。如襀翅虫，或称石蝇。

（4）等翅目（Isoptera） 口器咀嚼式，触角念珠状；翅狭长，前后翅大小、形态、脉相相似。如白蚁。

（5）蜚蠊目（Blattodea） 体扁，口器咀嚼式；前胸盖住头，前翅为覆翅；有臭腺。如蜚蠊（俗称蟑螂）为室内害虫，土鳖或地鳖生活在室外，有些种类可入药。

（6）螳螂目（Mantodea） 口器咀嚼式；前胸长，前足捕捉式，前翅为覆翅。捕食小虫。如螳螂。

（7）蛩蠊目（Grylloblattodea） 生活在高地，如蛩蠊；我国1986年由王书永首次采于长白山，定名为中华蛩蠊（*Galloisiana sinensis* Wang）。

（8）螳䗛目（Mantophasmatodea） 2002年新发现的一个目；像螳螂和竹节虫，具雌雄二型现象；分布于非洲，目前我国尚未发现。

（9）䗛目（Phasmatodea） 口器咀嚼式；体扁或细长，似植物枝叶。如竹节虫，又称叶䗛和杆䗛。

（10）纺足目（Embiidina） 口器咀嚼式，触角念珠状；雌无翅；前足第一跗节膨大，能纺丝做巢。如足丝蚁。

（11）直翅目（Orthoptera） 口器咀嚼式；前翅为覆翅，后翅膜质，脉纹多直。如蝗虫、螽斯、蟋蟀、蝼蛄等。

（12）革翅目（Dermaptera） 口器咀嚼式；前翅很短，为鞘翅；尾须钳状。如蠼螋。

（13）缺翅目（Zoraptera） 体小型，触角9节，念珠状。生活于树皮下、土中或白蚁巢内。

（14）啮虫目（Psocoptera） 体小型，口器咀嚼式，触角线状；无尾须。有的危害书籍或面粉，如书虱，也可在野外生活。

（15）虱目（Phthiraptera） 包括传统分类的虱目和食毛目。体扁，口器咀嚼式或刺吸式；无翅，足攀缘式，寄生于鸟和哺乳动物体上。如羽虱、人体虱等。

（16）缨翅目（Thysanoptera） 微小，口器锉吸式，翅狭长，有长的缘毛。如蓟马。

（17）半翅目（Hemiptera） 口器刺吸式，由头前方或头后方生出；前翅半鞘翅或质地均匀，许多种类具臭腺或蜡腺。如椿象（或称蝽）、蝉、飞虱、蚜虫、介壳虫等。

2. 内生翅部（Endopterygota） 完全变态类，有蛹期，翅芽在体内发育。

（1）鞘翅目（Coleoptera） 体坚硬，前翅为鞘翅，口器咀嚼式。鞘翅目昆虫统称甲虫。

（2）捻翅目（Strepsiptera） 雄虫只有一对后翅，脉纹放射状；雌虫头胸愈合，无眼，翅及足退化。寄生于直翅目、半翅目等虫体上。如捻翅虫。

（3）广翅目（Megaloptera） 口器咀嚼式；前胸方形，翅膜质，后翅臀区大。幼虫水生。如泥蛉。

（4）蛇蛉目（Raphidioptera） 口器咀嚼式；前胸管状，翅膜质，前后翅相似。捕食小虫。如蛇蛉。

（5）脉翅目（Neuroptera） 口器咀嚼式；翅膜质，脉纹网状，后翅臀区小。捕食性益虫。如草蛉。

（6）长翅目（Mecoptera） 口器咀嚼式，头延长；翅膜质，前后翅相似，脉纹近似标准脉序；雄性生殖器膨大。捕食小虫。如蝎蛉。

（7）毛翅目（Trichoptera） 口器咀嚼式，退化；翅膜质，被毛，脉纹近似标准脉序。幼虫水生。如石蛾。

（8）鳞翅目（Lepidoptera） 口器虹吸式；翅膜质，被鳞片。如蛾、蝶。

（9）双翅目（Diptera） 口器舐吸式或刺吸式；只有一对前翅，后翅退化呈棒状。如蚊、蝇、蚋、虻、蠓等。

（10）蚤目（Siphonaptera） 体小，侧扁；口器刺吸式；后足跳跃式，翅退化。外寄生于鸟类及哺乳动物体上。如跳蚤。

（11）膜翅目（Hymenoptera） 口器咀嚼式或嚼吸式；翅膜质，产卵器发达，有的有螯刺。如蜂、蚁。

30个目昆虫中，等翅目、直翅目、啮虫目、缨翅目、半翅目、鞘翅目、鳞翅目、双翅目、膜翅目9个目的昆虫与食用菌生产密切相关，其中双翅目昆虫是食用菌上最重要的害虫，其次是鞘翅目昆虫，节肢动物门中的弹尾纲（弹尾目）害虫也应充分重视。

思考题

1. 简述昆虫在动物界中的分类地位，并举例说明昆虫纲的特征。
2. 试述昆虫与蜘蛛，昆虫与螨类的区别。
3. 简述昆虫头部的基本构造。
4. 简述昆虫触角的基本构造，并举例说明昆虫的触角可分为几种类型。
5. 咀嚼式口器和刺吸式口器分别由几个部分组成？
6. 简述家蝇成虫和幼虫的口器构造特点。
7. 简述昆虫成虫胸足的构造及其类型。
8. 昆虫的翅由几个部分组成？举例说明昆虫的翅可分为几种类型？
9. 区别昆虫雌雄腹部的构造。
10. 昆虫的体壁由几个部分组成？体壁与杀虫剂的使用有何联系？
11. 昆虫有哪些重要的系统？
12. 请说明昆虫常见的生殖方式。
13. 何谓昆虫的变态？不完全变态和完全变态有何区别？
14. 简述完全变态昆虫幼虫和蛹的类型及特征。
15. 请解释什么是"世代""年生活史"和"世代重叠"。

16. 举两例说明如何利用昆虫的某些习性进行害虫防治。

17. 写出昆虫分类的基本阶元，并说明什么是双名法。

18. 昆虫纲分为几个亚纲？每个亚纲又分为几个目？

19. 简述与食用菌害虫相关的 9 个目的最主要特征。

第八章　食用菌害虫及防治

食用菌害虫种类繁多，数量庞大，天然生长的食用菌往往是十菌九蛀，栽培者稍不注意便会前功尽弃，毁于一旦。在危害食用菌的昆虫中尤以双翅目的害虫最为常见，危害也最为严重，其次是弹尾纲和鞘翅目害虫。它们有的主要在幼虫期危害，有的自幼虫至成虫都可危害。对食用菌害虫的防治，应考虑到食用菌供人们食用或药用不能滥用农药，因此必须清楚害虫的类别和习性，才能进行有效防治。

第一节　双翅目害虫

双翅目（Diptera）昆虫包括蚊、虻、蝇、蠓、蚋等5大类。有1对膜质的前翅和1对特化为平衡棒的后翅；3对足的跗节分为5节，有爪1对；成虫口器适于吸吮（刺吸、切吸、舐吸）或不取食；复眼很大，几乎占据头的大部分；单眼2～3个或无，触角多种多样。危害食用菌的双翅目害虫很多，分别属于长角亚目和芒角亚目。

一、长角亚目

蚊、蠓、蚋均属于长角亚目（Nematocera），统称蚊类。触角常为10多节，少数仅8节，多的可达30多节。成虫吮吸液体食物或吸血，有些则不取食；幼虫有明显的头部，咀嚼式口器，多为水生或生活于潮湿的环境中，以动植物有机质为食；蛹为裸蛹，羽化时从背面纵裂。该亚目包括许多食用菌害虫。

（一）眼蕈蚊类害虫

眼蕈蚊

眼蕈蚊是双翅目长角亚目中一大类群，俗称小黑蚊子，属于眼蕈蚊科（Sciaridae）。眼蕈蚊是栽培和野生的食用菌、药用菌中最常见的一类害虫，我国眼蕈蚊的种类非常多，分布普遍且危害严重。河北、河南、辽宁、内蒙古、上海、山东、云南、贵州、四川、江西、福建、湖北、新疆、西藏等省份已经发现100多种。危害食用菌、药用菌的眼蕈蚊主要有眼蕈蚊属（*Sciara*）、齿眼蕈蚊属（*Phorodonta*）、厉眼蕈蚊属（*Lycoriella*）、迟眼蕈蚊属（*Bradysia*）、模眼蕈蚊属（*Plastosciara*）等。如平菇厉眼蕈蚊（*Lycoriella pleuroti* Yang et Zhang）、冀菇厉眼蕈蚊（*L. jipleuroti* Yang et Zhang）、双刺厉眼蕈蚊（*L. bispinalis* Yang et Zhang）、云菇厉眼蕈蚊（*L. yunpleuroti* Yang et Zhang）、海菇厉眼蕈蚊（*L. haipleuroti* Yang et Zhang et Tan）、闽菇迟眼蕈蚊（*Bradysia minpleuroti* Yang et Zhang）、韭菜迟眼蕈蚊（*B. odoriphaga* Yang et Zhang）、竹荪迟眼蕈蚊（*B. dictyophorae* Yang et Zhang）、钩菇迟眼蕈蚊（*B. uncipleuroti* Yang et Zhang et Tan）、短鞭迟眼蕈蚊（*B. brachytoma* Yang et Zhang）、集毛迟眼蕈蚊（*B. conedensa* Yang et Zhang et Tan）、沪菇迟眼蕈蚊（*B. hupleuroti* Yang et Zhang et Tan）、双孢植眼蕈蚊（*Phytosciara tosciara bispori* Yang et Zhang et Yang）、木耳狭腹眼蕈蚊（*Plastosciara auriciilae* Yang et Zhang）、异型眼蕈蚊（*Pnyxia scabiei* Hopk）等。该类害虫发生频繁，寄

主广泛，食性杂，以幼虫危害双孢蘑菇、茶树菇、香菇、平菇、滑菇、凤尾菇、鲍鱼菇、杏鲍菇、金针菇、银耳和毛木耳的菌丝体和子实体。同时，眼蕈蚊也是食用菌病害、线虫和螨害的传播者，许多国家将其视为危险性害虫。

1. 形态特征

(1) 平菇厉眼蕈蚊　平菇厉眼蕈蚊属眼蕈蚊科（Sciaridae），厉眼蕈蚊属（*Lyco-riella*），为国内眼蕈蚊的优势种，是食用菌生产中的重要害虫。以幼虫危害，取食菌丝，破坏菌丝正常生长导致菌丝死亡。

平菇厉
眼蕈蚊

成虫：雄虫体长约 3.3mm，暗褐色。头部小，复眼大，有毛；眼桥小眼面 4 排，个别也有 3 排的。触角 16 节，第 4 鞭节（简称鞭四，下同）长为宽的 2.5 倍，鞭节明显，鞭的长是宽的一半。下颚须 3 节，基节有感觉毛 5～7 根，感觉窝边缘很不规则；中节稍短，毛 6～10 根；端节长，几乎为中节的 1.5 倍，毛 5～8 根。前翅淡烟色，脉黄褐色，前缘脉（C）、第一径脉（R_1）、径分脉（Rs）上均有大毛，C 在 Rs 至 M_{1+2}（M_1 和 M_2 脉合并）间占 2/3；平衡棒有一斜列不整齐的刚毛。足黄褐色，跗节色较深；前足胫梳排列呈弧形。腹部 9 节，末端尾器基节中央有瘤状突起，疏生刚毛，端节呈弧形内弯，顶端锐尖细长。雌虫体长 3.3～4mm，与雄虫相似，但触角较短，腹部中段粗大，向尾端渐细，腹端 1 对尾须，端节近似圆形。

幼虫：初孵化幼虫体长约 0.6mm，老熟幼虫为 4.6～5.5mm。头黑色，胸及腹部为乳白色，共 12 节。

蛹：初化的蛹乳白色，逐渐变淡黄色，羽化前变褐色至黑色。雄蛹长 2.3～2.5mm，雌蛹长 2.9～3.1mm。

卵：椭圆形，长 0.23～0.27mm，初产时乳白色，逐渐透明，孵化前头部变黑，由卵壳外可见。

(2) 海菇厉眼蕈蚊　海菇厉眼蕈蚊危害双孢蘑菇，分布于上海。

海菇厉
眼蕈蚊

雄虫体长 4.1mm，黑褐色；头部复眼具毛，眼桥有小眼面 3～4 个；触角长 1.8mm，第 4 鞭节短粗，长仅为宽的 1.7 倍，颈短宽、梯形；下颚须 3 节，端节具毛 8 根；胸黑褐色，足黄褐色，前足胫梳排列呈弧形；翅淡烟色，长 2.7mm，宽 1.1mm；腹部深褐色，尾器端节顶端有一粗刺，略向内弯。

(3) 闽菇迟眼蕈蚊　闽菇迟眼蕈蚊又称为尖眼菌蚊、菇蚊、菰蚊、菌蛆、蘑菇蝇等，是福建各地食用菌害虫的优势种，也是双孢蘑菇、平菇的主要害虫。发生频繁、寄主广泛、食性杂，常因幼虫蛀入子实体内而影响出口，对食用菌生产影响很大。

成虫：雄虫体长 2.7～3.2mm，暗褐色，头部色较深；复眼有眼毛，眼桥小，眼面 3 排；触角褐色，长 1.2～1.3mm，第 4 鞭节长是宽的 1.6 倍，端部的颈短粗；下颚须基节较粗，有感觉窝，有毛 7 根，中节较短，毛 7 根，端节细长，毛 8 根。胸部黑褐色，翅淡烟色，长 1.8～2.2mm，宽 0.8～0.9mm；前缘脉 C 伸达径分脉 Rs 至中脉 M_{1+2} 间的 2/3，C 脉上有双排大毛，径脉 R、R_1、Rs 上均具有一排大毛，M 脉柄微弱；平衡棒淡黄色，有斜列小毛；足的基节和腿节污黄色，转节黄褐色，胫节和跗节暗褐色，前足基节长 0.4mm，腿节与胫节各长 0.6mm，跗节长 0.7mm，胫节的胫梳一排 6 根，爪有齿 2 个。腹部暗褐色，尾器基节宽大，基毛小而密，中毛分开不连接，端节小，末端较细，内弯，有 3 根粗刺。雌虫较大，体长 3.4～3.6mm，触角较雄虫短，长 1mm。翅长

2.8mm，宽1mm。腹部粗大，端部细长；阴道叉褐色，细长略弯，叉柄斜突；尾须粗短，端部圆。

卵：长圆形，初期为乳白色。

幼虫：初孵化体长0.6mm左右，老熟后长8.5mm。

蛹：在薄茧内化蛹，长3～3.5mm，初期乳白色，2d后为浅褐色，3d后呈黑色。

（4）沪菇迟眼蕈蚊 沪菇迟眼蕈蚊分布于上海等地。

沪菇迟眼蕈蚊

成虫：雄虫体长2～2.3mm，黄褐色；头部复眼有毛，眼桥小，眼面3排；下颚须3节，基节有圆形感觉窝及感觉毛3～7根，中节短而圆，有4～10根毛，端节狭长为中节的2倍，有毛6～8根；触角呈褐色，长1～1.2mm，第4鞭节长为宽的1.5倍，端部的颈宽大。胸部深褐色，翅淡烟色，长1.6mm，宽0.7mm。足淡色，胫梳7根一横列。腹部黄褐色，尾器端节顶部弯突，有4根端刺。雌虫体长2.2～2.6mm，触角长0.9～1mm，一般特征似雄虫，腹部末端尖细，尾须的端节粗大而圆，基部较细，阴道叉柄细而弯。

（5）短鞭迟眼蕈蚊 短鞭迟眼蕈蚊分布于贵州省贵阳市，危害双孢蘑菇。

短鞭迟眼蕈蚊

成虫：雄虫体长2.2mm，头色深；复眼大，有眼毛，眼桥小，眼面3排；触角长约1mm，第4鞭节长为宽的1.5倍多；下颚须基节有不规则的感觉窝和毛5根，中节毛7根，端节细长，毛7根；胸部深褐色；足细长，淡褐色，前足基节长0.4mm，腿节、胫节长各为0.6mm，跗节长0.8mm，胫梳横排5根；前翅长1.6mm，宽0.52mm；C脉伸达Rs至M_{1+2}的3/5；中脉M的分叉短于其柄，M脉柄微弱几不可见。腹部褐色，背板、腹板色略深，腹端尾器基毛中间分开，端节外缘略直，顶端下弯，端刺5根。

2. 习性及发生规律 下面以平菇厉眼蕈蚊、闽菇迟眼蕈蚊和韭菜迟眼蕈蚊为例加以介绍。

（1）平菇厉眼蕈蚊 平菇厉眼蕈蚊在适宜的菇房可整年发生，温度在13.5～21.5℃（平均17.6℃）完成一代需21～32d。由于地道菇房温湿度年变化幅度小，在13～20℃，1年可发生10代。成虫多在傍晚至翌日上午羽化，羽化率达53.6%。雌雄性比在4月上旬为1.8∶1，下旬则为1∶1。成虫羽化后，往往先爬行于食用菌料块上，翅未展平即有交尾能力，交尾时雄虫腹末向前弯成钩形紧追雌虫，靠近后用抱握器夹住雌虫腹部末端交尾。一般为雌虫拖着雄虫跑或静止不动，交尾时间1～50min。产卵量一般50～100粒，最多250粒，堆产或散产于培养料上。成虫寿命3～5d，个别可活10d。成虫活跃，喜欢腐殖质，常在菇房培养料上爬行、交尾、产卵。成虫有趋光性，喜欢在菇房电灯周围飞翔或停在墙壁上，在有玻璃窗的菇房常常停在窗上爬行或交尾。

温度为13.5～21.5℃时，卵期一般为4～7d；温度为20～26℃时，卵期3～5d，孵化率94.8%。卵孵化不整齐，1个卵块1～3d孵化完，个别延长至4d。

幼虫一般4～5龄。初孵化的幼虫很小，体长仅为0.6mm；老熟幼虫体长达6mm。温度13.5～21.5℃，幼虫期9～17d，一般11～14d。幼虫喜在腐殖质丰富的潮湿环境中生活，覆土的栽培菌块上更多，浇水后幼虫在上面爬行；袋栽的菌块，幼虫多在袋的内壁爬行。幼虫喜食食用菌菌丝体、子实体原基，在危害菇蕾、子实体时常潜入其内钻蛀孔洞，一般先从基部危害，也常在菌褶内危害，严重时，菌柄被吃成海绵状，菌盖只剩上面一层表皮，最后枯萎腐烂。

蛹期2～7d，一般3～6d。在菇床上化蛹时大部分不做茧，个别做成小土茧，室内饲养时常做成薄茧化蛹。

（2）闽菇迟眼蕈蚊　闽菇迟眼蕈蚊喜在畜粪、垃圾、腐殖质和潮湿的菜园及花盆上繁殖，主要以幼虫危害双孢蘑菇、平菇、凤尾菇、香菇、金针菇、黑木耳、银耳等多种食用菌、药用菌，一般质地松软、柔嫩的品种受害较重。该虫以幼虫危害菌丝及子实体，幼虫多在培养料的表面取食，可把菌丝咬断吃光，使料面发黑，呈松散的米糠状，菇蕾被害干枯死亡。危害子实体时，先从接近料面的菌柄基部开始蛀入，逐步向上钻蛀。被害者轻则每朵子实体有3～4头虫，重者每朵子实体有幼虫300～400头，可将整个菌柄内部蛀空，菌柄外留下许多针眼大小的蛀孔，继而侵害菌褶、菌柄。

成虫有趋光性，飞翔能力强。成虫羽化4～5h后交尾，交尾时间最短40s，最长可达17min。雌虫交尾后，翌日产卵于土缝或培养料中，每处产卵可达40～219粒，雌虫一生产卵量300多粒。成虫寿命3～4d，长者为7～9d。在飞行转移时可携带病原菌及螨类。

初产的卵为乳白色，渐渐变褐色后孵化。温度为14～17℃、相对湿度为70％～85％时卵期为5～6d。

温度为14～17℃、相对湿度为70％～85％的条件下，闽菇迟眼蕈蚊的幼虫有5龄，幼虫期16～18d。幼虫有群居的习性，爬行时吐丝。

老熟幼虫爬行至土缝或培养料表面吐丝结薄茧化蛹，预蛹期1～2d。蛹初期为乳白色；2d后复眼为浅褐色，3d后为黑色；触角翅芽呈浅褐色；4d后蛹体变黑，在薄茧内不断摇动，离开薄茧到土表羽化。蛹期5～6d。在福州地区闽菇迟眼蕈蚊一般9月下旬到翌年3月初发生，多聚集在野外潮湿的菜园地和花盆上，一般一个生活周期为30～35d。

3. 防治方法

（1）注意清洁卫生，杜绝虫源　眼蕈蚊食性复杂，喜食腐殖质，常群居于不洁处，如菇根、弱菇、烂菇及垃圾处。菇房菌丝的香味常将此类害虫诱集而来。新菇房眼蕈蚊类害虫数量少，常不被重视，但收过两茬菇后，虫口密度渐渐加大，常造成灾害。所以以阻止虫源迁入是防治眼蕈蚊的重要环节和根本措施，要做的是消灭虫源，铲除眼蕈蚊滋生地。具体方法如下：①在种菇前要清洁菇房内外环境卫生，清除残余的菇根、弱菇、烂菇和垃圾，用药剂熏蒸杀虫。②在菇房门口、窗户和通气口安装60目纱网，预防成虫飞入菇房繁殖产卵。③在地道菇房的进出口要保持几十米黑暗，注意随时关灯，防止成虫趋光而入。④在菇房中一旦发现有眼蕈蚊发生，应及时捕捉消灭，以防止眼蕈蚊暴发成灾。

（2）加强菇房栽培管理，适时促菇控虫　①选用健壮菌种，促进菌丝快速生长。②采菇后要认真清洁料面，彻底清理菇根及烂菇并带出菇房集中深埋。③收完3～4茬菇后，应及时清除料块，并远离菇房高温堆肥发酵或喷药，避免眼蕈蚊继续在废料中繁殖。④严禁迭代栽培食用菌，旧食用菌栽培房栽培新菇时要彻底清除旧菌块，以免因眼蕈蚊在旧菌块中繁殖造成毁灭性的损失。⑤严禁食用菌混栽，一个菇房不得同时混栽多种食用菌。⑥科学管理水分，食用菌栽培房浇水过多易导致菌丝和菇蕾腐烂死亡，会诱发眼蕈蚊大量繁殖危害。

（3）及时杀灭害虫　眼蕈蚊生活周期短，繁殖能力强，必须治早、治彻底，稍不注意便会造成严重损失。考虑到食用菌的特殊性，不能滥用农药，可用物理或化学方法杀灭害虫。①利用成虫具有趋光性的特点，可用黑光灯或节能灯诱杀，在灯下放盆水，内加0.1％的敌敌畏乳油进行灯光诱杀；也可用粘虫板诱杀，用40％聚丙烯黏胶涂于木板上，挂在灯光强的附近，2个月左右换1次粘虫板。②虫害严重时，采菇后可使用低毒低残留的农药如25％噻虫嗪水分散粒剂3 000～4 000倍液喷洒料面。

（二）瘿蚊类害虫

食用菌真菌瘿蚊有多种，又称红蛆、白蛆、菇蚋，属于瘿蚊科（Cecidomyiidae）昆虫。以常见的真菌瘿蚊（*Mycophila fungicola* Felt）为例介绍如下。

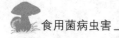
瘿蚊

1. 形态特征

成虫：雌虫体长约1.2mm，雄虫体长约0.8mm。头部、胸部背面深褐色，其他为灰褐色或橘红色。头小，复眼大，左右相连。触角11节，念珠状，鞭节上有环毛；雄虫触角比雌虫长。翅宽大，有毛，透明，前翅有3条纵脉、1条横脉。足细长，基节短，胫节无端距。腹部可见8节，雌虫腹部尖细，产卵器可伸缩；雄虫外生殖器发达，具1对钳状抱握器。

真菌瘿蚊

卵：略呈肾形，长约0.3mm，宽0.1mm，初产为乳白色，逐渐变为淡黄褐色。

幼虫：纺锤形，两性繁殖的初孵幼虫体长0.2～0.3mm，孤雌生殖（幼体生殖）的幼虫体长约1.5mm，老熟幼虫体长2.2～2.5mm；虫体共13节，无足。体色因环境或发育期不同而异，常为橘红色、橘黄色、淡黄色、白色。中胸腹面有一突出的剑骨，端部大而分叉。

蛹：裸蛹，长1.2～1.6mm，宽约0.27mm，初蛹前端白色，半透明，后端腹部橘红色或淡黄色；头的顶部有2根呼吸管（细毛状）。

2. 习性及发生规律　一年发生多代，成虫和幼虫都具有趋光性，光线强的地方虫口密度大。幼虫喜欢潮湿环境，可在水中存活多天。幼虫之间还可进行幼体繁殖，高温高湿条件下每周可繁殖一代，每头母体可胎生出20多头小幼虫，因此在短期内可大量发生危害。幼虫从母体口中或腹末钻出，最后剩下一张乳白色薄皮（体壁），不久溶化消失。刚出母体钻出的小幼虫很活泼爬行快，大龄幼虫不太活动，在正常条件下停在一处，吸食菌丝体内的汁液。

在干燥条件下，幼虫密集结成粉红色球状，以保证生存，环境适宜时继续迅速繁殖。气温5℃以下，以幼虫越冬；30℃以上，则以蛹越夏。成虫羽化后即可交尾，雄虫交尾后不久即死亡，雌虫则在培养料或土壤缝隙中产卵，每处产2～3粒卵，每雌可产卵10～28粒，雌虫产卵后1～2d即死亡。

真菌瘿蚊在秋、冬、春季的中低温时期以幼虫危害双孢蘑菇、平菇、银耳、木耳等食用菌的菌丝、菇蕾和子实体。发菌期真菌瘿蚊幼虫在培养料上危害，覆土后多数转移到覆土层危害绒毛状菌丝与子实体，菇蕾受害发黄、萎缩而死。子实体出土后，虫口密度小时主要集中在菇根上，虫口密度大时可扩散到整个菇体，可见菇体因幼虫钻入而呈现橘红色或淡红色。若菇少幼虫多时，覆土上呈现一层粉色物质。气温低时幼虫钻入菌肉的浅皮层中。真菌瘿蚊严重影响食用菌的产量和质量，造成食用菌生产损失严重。

3. 防治方法

（1）搞好环境卫生　种菇前应彻底清除菇房内外残余菇根、弱菇、烂菇和垃圾，有条件的可撒些石灰粉保持菇房环境干燥。上一年的废料一定要在种菇前2个月烧毁或深埋。菇房门窗应装纱窗纱门，减少瘿蚊成虫由室外飞入菇房。

（2）加强菇房管理　选用健壮菌种，促进菌丝快速生长。采菇后应认真清洁料面，彻底清除残余菇根和烂菇并带出菇房集中处理。科学水分管理，防止菇房湿度过高和料面过湿。在发现瘿蚊危害的地方撒上少量石灰粉，停止浇水，幼虫可自然死亡。

（3）及时消灭害虫　用物理或化学方法杀灭害虫。成虫有趋光性，可用黑光灯诱杀，或注意窗附近及灯光下，发现有虫应及时捕捉或喷药。虫害严重时，采菇后可采用25％噻虫嗪水分散粒剂3 000～4 000倍液喷洒料面。

（三）菌（蕈）蚊类害虫

菌（蕈）蚊属于双翅目菌（蕈）蚊科（Mycetophilidae）。我国分布较广泛且常发生并危害食用菌的主要种类有小菌蚊（*Sclophila* sp.）、中华新蕈蚊（*Neoempheria sinica* Wu et Yang）、草菇折翅菌蚊（*Allactoneuta valvaceae* Yang et Wang）等。

1. 形态特征

（1）小菌蚊　小菌蚊（图8-1）是危害食用菌的主要害虫之一，幼虫活动于培养料的表面，有群居性，喜欢在平菇菇蕾及菌丝中活动，除了蛀食外，还吐丝拉网将整个菇蕾及幼虫罩住，被丝网罩住的食用菌停止生长，逐渐变黄干枯而死，严重影响产量和品质。

成虫：雄虫体长4.5～5.5mm，雌虫体长5～6mm。体淡褐色，头深褐色，紧贴在隆凸的胸下；口器黄色，下颚须4节；触角丝状，共16节，长1.6mm，柄节和梗节粗壮，其余各节逐渐变细，第1～3节黄褐色，从第4节起逐渐呈褐色；复眼黑色，肾形，顶端逐步变窄；单眼3个，排成"一"字形，单眼周围黑色。胸部具褐色毛，背板向上隆凸呈半球形。前翅发达，透明，长3.8mm，宽1.6mm，径脉分3条，中脉分叉；平衡棒乳白色。足的基节长而扁，转节上有黑斑，胫节有3行排列不规则的褐刺，胫端有1对距。腹部7节，雄虫外生殖器显著，有1对铗形的抱握器；雌虫腹部末端的产卵管尖细。

卵：乳白色，椭圆形，长1mm左右。

幼虫：灰白色，长筒形，老熟幼虫体，长10～13mm，头部骨化为黄色，眼及口器周围黑色，头部的后缘有1条黑边。体分12节，前3节有时有黑色花纹，各节腹面有2排小刺，腹部刺较多。

蛹：乳白色，长6mm左右，头紧贴在隆凸的胸部，复眼褐色；腹部9节，褐色；气门边缘有显著的微小的黑斑。

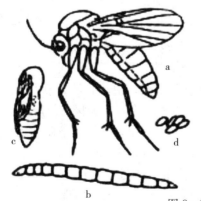

图8-1　小菌蚊

a. 成虫　b. 幼虫　c. 蛹　d. 卵　e. 雄成虫

（张学敏等，1994）

（2）中华新蕈蚊　中华新蕈蚊是常见的大型菌蚊，又名大菌蚊（图 8-2），属双翅目菌蚊科新菌蚊属（*Neoemoheria*），是双孢蘑菇和平菇等的重要害虫。

成虫：虫体黄褐色，长 5～6mm。头淡黄色或黄色，触角褐色，中间到头后部有一条深褐色纵带直穿单眼中间。单眼 2 个，复眼较大，约占头侧面的 1/2，靠近复眼的后缘有一前宽后窄的褐色斑。触角长 1.4mm，基部 2 节黄色均具毛，第 2 节毛比第 1 节毛长 1 倍多，鞭节 14 节，褐色；下颚须 3 节，褐色，第 3 节短于第 1、第 2 两节之和；胸部发达，有毛，背板多毛并有 4 条深褐色纵带，中间两条长，呈 V 形。前翅发达，有褐斑，翅长 5mm，宽 1.4mm。后翅退化为平衡棒。足细长，基节和腿节均淡黄色，胫节和跗节黑褐色，胫节末端有 1 对距。腹部 9 节，1～5 节背板后端均有褐色横带，中部连有褐色纵带。

卵：褐色，椭圆形，但顶端尖。卵背面凹凸不平，腹面光滑。

幼虫：初孵化的幼虫体长 1～1.3mm，老熟幼虫 10～16mm。幼虫头黄色，胸及腹部淡黄色，共 12 节；从第 1 节至末节均有 1 条深色波状线连接。

蛹：初化的蛹为乳白色，逐渐变成淡褐色，最后变为深褐色。蛹体长 5mm，宽 2mm。

（3）草菇折翅菌蚊　俗名灰蕈蚊，停息时翅能纵折，故名折翅菌蚊（图 8-3）。幼虫是危害草菇的重要害虫，是高温高湿季节的猖獗害虫，而高温高湿季节正是栽培草菇的盛期，幼虫在栽培草菇的料堆上吃菌丝、子实体和培养料，严重影响草菇的产量和质量。

成虫：雄虫体长 5～5.5mm，雌虫体长 6～6.5mm，体黑灰色，有灰毛，头顶黑色有光泽。复眼大，深褐色，几乎占据了整个头部；触角长 2mm，共 16 节，1～6 节为黄色，向端节逐渐变深褐色，柄节长为梗节的 2 倍；额长方形，头后缘有 32 根长刚毛；口器为黄色，下颚须 4 节，乳白色，有褐色毛，基节小，其余 3 节的长度比为 2：3：4。胸部中胸背板黑色闪光，侧板有金属光泽，光裸；胸后部有一些较长的刚毛，小盾片有 4 根刚毛。前翅发达，烟色，长 4mm，宽 2mm，翅脉深褐色，翅的顶角和外缘有轮廓不明显的褐斑；平衡棒为乳白色。足细长，基节的基部黑色，其余部分为黄色，在其端部有一些长短不齐的黑毛；前足和中足腿节为黄

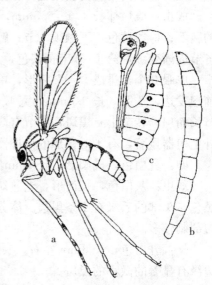

图 8-2　中华新蕈蚊
a. 成虫　b. 幼虫　c. 蛹
（李照会，2011）

色，后足腿节为黑色，胫节有较长的黑刺，端距前足 1 根，中、后足 2 根，乳白色；跗节末端有爪。雄虫腹部第 4 背板沿其基部有一黄色较宽横带，第 3、4 腹节的腹板为黄色，其余各节被黑色鳞片；雌虫腹部粗大，第 4 节横带也较雄虫的窄，仅第 4 节腹板为黄色。

卵：梭形，乳白色至黑色，有条纹，长 0.5mm，宽 0.16mm。

幼虫：乳白色，老熟幼虫长 15～16mm，共 12 节，透过体壁可见内部消化道，头黑色三角形，胸部第 1 节背面有 1 对"八"字形褐色斑点（4 龄以上才出现）。

蛹：灰褐色，长 5～6mm，复眼灰褐色，腹末附有化蛹时幼虫蜕下的头壳及皮。

2. 习性及发生规律

（1）小菌蚊　在 17～32.8℃下完成一个世代需 28d 左右。

成虫有趋光性，羽化后当天即可交尾，交尾多在 16：00 到翌日黎明。成虫活动力很强，一对雌雄成虫可交尾 1～7 次，每次交尾持续时间多数在 0.5～2h，个别的长达 284min。雌虫交尾后当日即可产卵，堆产或散产，产卵量从几粒到 270 余粒，多数在 20～150 粒，雌雄虫性比为 1∶2∶1。在 17.5～22.5℃下成虫寿命为 3～14d，一般为 6～11d。

在 17～24℃下卵经 2～8d 孵化，卵期一般 3～5d；卵的孵化率不整齐，一块卵通常要 2～4d 才能孵化完，个别长达 5d。

在 23～32.8℃从幼虫孵化到蛹一般经历 11～14d，幼虫 4 龄（蜕皮 3 次）为主，个别幼虫也有蜕皮 2 次和 4 次现象。

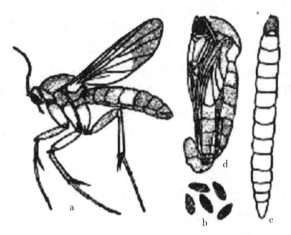

图 8-3 草菇折翅菌蚊
a. 成虫 b. 卵 c. 幼虫 d. 蛹
（张学敏等，1994）

幼虫有群居和拉网将菇蕾包住的食性，使菇蕾萎缩干枯而死。取食菌盖时可将菌褶吃成缺刻，取食菌柄时则咬成小洞，也可取食栽培的培养料。

在 17～22.8℃下，蛹期为 2～8d，一般为 3～4d，老熟幼虫先在培养料表面或边缘做一白色枣核形丝茧，幼虫在茧内化蛹。被害菌块或菌袋内常常见到两种外形不同的蛹，一种是正常的蛹，另一种则是被寄生的蛹。被寄生蛹质硬、发亮、色暗，胸不隆凸，头胸部不明显，但腹部节间明显。

（2）中华新蕈蚊 北京地区 6 月初至 7 月中旬为发生盛期，室温 22.5～30.5℃（平均 28.4℃）条件下，室内饲养完成一世代需 12～21d，平均 13.2d；成虫寿命 3～6d，平均 4.5d。交尾时间最长的可达 12h，短的 10min 就分开，交配一次的占 61% 左右。雌虫产卵最多者为 400 粒，最少者 10 粒，一般 50～350 粒。观察交尾成虫共 61 头，其产卵的延续期 1～5d，产卵 1d 的占 24.5%，连续产卵 2～3d 的占 65.5%，连续产卵 4～5d 的仅占 9.8%，不产卵的占 0.2%。卵多产于养虫缸的滤纸片上，也有少数产于缸壁上，未见孤雌生殖。成虫性静，停下后很长时间不动。有趋光性，菇房的墙壁、玻璃上及灯光下容易采到。

温度 28℃左右时，卵期 2～4d，平均 2.5d，卵期 2d 的占 92.8%。幼虫孵化前由卵尖端向后延伸开一长口，幼虫从内钻出。

初孵幼虫到处爬行，头不停地摇动。幼虫期 5～7d，平均 5.4d，虫龄 3～5 龄，4 龄的占 90.3%。幼虫有群居危害习性。在自然生长条件下，一丛平菇周围有几十条幼虫。幼虫可将原基、子实体及菌柄蛀成孔洞，有时也将菌褶吃成缺刻，被害子实体很快腐烂。在阴湿山洞和地沟栽培食用菌时容易发生，受害也重。但幼虫一般都在培养料表面危害，不深钻培养料内。

（3）草菇折翅菌蚊 北京地区 8—10 月成虫发生较多，在菇房 9 月为盛期，特别在露天栽培的草菇上发生量最大。92% 的成虫在上午羽化，成虫活跃，具有趋光性，常在窗前、花草上飞行。成虫自然交配能力很强，常在空中交尾后落在花上或叶片上，也有边飞边交尾的，交配时间长而频繁，从早到晚均可见到。但人工饲养的交尾能力弱，配对 81 头，仅见

20 对交配,交尾率仅 24.3%。每对雌雄成虫交尾次数在 1～5 次,交尾时间 4～75min 不等。没交尾的雌虫羽化后 2～4d 可进行孤雌产卵,但未见孵化幼虫。在室温 16.5～23.5℃(平均 19.7℃)、相对湿度 61.8% 的情况下,成虫产卵最少 8 粒,最多 224 粒,平均 89.7 粒,每头雌虫最多产卵 6 次,散产或堆产,卵的孵化率为 44.78%。在自然条件下成虫喜在暗处腐殖质上或培养料的缝隙产卵。雌成虫的寿命为 3～10d,雄成虫 2～8d。

卵多产于腐烂杂草或培养料上,初产的卵乳白色,2～3h 后变为淡灰色,然后逐渐变为黑褐色,在解剖镜下可见条纹。卵产后 3～9d 孵化,孵化的幼虫从腹面末端裂开的洞口爬出。

初孵幼虫体长 1.3～1.5mm,一般为 4 龄,幼虫历期 10～18d。幼虫怕光,喜欢潮湿及腐烂的环境,有群居现象,爬行时不断摇头,爬过处留有无色透明黏液,爬行很快,老熟幼虫有时有吃蛹的现象。

3. 防治方法

(1)加强菇房管理　保持菇房内外环境卫生,栽培场地应远离垃圾及腐烂物质堆积场所。采菇后,将旧料及早清除。菇房种第二批菇之前应彻底消毒,架子缝隙和地表的砖缝都可隐藏大量虫源,必须彻底清除。消毒时可用敌敌畏或菊酯类杀虫剂喷雾。

(2)隔离防护　为防止成虫飞入菇房在栽培料或原基处繁殖,应在菇房的门、窗和通气孔装窗纱,控制其大发生。

(3)人工捕捉　蕈蚊类害虫有群居习性,因成虫和幼虫比较大,故采菇后清理料面时应注意捕捉幼虫,袋装的培养料发生虫害后,从袋外将虫掐死即可。成虫有趋光性,常常飞到菇房窗上或灯光附近停息或交配,可用蝇拍扑打或灯光诱捕。

(4)保护利用天敌　小菌蚊蛹期可被一种姬蜂寄生,寄生率高达 50% 以上,应注意保护姬蜂。

(5)药剂防治　有报道,虫害严重时喷洒 90% 晶体敌百虫 1 000 倍液,对幼虫的致死率为 100%,对蛹的致死率为 90%;喷洒 90% 敌百虫晶体 500 倍液对幼虫和蛹的致死率均达 100%。5% 氟铃脲乳油或 75% 灭蝇胺可湿性粉剂 2 000～3 000 倍液,对幼虫的防治效果高达 96% 以上;或采用 25% 噻虫嗪水分散粒剂 3 000～4 000 倍液喷洒料面,效果也较好。喷完后用塑料布将菌袋(菌块)盖好。

(四)粪蚊类害虫

粪蚊

粪蚊又名邻毛蚊,属于双翅目粪蚊科(Scatopsidae),为小型粗壮的蚊类,虫体多呈黑色、光亮而少毛。头小,触角短粗,比头略长些,分 7～12 节;单眼 3 个,复眼发达。胸部大而隆起,腹部圆筒形,可见 6～7 节。足短,腿节粗大;翅端部圆,前缘 3 条脉粗壮,其他脉细弱。

幼虫头部明显,触角棒状有小分支;体 13 节,背面可见 11 节,腹气门 8 对,均有小突起,第 8 节呈棒状突起。生活于腐殖质、粪便中以及老树皮下。常大量发生于菇房里,幼虫危害菌丝及培养料。

食用菌栽培场所常见的粪蚊科害虫有黑粪蚊(*Scatopse* sp.)和广粪蚊(*Cobolidia fuscipes* Meigen)两种,均可危害毛木耳、银耳、鲍鱼菇、小平菇。

1. 形态特征

(1)黑粪蚊　黑粪蚊常发生于菇房或腐殖质多的环境,一般菇房清理出的废弃垃圾在

5 月初就可以发现成虫。

成虫：体长 1.7～2.1mm，体黑亮，少毛，是小型粗壮的蚊类。头小，触角短粗棒状，共 10 节；单眼 3 个，复眼发达。胸部高而隆起。翅长 1.5mm，宽 0.6mm，灰色，翅端较圆，翅脉 C、Sc 及 R 粗壮，黑色，其他脉较细。足短粗，腹部圆筒形，可见 7 节。

卵：长 0.15～0.2mm，初产的卵乳白色，孵化前变亮，长圆形。

幼虫：刚孵化出的幼虫体长 0.3mm，老熟幼虫体长 1.8mm，体稍扁，淡灰褐色。头黄色，头的后缘有一黑边，触角棒状，有小分支。体 13 节，背面可见 11 节，腹气门 8 对，有小突起，第 8 节呈棒状竖起。

蛹：体长 1.7mm，为扁平形，裸蛹，气门突明显，前气门突分叉，褐色。

（2）广粪蚊　广粪蚊可危害毛木耳、鲍鱼菇、白木耳、秀珍菇等。

成虫：体长 1.8～2.3mm，体黑亮，少毛，粗壮。头小，触角粗棒状，10 节，鞭节短而紧接；复眼发达，单眼 3 个。胸部高而隆起。翅端钝圆，翅脉 C、R_1、Rs 粗而色深，余脉均极细弱且色淡；前翅与腹部等长或稍短，具蓝色光泽。腹部圆筒形，可见 7 节。雄虫尾部具向下弯的钩状突起。

广粪蚊

卵：长圆形，长 0.1～0.2mm，宽 0.12mm，初产的卵乳白色，孵化前变亮。

幼虫：老熟幼虫体长 1.8mm，体稍扁，淡灰褐色。头黄色，体 13 节，腹部末节有 2 个对称的棒状突起。

蛹：裸蛹，体长 1.7～3.2mm，褐色，扁平形，两边气门明显。

2. 习性及发生规律

（1）黑粪蚊　北京地区 5 月初开始出现黑粪蚊成虫，6 月上旬为盛期，室内饲养温度在 25℃±2℃完成一代历时 28d 左右。成虫寿命 2～4d，平均 3d 左右，喜在晴朗的天气飞舞、交尾，但停下来时喜欢钻进黑暗的缝隙。交尾的成虫不活跃，多数静止不动，交尾时间一般都很长，最长的可达 10h 以上，但个别的交尾几分钟就分开，一般交尾时间是 4～5h。交配后当天产卵，以堆产为主，每堆产 20～60 粒不等，极少数为单产，最多者可产数百粒。产完卵后雌虫很快死亡，有些雌虫正在产卵即死亡。

卵期 2～3d，孵化前卵的颜色不变，但透明发亮。

幼虫 4 龄。初孵幼虫色稍白灰，头淡黄色；老熟幼虫体灰褐色，头黄色，蜕皮 3～4 次。喜潮湿和腐烂的环境，老熟幼虫不活跃，喜钻入腐烂的培养料块内或烂菇中。幼虫期 15～21d，一般 18～20d。

蛹期 2～4d，羽化时从头胸之间的背面开一纵缝。

黑粪蚊为双孢蘑菇栽培后期的害虫，在北京或较热的地区 5—6 月平菇栽培进入尾声，这个时期出菇少，管理也放松，烂菇增多，给黑粪蚊提供大发生的条件。

（2）广粪蚊　广粪蚊可危害毛木耳、白木耳、鲍鱼菇和秀珍菇等，该虫在管理不善的食用菌场以及烂菇多发的情况下发生危害严重。成虫具群居飞舞的习性，夜晚常飞集在灯光下，静止时喜钻入黑暗的缝隙内。幼虫嗜好潮湿和腐烂的环境，喜钻入腐烂的培养料内或烂菇中。

3. 防治方法

（1）注意环境卫生　及时清除菇房内外的垃圾，特别是菇房后期清理出的废料和老菌袋及料块不可堆于菇房附近，要立即妥善处理，不能使其成为粪蚊的发源地。废料高温堆肥处理后再用。

（2）物理或人工捕杀　成虫有群居飞舞的习性，发现后找到虫源将其高温处理或深埋。成虫飞舞时可用捕虫网捕捉，也是控制虫口密度的好办法。

（五）蛾蚋类害虫

1. 形态特征　蛾蚋又名蛾蠓或毛蠓，属于双翅目蛾蚋科（Psychodidae）。成虫多吸血，体微小或小型，体和前翅多毛似小蛾。头小，无单眼，触角比体短，但比头长得多，分12～16节。翅纺锤形，纵脉多而明显，至少有9条纵脉伸达翅缘，径脉R分4～5支，中脉M分3～4支；足或短或长。腹部可见6～8节，雄虫外生殖器明显。

蛾蚋

幼虫头明显，体长筒形，分12节，无足，体背面多有骨片或亚节。生活于腐殖质或污水中，有些种类常见于菇房内，如蛾蚋属（*Psychoda*）。

2. 习性及发生规律　危害毛木耳、平菇、杏鲍菇和双孢蘑菇等。生活于腐殖质和污水中，特别在菇房潮湿或积水处常见其成虫。

3. 防治方法　参照真菌瘿蚊的防治方法。

二、芒角亚目

蝇类属于芒角亚目（Aristocera），触角最多3节，少数只有1节，并有一触角芒；口器多适于舐吸液体或分泌唾液先溶化固体食物再吮吸，少数种类也可吸血。幼虫为蛆，无明显的头部；口器仅留1对口钩，有植食、肉食、腐食、粪食等各种习性。包括许多有害和有益的蝇类。蛹为围蛹，包在幼虫蜕下来的皮内，羽化时环状裂开，故又称为环裂亚目（Cyclorrhapha）。危害食用菌的蝇类害虫主要有以下几类。

（一）蚤蝇类害虫

蚤蝇属于双翅目蚤蝇科（Phoridae），为微小或小型的蝇类。头小，复眼大，单眼3个；触角3节。胸部大，腹部侧扁，可见8节。足的腿节宽扁，胫节有端距并多刺毛，头和虫体上也多生刚毛。翅宽大，仅前缘基部3条脉粗大，其余翅脉很细弱；也有短翅或无翅的种类（图8-4）。

幼虫体前端狭而后端宽，可见12节，体壁多有小突起，后气门发达，在1对突起上。蛹包在幼虫皮内，两端细，腹面平而背面隆起，胸背有1对角突；羽化时在背面呈"I"形裂开。幼虫生活在腐烂物质和粪便中，也有寄生的。

图8-4　蚤蝇成虫与幼虫

（黄年来，2001）

蚤蝇已知1 000种以上，分布在全球各地区。在种植食用菌场所很普遍，但多为腐生，尤其热天露地栽培草菇时蚤蝇发生较普遍，严重危害培养料和菌丝与子实体，常见白翅异蚤蝇（*Megaselia* sp.）、东亚异蚤蝇（*Megaselia spiracularis* Schmitz）、短脉异蚤蝇［*Megaselia curtineura* (Brues)］、蘑菇蚤蝇（*Puliciphora fungicola* Yang et Wang）等。

1. 形态特征

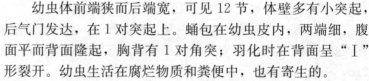

白翅异蚤蝇

（1）白翅异蚤蝇　白翅异蚤蝇食性杂，分布广，是福州地区菇房常见的害虫。

成虫：体长1.4～1.8mm，体褐色或黑色，最明显的特征是停息时体背上有两个显眼的小白点，是翅折叠在背面而成。头扁球形，复眼黑色，触角短小，近圆柱形，有触角芒，第3节暗红色，单眼3个，额宽，下颚须黄色。胸部隆起，中胸背板大，盾片小，呈三角形。翅白色，短，翅前缘基部直至径脉汇合处有微毛，径脉粗壮。足深黄色至橙色，腿节、胫节、跗节上密布微毛，中足、后足胫节端各有1距，跗节分为5节。

卵：白色，椭圆形。

幼虫：乳白色至蜡黄色，长2～3mm。

蛹：黄色。

（2）东亚异蚤蝇 东亚异蚤蝇可危害凤尾菇、茶树菇等。

雄虫体长1.2～1.5mm，雌虫体长1.4～2.2mm。淡黄褐色，头小，复眼黑色，触角第3节膨大呈圆形，触角芒分3节，具微毛。胸部大，隆起，有刺毛。腹节背面有黑色宽条纹，其中央黄色。前翅 R_1、R_{2+3}、R_{4+5} 脉明显增粗，颜色较深，其后部4条纵脉非常细弱，颜色较浅。足的腿节发达，中、后足胫节有距；基节、转节和腿节淡黄褐色，胫节和跗节色稍深；后足胫节背缘具栅（许多短毛紧密排成的纵毛列），在栅的前部有纤毛列（稀疏细毛排成的纵列）。雄虫腹部气门扩大，而雌虫腹部气门通常很小。

东亚异蚤蝇

（3）短脉异蚤蝇 短脉异蚤蝇（图8-5）是普遍危害食用菌的重要害虫之一。

成虫：体长1.1～1.8mm，黑色。复眼大，馒头形；下颚须土黄色，触角3节，芒状，基部膨大呈纺锤状。中胸背板隆起；胸足土黄色，基节和腿节粗大，足密布细小微毛；翅透明，长过腹部，翅前缘基部3支翅脉较粗壮，其他翅脉细弱。腹部圆筒形，8节，除末节外，腹部各节等粗，末节有2个尾状突。

（4）蘑菇虼蚤蝇 蘑菇虼蚤蝇分布于贵州省贵阳市，在野生小蘑菇上危害（图8-6）。

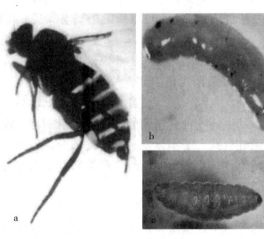

图8-5 短脉异蚤蝇

a. 成虫 b. 老熟幼虫 c. 蛹

（陈福如等，2016）

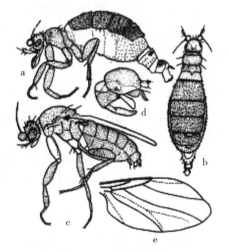

图8-6 蘑菇虼蚤蝇

a、b. 雌蝇 c. 雄蝇 d. 雌虫尾器 e. 雄虫前翅

（张学敏，1994）

雌蝇：无翅，体形似蚤，体长1.5～1.9mm，褐色至暗褐色。头与胸约等宽，略呈褐色；头部鬃发达，顶鬃2对，单眼前鬃1对，额前缘鬃2对，侧额鬃1对。触角球形，褐色，触角芒黄色，与头宽约等长；喙短粗，黄褐色，下颚须黄色。胸部愈合紧密，后胸背板较低，胸鬃在中胸背板后缘有2对，侧缘各有2根。足黄褐色，密布细毛；中后足胫节端部

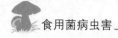

各有距 1 根，爪细而弯；后足基跗节长而宽，内侧有 6 排刚毛。腹部粗大，灰黄色，背板暗黄色，腹部 8 节，腹部侧面大部分有短刚毛，前 4 个侧面有无毛区；后腹节常缩入，伸出时呈管状。

雄蝇：体长 1.5～1.8mm，翅长 1.3～1.5mm。体色与雌虫相似，足的基节色极淡。头部和胸部的鬃较多，有发达的翅，平衡棒褐色。腹部背板宽大，第 5 节无孔和盖。

2. 习性及发生规律 蚤蝇种类多，是食用菌的重要害虫，以白翅异蚤蝇和短脉异蚤蝇最为常见，危害双孢蘑菇、香菇、平菇、草菇、杏鲍菇、茶树菇、鸡腿蘑等。

（1）白翅异蚤蝇 白翅异蚤蝇成虫行动迅速，活跃。温度在 14～18℃时，28～35d 繁殖 1 代。福州地区发生期在 6 月至 7 月上旬。白翅异蚤蝇喜欢高温，主要以幼虫危害，幼虫可危害培养料、菌丝和子实体，先从食用菌菇蕾基部侵入，在菌柄内上下蛀食，咬食柔嫩组织，使子实体变成海绵状，最后将菇蕾吃空。盛夏季节发生尤为严重，危害一些高温型食用菌，如平菇、草菇、杏鲍菇等。因体小隐蔽性强，往往进入暴发期后才被发现。在福州发生在平菇上，1 周左右便造成灾害，菇蕾的被害率可达 60％以上。

食用菌房通风不良、湿度过大以及死菇、烂菇不及时处理，常造成白翅异蚤蝇成虫产卵、繁殖危害，且滋生青霉和木霉。菇房内覆土层湿度越大，发生越严重。幼虫老熟后在覆土层或培养料表层内化蛹。

（2）短脉异蚤蝇 短脉异蚤蝇是一种小型昆虫，性喜高温。成虫白天活动，趋腐性强。一年中危害期在 3—11 月，此期间气温在 15～35℃，危害高峰期在 7—10 月。第一代成虫在气温达到 15℃时开始活动，并在食用菌培养料上或周围跳跃产卵，卵多产在菌丝浓密处，7～10d 孵化出幼虫，并钻入菌袋咬食菌丝。第二代成虫在 4—5 月产卵，第三代时出现世代重叠现象。15～25℃条件下，繁殖 1 代 35～40d；30～35℃条件下，繁殖 1 代 20～25d。其中卵期 3～5d，幼虫期 8～10d，蛹期 5～7d，成虫寿命 5～8d。11 月以后，当气温降至 15℃以下时，以蛹在食用菌培养料或土壤缝隙中越冬。

短脉异蚤蝇喜好取食平菇、草菇、鸡腿蘑等高温型食用菌品种，主要以幼虫咬食食用菌菌丝和子实体。幼虫在食用菌培养料上咬食菌丝，导致杂菌大量繁殖，使培养料变黑变黏，形成大量粉末状物。幼虫通常先从表层菌丝蛀食逐渐深入到内层，只蛀食新鲜的菌丝，甚少咬食老化的菌丝，影响食用菌菌丝的生长和出菇。幼虫还咬食食用菌的小菇蕾和菌柄，导致子实体停止生长发育，严重时造成子实体内部布满蛀食孔，子实体发黄或萎蔫枯死。短脉异蚤蝇在取食过程中，还可排泄出影响子实体生长的毒气，使菌丝体变红，严重影响食用菌的产量和质量。

3. 防治方法

（1）卫生措施 首先要搞好食用菌栽培场所内外卫生，菇房应远离田野，应铲除菇房四周的杂草；种菇前和采菇后要彻底清除残余食用菌废料和垃圾，虫源多的废料要及时销毁，防止继续繁殖危害。

（2）加强栽培管理 不要将发菌袋和出菇袋放于同一栽培场所，以免成虫趋向发菌袋产卵危害。另外，食用菌房、培养床和培养料的湿度不能过高，应避免直接向食用菌子实体猛烈喷水，防止食用菌培养床积水，以减少蚤蝇大发生。

（3）诱杀灭虫 利用成虫的趋腐性，用糖酒醋液诱杀成虫；应用电子灭蝇器、高压静电灭虫灯诱杀成虫；在食用菌栽培场所内挂黄色粘虫板捕杀成虫。

（4）药剂防治　蚤蝇类害虫的发生期不整齐，且会钻入食用菌培养料内危害，因此在防治上应以杀灭成虫为主。在食用菌生产过程中应密切监测蚤蝇类害虫的发生情况，及时选用安全、高效、低毒的杀虫剂进行防治。可选用4.5%高效氯氰菊酯水乳剂1 000～1 500倍液、25%除虫脲可湿性粉剂750～1 500倍液、25%噻虫嗪水分散粒剂3 000～4 000倍液等药剂对栽培场所、培养料、菌袋表面等喷雾处理，注意采收前7d禁用任何药剂。

（二）果蝇类害虫

果蝇科（Drosophilidae）昆虫种类很多，其中果蝇属（*Drosophila*）、菌果蝇属（*Mycodrosophila*）的许多种类均可取食危害食用菌。下面以黑腹果蝇为例加以介绍。

黑腹果蝇（*Drosophila melanogaster* Meigen）是危害食用菌的优势种，在我国食用菌产区均有分布，可危害双孢蘑菇、黑木耳、毛木耳、金针菇、平菇、香菇等。

1. 形态特征

黑腹果蝇

成虫：雄性体长约2.6mm，雌性体长约2.1mm，体黄褐色；复眼有红色、白色变型；腹部末端有黑色环纹。雌成虫腹部末端钝而圆，颜色深，有黑色环纹5节；雄成虫腹部末端尖，颜色较浅，有黑色环纹7节。雌成虫的前足跗节前端表面有黑色鬃毛梳，称性梳；而雄成虫前足跗节则无性梳。

卵：乳白色，香蕉形，长约0.5mm，外有细胞组成的角形小格卵壳，背面前端有1对隐约可见的触角。

幼虫：蛆形，共3龄；老熟幼虫体长4.5～5mm，幼虫在化蛹时爬至较干燥的袋壁上，末龄幼虫在皮壳中化蛹。

蛹：围蛹，蛹长3.1～3.5mm，初期白而软，后逐渐硬化，变为黄褐色，最后羽化为成虫。

2. 习性及发生规律　黑腹果蝇成虫对腐熟的有机物质具有强烈的趋性，一般喜欢在腐烂的水果和食用菌发酵培养料上取食和产卵繁殖。产卵时，腹部弯起将产卵器插入腐殖质内，每次产2～8粒卵，卵呈散沙状分布。初孵化幼虫和低龄幼虫群集取食，老熟幼虫则四处爬行取食，并选择较干燥的场所或菌袋壁化蛹。

影响黑腹果蝇生活周期的主要因素是温度。黑腹果蝇在10～30℃都能产卵繁殖，10℃条件下，由卵至幼虫需57d；15～20℃条件下，卵期2～3d，幼虫期5～8d，蛹期5～9d；当黑腹果蝇繁殖在最适宜温度范围20～25℃时，黑腹果蝇完成1代发育只需12～15d；但温度升至30℃以上时，黑腹果蝇成虫即不再产卵繁殖最终死亡。

黑腹果蝇以幼虫取食食用菌的菌丝和子实体。幼虫在食用菌的培养料面上咬食菌丝，导致杂菌大量繁殖，使培养料变黑变黏，形成大量粉末状物，影响食用菌菌丝正常生长和出菇；幼虫还咬食食用菌的小菇蕾和菌柄，影响子实体形成和生长发育，严重时造成子实体发黄或萎蔫枯死，受害部位常发生水渍状腐烂，影响食用菌的产量和质量。

3. 防治方法　参照蚤蝇类害虫的防治方法。

（三）蝇科类害虫

属于双翅目蝇科（Muscidae）的食用菌害虫主要有两种，厩腐蝇〔*Muscina stabulans*（Fallen）〕和家蝇（*Musca domestica* L.）。

1. 形态特征

（1）厩腐蝇　厩腐蝇（图8-7）可危害生料栽培的平菇，河南部分地区菇场发生率高达86%，料袋的带虫率为11.4%。幼虫食量大，严重影响菌丝和子实体的形成。

成虫：体长 6～9mm，暗灰色。复眼褐色，下颚须橙色，触角芒长羽状。胸部黑色，背板有 4 条黑色纵带，中间两条较明显，两侧的两条有时间断，小盾片末端略带红色，前胸基

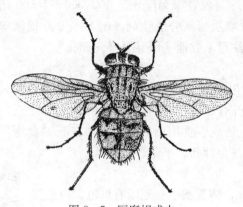

腹片、前胸侧板中央凹陷，无毛，前中侧片鬃常存在，中鬃发达。翅前缘刺很短，翅脉 M_{1+2} 末端向前方略呈弧形弯曲，翅肩鳞及前缘基鳞黄色，后足腿节端半部腹面黄棕色。

卵：椭圆形，长 1mm，白色。

幼虫：体长 8～12mm，白色，头端尖，腹部末端截形；老熟幼虫体近淡黄色。头部口钩黑色，腹部末端的后气门黑色，气门开口，1 龄幼虫为 1 裂，2 龄幼虫为 2 裂，3 龄幼虫则为 3 裂并扭曲呈三叉排列。

图 8-7　厩腐蝇成虫

蛹：长椭圆形，长 6～8mm，体表光滑，红褐色至暗褐色。

（2）家蝇　家蝇（图 8-8）幼虫大多滋生于人畜粪便及生活垃圾中，少数幼虫为杂食性，常在食用菌栽培过程特别在棉籽皮发酵过程中存在。有学者调查双孢蘑菇害虫曾发现双孢蘑菇培养料的每个饲养缸中均可见家蝇成虫羽化。

成虫：中型蝇类，体长 5～8mm，灰褐色。复眼显著，眼暗红色，有微毛或无毛；触角灰黑色，触角芒长羽状。足黑色，有灰黄色粉被；前胸背面有 4 条黑色纵条纹，前胸侧板中央凹陷处具纤毛；翅脉棕黄色，前缘脉基鳞黄白色，第 4 纵脉（即 M_{1+2} 脉）末端呈角形上弯，与第 3 纵脉几乎相接。腹部椭圆形，常带黄、橙等色，尤其在基部两侧，并有黑色或棕色的条或带，或带有粉被色斑；腹部第 1 腹板具纤毛，腹部正中有黑色宽纵纹；雌雄区别为雄额宽为眼宽的 2/5～1/4，雌额宽几乎与 1 个复眼等宽。

图 8-8　家蝇成虫

卵：长茄形，长 1mm 左右，乳白色，后期栗褐色。

幼虫：俗称蛆，老熟幼虫长约 12mm，无足，前端尖，末端斜截。

蛹：围蛹，两端较细，老熟蛹为红褐色。

2. 习性及发生规律

（1）厩腐蝇　在河南省西部地区以成虫在菜窖、牲畜棚或废弃窑洞、旧食用菌栽培场所等处越冬。3 月中下旬越冬成虫开始活动，5 月下旬至 7 月上旬达高峰。入伏后虫量下降，9 月中旬虫量开始再度回升。成虫不喜欢强光，但对糖醋酒液有趋性。

成虫产卵一般十多粒至数十粒成堆产，多产于食用菌发酵料的表面或发酵堆的四周。出菇期产于子实体基部或培养料袋的表面，卵期 1～2d。

幼虫共 3 龄，孵化后即可危害，有群居危害习性。在食用菌栽培场所，幼虫于 4—6 月及 9 月下旬至 10 月下旬危害平菇培养料和子实体。幼虫危害培养料可使食用菌局部变湿，引起杂菌感染，影响菌丝生长；危害子实体则使幼嫩菇蕾枯死、腐烂，造成绝收。幼虫期

10～12d。

　　多在老熟幼虫危害部位的缝隙中化蛹，蛹期5～7d。

　　温度在15.6～25.8℃和相对湿度63%～88%条件下，完成一个世代为18d左右。

　　(2)家蝇　气温升到15℃以上，家蝇成虫开始活动；在25～35℃，家蝇繁殖迅速，繁殖1代只需10～15d，其繁殖力很强，每头雌虫平均产卵量为600～800粒。

　　家蝇成虫喜欢产卵于食用菌堆料中，卵及孵化后的幼虫随培养料进入食用菌栽培场所，幼虫取食培养料及菌丝，严重时菌丝被吃光而绝收。播种后5～10d，虫口密度达到高峰，成虫羽化后飞出菇房，故未见危害子实体。在高温期覆土栽培的草菇、双孢蘑菇等品种上，当食用菌原基形成、菇蕾成长期，成虫产卵于菇体上，幼虫取食原基造成原基消失和腐烂；幼菇菌柄被蛀食，使菇体发黄、萎缩和倒伏。据报道，若夏季草菇发酵料处理不当，在出菇期将导致食用菌培养场所内幼虫暴发成灾；在夏季拌料和装袋期间，若料内添加了糖分和麸皮，也会吸引大量的家蝇成虫取食和产卵，并钻入菌种瓶内产卵危害。

　　3. 防治方法　①发酵室应密闭，用空调调节温湿度，遮光，防止家蝇成虫飞入产卵危害。②发酵料应及时翻堆和二次发酵，发酵料进菇房前应喷药消毒，并闷堆1～2d。③高温期拌料，不宜加入糖分，同时菌种瓶要洗干净消毒灭菌，防止棉花塞受潮。④发现食用菌栽培场所有成虫时，可在菇房设诱杀盆，用白酒0.5份、水2份、红糖3份、醋3.5份，再加入少量敌百虫或敌敌畏进行诱杀。

三、其他双翅目害虫

　　双翅目食用菌害虫除了上述几个科的昆虫外，国内外还有一些次要害虫可危害食用菌，如小粪蝇科（Borboridae）的部分种类。1993年M. D. An Stin曾在英格兰黄特群岛的菇房中采到一种小粪蝇（*Limosina ferrnginata* Steck）；我国福建的菇房中也发现有小粪蝇个别种，但是否取食危害未见报道。张绍升等发现，菇斑蝇、菇实蝇和菇黄潜蝇等3种未定名害虫的幼虫也可在双孢蘑菇、香菇、平菇、银耳、黑木耳、毛木耳、灵芝和鲍鱼菇上危害菌丝体、子实体，导致食用菌菌丝和料面发生水渍状腐烂、子实体枯萎和腐烂，影响上述食用菌的品质和产量。此外，长角亚目的大蚊科（Tipulidae）和摇蚊科（Chironomidae）等个别种类会危害食用菌，如菌大蚊属（*Ula*）为食菌性的，有报道称香菇菌大蚊（*U. shiitakeuora* Okada）在日本危害香菇。

第二节　鞘翅目害虫

一、鞘翅目昆虫特征

　　食用菌害虫中最难辨认的是甲虫类，原因是其种类繁多，除一部分甲虫类以成虫食害食用菌外，多数是以幼虫取食危害，可危害生产期食用菌，也可对食用菌干制品造成威胁。幼虫难鉴定，往往只有养到成虫才可进行鉴定。在食用菌上栖息的甲虫有的是害虫，有的则是捕食性天敌昆虫，应注意辨别。

　　鞘翅目（Coleoptera）昆虫通称甲虫或甲壳虫，身体坚硬。头部形状各异，口器为咀嚼式；复眼发达，少有单眼；触角常分为11节，类型多样。胸部3节，前胸外露，背板发达自成一片；中后胸背板只露出一小块称为中胸小盾片的构造。3对胸足的基节着生处为基节窝，基节窝开放与封闭是常用分类特征：前胸前足基节的后方被骨片包围称为基节窝封闭式，如与膜相连则是开放式；中后足基节的外侧如与后侧片接触为基节窝开放式，被腹板隔开则为封闭式。足的类型、各节的形状（特别是基节）、跗节的节数以及爪的变化等均为鞘翅目昆虫重要分类特征。翅 2 对，除少数翅退化或完全无翅外，一般前翅为角质且无翅脉，或长或短，覆盖在胸腹背上，称为鞘翅，左右鞘翅汇合处称为鞘翅中缝，外侧向下包折处称缘折；鞘翅上常有刻点、沟、脊、毛、鳞片等；后翅膜质，可纵横折叠而藏在鞘翅下。腹部背板多呈膜质，鞘翅短的常露出一些腹节，外露的背板仍为角质；腹板则均硬化，一般可见 5 节或 6 节甚至 7～8 节。肉食亚目（Adephaga）的第 1 腹板被后足基节窝分隔成左右两片；多食亚目（Polyphaga）的第 1 腹板不被后足基节窝所切割（图 8-9）。

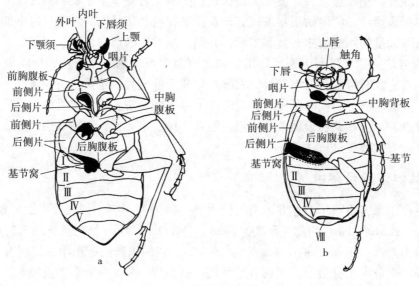

图 8-9　鞘翅目腹面特征

a. 肉食亚目　b. 多食亚目

（雷朝亮，2011）

鞘翅目昆虫的幼虫只有 3 对胸足，没有腹足；有些胸足很小，甚至完全无足。头部明显，口器咀嚼式；体多呈筒形，或略宽扁，或呈纺锤形、蛴螬形（体弓弯）等。体壁一般较硬或柔韧，光滑或有毛、突起等；体末端为第 9 腹节，背面常有成对突起，称为臀突。蛹为裸蛹。

二、常见食用菌鞘翅目害虫

鞘翅目是昆虫纲中最大的目，已知 35 万种以上，分 180 多科，习性复杂。食菌的鞘翅目害虫主要包括下面几个科。

（一）大蕈甲类害虫

大蕈甲类害虫属于大蕈甲科（Erotylidae）。大蕈甲科昆虫种类较多，约 2 000 种，拉丁美洲种类最丰富，约占 50%。成虫常见于朽木和树皮下，往往一处有许多集聚；幼虫均以食用菌为食，野生或栽培的食用菌常深受其害，是危害食用菌的重要害虫。常见可危害食用菌的包括凹黄大蕈甲（*Dacne japonica* Crotch）和二纹大蕈甲（*Dacne picta* Crotch）。

1. 形态特征

（1）凹黄大蕈甲　凹黄大蕈甲又称日本细大蕈甲，在日本九州地方宫崎县普遍危害香菇，羽化晚的成虫也食害干香菇。在中国，该虫是贮藏期干香菇的重要害虫，被害后的香菇完全失去经济价值。

凹黄大蕈甲

成虫：体长 3.0～4.5mm，体表有金属光泽。头部黄褐色，触角 11 节，深褐色。前胸背板宽大于长，黄褐色，中间较深；鞘翅基部内缘各有 1 个方形黑斑，鞘翅基半部黄褐色斑纹呈不规则的"凹"字形，端部为黑色；足黄褐色，较细。

卵：长椭圆形，长 0.5mm，淡褐色。

幼虫：初孵幼虫长 0.8mm，老熟幼虫长 5～6mm，黄白色，头部棕褐色，足淡黄褐色。

蛹：裸蛹，长 4～5mm，淡黄色。眼黑色，口器两端各有 1 红点，体背各节有 1 对红棕色的毛斑。

（2）二纹大蕈甲　二纹大蕈甲（图 8-10）在国内分布于浙江、广东，国外分布于日本。可严重危害干香菇，还危害皮毛等。

成虫：体长 2.8～3.3mm。前胸背板四周、足、触角及鞘翅近肩部橘黄色，前胸背板中部及鞘翅大部分黑色。触角 11 节，末端 3 节膨大形成触角棒。小盾片半圆形。鞘翅黑色，每鞘翅近基部有一斜形橘黄色带，自肩角向后延伸，两翅上的淡色带在翅中部不相接，形成倒"八"字形，翅端赤褐色。头及前胸背板疏布刻点，鞘翅的刻点行间又有成行的细刻点。

图 8-10　二纹大蕈甲
（孟召娜，2015）

2. 习性及发生规律

（1）凹黄大蕈甲　该虫在自然条件下每年可发生 2 代，室内发生 3～4 代。以老熟幼虫及成虫越冬，越冬成虫 4 月上旬开始活动，4 月中旬至 5 月中旬成虫交尾产卵，交尾多在晚上及早 9：00 以前。成虫有假死性，喜群居。卵散产于菌褶上，5 月下旬至 6 月孵化为幼虫，6 月下旬化蛹，7 月下旬羽化为成虫，8 月中旬交尾产卵。9 月上旬新一代卵开始孵化为幼虫，10 月下旬以老熟幼虫越冬。越冬的老熟幼虫于翌年 4 月上旬出蛰，5 月上旬开始化蛹，到 6 月下旬全部羽化为成虫，7 月中旬交尾产卵，8 月下旬孵化为幼虫，至 10 月上旬化蛹，10 月中下旬羽化为成虫，并以成虫越冬。

凹黄大蕈甲主要危害贮藏的干香菇、木耳等，成虫和幼虫均可危害，尤其嗜食半干半湿的香菇。幼虫主要钻蛀取食，从菌盖或菌柄侵入，也可从菌褶处蛀入，在表面留下直径为 1～1.5mm 的小圆孔。若在子实体内取食，则形成大量弯曲的虫道，菌肉被吃光仅残存菌盖表皮，严重时将香菇子实体蛀食成粉末状。幼虫历期长，取食量大，越冬死亡率为 18%，其中被真菌寄生死亡的占 2.3%。

（2）二纹大蕈甲　该虫在自然条件下一年发生 2 代，室内发生 3～4 代。成虫喜黑暗，常隐蔽于蛀食孔道内。成虫有假死性。卵多产于菌盖内，产卵前用口器开凿一卵室，在窝内产一卵。初孵幼虫爬出卵室，爬行一段时间，然后从菌盖蛀孔侵入，也可从菌褶或菌柄蛀入。幼虫在子实体内纵横取食，形成弯曲的孔道。老熟幼虫在孔道内或爬出孔道化蛹。

成虫和幼虫均可对香菇造成严重危害，尤其嗜食潮湿的香菇。

3. 防治方法　注意库房内外环境卫生以减少虫源，贮藏室存菇前应喷药或熏蒸，且应保持干燥，空气相对湿度控制在 65％以下；食用菌（香菇等干制品）入库前要进行晒烤、烘干、冷冻等，并经严格筛选后贮藏，避免将大蕈甲类害虫带入库房；已见害虫危害的要立即清除，可熏蒸处理。

（二）木蕈甲类害虫

木蕈甲也称为圆蕈甲，日本称为筒蕈虫，属于木蕈甲科（Cisidae），木蕈甲科已知 400

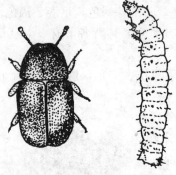

多种。成虫虫体微小至小型，体长 1.5～4.5mm，体圆筒形，黄褐色至黑色，体背密布刻点和毛；触角 8～10 节，端部 3 节膨大；足短小，跗节 4 节；鞘翅全盖腹背，腹部腹板 5 节（图 8-11）。

幼虫体细长，腹端有臀突，触角和胸足均发达；常见大量聚集于朽木中，取食危害食用菌的有中华木蕈甲（*Cis chinensis* Lawrence）和灵芝木蕈甲（*Cis* sp.）。

1. 形态特征

（1）中华木蕈甲　分布于国内大部分地区，严重危害贮藏的干灵芝。

图 8-11　木蕈甲科成虫和幼虫
（张学敏等，1994）

成虫：体长 1.7～2.2mm，红褐色，背面显著隆起，着生淡黄色半直立短毛。触角 10 节，末 3 节形成松散的触角

中华木蕈甲

棒。雄虫头部额唇基区突出成 4 个齿，外侧的 2 个较宽而钝，生于额区；中间的 2 个较狭而尖，位于唇基区。雌虫头部额唇基区不明显突出而呈三波状。雄虫前胸背板前缘强烈突出，中央凹入，形成 2 个靠近的齿突；雌虫前缘圆形无明显齿突。前胸背板侧缘弧形，边缘具小齿。雄虫第 1 腹板中央有一圆形毛窝。

（2）灵芝木蕈甲　严重危害贮藏的干灵芝。

灵芝木蕈甲

成虫：体长 1.3～1.7mm，红褐色。雄虫头部有 2 个耳片状突，雌虫无此构造。雄虫前胸背板前缘强烈突出，中央凹入，形成 2 个靠近的齿突；雌虫前缘圆形无明显齿突。

2. 习性及发生规律　两种木蕈甲均危害灵芝，菌柄及菌盖被幼虫蛀食后出现孔洞。常聚集于朽木中，山地种灵芝，若周围林木多，管理不善或采收过迟，则极易遭受其危害。

3. 防治方法　彻底清除食用菌场内外及周边的破旧木材和腐朽林木；加强管理，及时清除虫伤食用菌废料，烧毁或深埋；子实体成熟后应适时采收，采收后要及时干燥处理，并经严格筛选后贮藏，保持贮藏室的密闭、干燥和卫生。

（三）窃蠹类害虫

窃蠹类害虫属于鞘翅目窃蠹科（Anobiidae），中小型甲虫，体长小于 10mm。身体卵圆形或椭圆形。触角 8～11 节，锯齿状、栉齿状或棒状。头下口式，前胸背板呈风帽状遮盖头部。腹部可见腹板 5 节，每节约等长。前足基节球形，后足基节斜形，跗节 5 节。

该科全世界记录 2 000 多种，大致可分为取食木材类及取食食用菌类两大类。一些取食木材类的种类食性演化成可取食植物种子、干燥的动物性物质及书籍等。其中烟草甲

（*Lasioderma serricorne* Fabr.）和药材甲［*Stegobium paniceum*（L.）］是两种重要的仓储害虫，可危害众多贮藏品，包括食用菌干制品。

1. 形态特征

（1）烟草甲　烟草甲（图8-12）严重危害贮藏的烟叶及其加工制品，也危害可可豆、豆类、粮食、纸张、干果等；其幼虫可蛀食香菇、茶树菇等食用菌干制品。我国大部分地区都有分布。

成虫：体长2~3mm，卵圆形，红褐色，密被倒伏状淡色绒毛。头隐于前胸背板之下。触角淡黄色，短，4~10节锯齿状。前胸背板半圆形，后缘与鞘翅基部等宽；鞘翅上散布小刻点；前足胫节在端部之前强烈扩展；后足跗节短，第1跗节长为第2跗节的2~3倍。

卵：长椭圆形，长约0.5mm，淡黄色。

幼虫：体长3~4mm，蛴螬形，淡黄白色，密生白色细长毛。头部淡黄色，额中央两侧各有一纵行深色斑纹，在此斑纹外侧端部附近各有一近方形深色斑纹。

蛹：椭圆形，长约3mm，乳白色。复眼明显。前胸背板后缘两侧角突出。

（2）药材甲　药材甲（图8-13）危害谷物、食品（包括食用菌干制品）、中药材、图书、档案等。世界性分布，我国大部分地区都有分布。

成虫：体长1.7~3.4mm，长椭圆形，黄褐色至深栗色，密生倒伏状毛和稀的直立状毛。头被前胸背板遮盖。触角11节，末3节扁平膨大形成触角棒（棒节），3个棒节长之和等于其余8节的总长。前胸背板隆起，正面观近三角形，与鞘翅等宽。鞘翅肩胛突出，有明显刻点行。

卵：椭圆形，乳白色，长约3mm。

幼虫：体长4mm，蛴螬形，近白色，密生金黄色直立细毛。大部分体节背面具微刺。

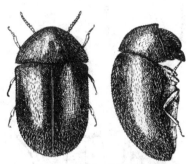

图8-12 烟草甲
（张生芳等，1998）

蛹：长椭圆形，长约4mm，乳白色。触角形状与成虫相似，末端3节扁平。

2. 习性及发生规律

（1）烟草甲　每年发生代数因地而异。低温地区1年发生1~2代，高温地区发生7~8代，一般年份发生3~6代；主要以幼虫越冬，少数以蛹越冬。贵州、河南、安徽1年发生2~3代，湖南3~4代，福建4代。3月中旬越冬幼虫开始化蛹。成虫寿命和幼虫龄期与营养、温度、湿度等密切相关。成虫不取食，具假死性、畏光、善飞，寿命一般为14~40d，温度越高、湿度越低，成虫寿命越短。不同温度下，雌成虫的寿命一般高于雄成虫。雄成虫寿命为10~20d，雌成虫可存活20~40d不等。成虫一生产卵103~126粒，卵期7d左

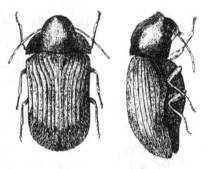

图8-13 药材甲
（张生芳等，1998）

右。幼虫孵化不久即蛀入烟叶或食用菌等中取食；幼虫一般5龄或6龄，少数4龄或7龄；幼虫喜黑暗，有群集性，幼虫期约45d；幼虫可蛀食香菇、茶树菇等干制品，严重时被蛀成粉末状。

（2）药材甲 一般1年发生2～3代，温暖地区可发生4代或4代以上，以幼虫越冬。在22～25℃条件下，卵期10～15d，幼虫期50d，蛹期10d。幼虫4龄。成虫有趋光性，羽化后在蛹室内停留数天，然后蛀孔外出，羽化孔径1.0～1.5mm。成虫交尾后不久即可产卵，每头产20～120粒。

该虫适宜发育温度范围为15～35℃，最适温度为25～28℃；发育的相对湿度范围为30%～100%，最适相对湿度是95%。最适条件下完成1代需要40d，成虫寿命13～85d。

3. 防治方法 参照凹黄大蕈甲的防治方法。注意香菇、茶树菇等不要与中药材、粮食等感虫物品混合贮藏。

（四）谷盗类害虫

谷盗类害虫包括土耳其扁谷盗［*Cryptolestes turcicus*（Grouvelle）］、锯谷盗［*Oryzaephilus surinamensis*（Linnaeus）］、赤拟谷盗［*Tribolium castaneum*（Herbst）］。

1. 形态特征

（1）土耳其扁谷盗 土耳其扁谷盗（图8-14）属于扁甲科（Cucujidae），为面粉及饲料加工厂的重要害虫，可危害谷物、面粉、干果、可可、香料、椰肉及中药材，还可危害贮藏的干香菇和灵芝。

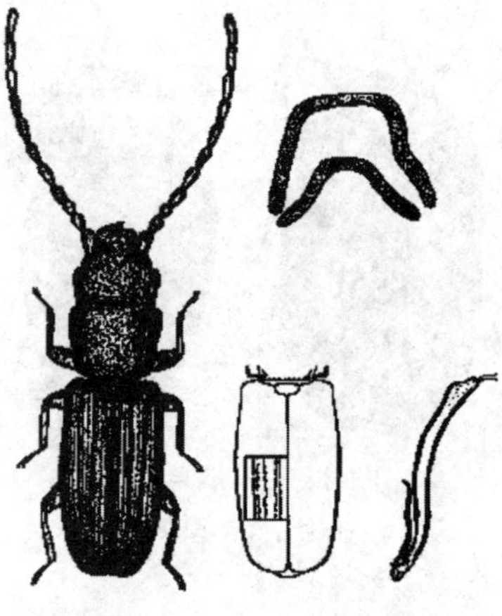

成虫：体长1.5～2.5mm，赤锈色，有光泽。雌雄虫触角均较长，雄虫触角末端3节基部细小，端部粗大，雌虫触角基部数节近似念珠状。前胸背板近似正方形，后缘角略尖，鞘翅长度为宽度的2倍。

卵：长0.4～0.5mm，椭圆形，卵壳软薄，乳白色。

幼虫：体长3.0～4.0mm，扁长形，后部较肥大，乳白色到淡黄色，头和尾部淡黄色到褐色。腹末有长而尖的臀叉，前胸腹面的丝腺末端明显弯向腹中线；臀叉尖端略向内弯，叉尖距离小于臀叉的长。

蛹：长1.5～2.0mm，淡黄色，头顶宽大。

图8-14 土耳其扁谷盗
（张生芳等，1998）

（2）锯谷盗 锯谷盗（图8-15）属于锯谷盗科（Silvanidae），几乎对所有的植物性贮藏品均可造成危害，包括贮藏的食用菌干制品。

成虫：体长2.5～3.5mm，身体扁平细长，暗赤褐色至黑褐色，无光泽。前胸背板长略大于宽，两侧的锯齿较尖锐，背面有3条纵脊，两侧的脊明显弯曲，不与中央脊平行。触角末3节膨大，第9、10节横宽，呈半圆形，末节梨形。鞘翅长，两侧略平行。雄虫后足腿节腹面近端有一刺突，雌虫则无。

幼虫：体长3～4mm，细长而扁平，头部淡褐色。胸部各节背面均有2块暗褐色斑，各腹节背面中央有一半圆形或椭圆形的黄色斑。

（3）赤拟谷盗 赤拟谷盗（图8-16）属于拟步甲科（Tenebrionidae），几乎对所有的植物性贮藏品均可造成危害，包括贮藏的食用菌干制品。

图8-15 锯谷盗
（张生芳等，1998）

成虫：体长3～4mm，扁平长椭圆形，黑褐色、锈赤色，有时红褐色，有光泽。复眼大，腹面观两复眼间距等于或稍大于复眼横径宽度。触角 11 节，末 3 节形成触角棒。前胸背板横宽。鞘翅 4～8 行间呈脊状隆起。雄虫前足腿节腹面基部 1/4 外有一卵形凹窝，其内着生多数直立的金黄色毛，雌虫则无。

幼虫：体细长，圆筒形，长 7～8 mm，略扁。头部黄褐色，胸腹部各节的前半部淡黄褐色，后半部淡黄白色。腹末背面具黄褐色向上翘的稍细而长的尾突 1 对。

2. 习性及发生规律

（1）土耳其扁谷盗　一年发生 3～6 代，以成虫在较干燥的粮粒碎屑、粉末或仓壁缝隙中越冬。抗寒性较强，抗干燥能力则较弱。发育最适温度为 28℃，21℃时成虫寿命为 196d。成虫行动迅速，寿命可长达 1 年以上。成虫羽化后即可交尾产卵，雌虫产卵量可达 300 多粒，日产 1～8 粒。幼虫喜食种胚，老熟幼虫结茧化蛹。在温度 32℃、相对湿度 90％的条件下，从卵发育到成虫需要 28d，其中卵期 3.5d、幼虫期 20.1d、蛹期 4.4d。

图 8-16　赤拟谷盗
（张生芳等，1998）

（2）锯谷盗　一年发生 2～5 代，主要以成虫飞往室外附近的石头、树皮下等处越冬，翌年飞回室内，少数成虫留在贮粮室内各处缝隙中越冬。每头雌虫平均产卵 70 粒左右，多者可达 375 粒，卵多产于碎屑中。幼虫行动活泼，有假死性，取食碎粮外表或完整粮胚部，或钻入其他贮粮害虫的蛀孔内取食危害，或蛀食子实体干制品；幼虫 2～5 龄，多数为 3 龄，其发育最适温度为 32.5℃，相对湿度为 90％。成虫寿命可达 3 年，耐低温、高湿，抗性强，既可生活于仓内，又可生活于户外。食物含水量增加，危害程度加剧。

（3）赤拟谷盗　1 年发生 4～5 代，以成虫在包装物、苇席、杂物及各种缝隙中越冬。雌虫把卵产在仓库缝隙处，卵粒上附有粉末碎屑一般不易看清，每次产卵 327～956 粒。最适发育温度 27～30℃，相对湿度 70％，30℃完成 1 代需 27d 左右。把气温调到 44℃，相对湿度 77％，幼虫 10h、成虫 7h 即死亡；50℃条件下各虫态 1h 即死亡；低于－1.1℃各虫态 17d 即死亡；－6.7～－3.9℃时各虫态 5d 全部死亡。

危害食用菌时，赤拟谷盗以幼虫蛀食香菇、草菇、平菇、猴头菇、黑木耳等子实体，卵产于菌盖、菌柄、菌褶、菌屑表面，危害需要适宜的含水量和湿度。

3. 防治方法　贮藏干香菇等食用菌干制品要保持环境纯净干燥，不要与稻谷、小麦、玉米、麸皮等易感染虫害的物品混贮；保持贮藏室的密闭、干燥和卫生，如果利用旧仓库则宜先熏蒸处理后再贮藏，同时控制食用菌干制品含水量在 12％～13％，贮藏中如发现干制品含水量超过上限时，要及时晾晒或置入 55～60℃烘干机内烘烤；干香菇、干木耳等最好贮藏在 3～5℃条件下，成品包装要密封在不透气的容器中，也可使用防虫包装袋。

（五）拟步甲类害虫

拟步甲也称为伪步行虫、拟步行虫等，属于鞘翅目拟步甲科（Tenebrionidae）；全世界超过 15 000 种，包括许多农业害虫和仓库害虫。该科昆虫前足基节窝开放式，基节球形；前中足跗节 5 节，后足 4 节。仓库害虫赤拟谷盗已介绍，下面介绍两种在段木栽培黑木耳过程中危害的害虫：黑光甲（*Amarygmus* sp.）和大黑伪步甲（*Setenis valgipes* Marseul）。

1. 形态特征

（1）黑光甲　黑光甲（图 8-17）是湖北省段木栽培黑木耳的重要害虫。

成虫：体黑色，有光泽，体长 8～10 mm，长椭圆形，头上密生小刻点。触角 11 节，4～10节近似漏斗形，第 11 节椭圆形。复眼黑色，前缘凹，呈肾形。前胸背板密布粗大刻点，前缘内凹，后缘稍凸出；腹板前缘密生长短棕褐色毛一排。小盾片近等腰三角形，鞘翅长卵圆形，每个鞘翅面有刻点形成纵沟 9 列。3 对足几乎相等，腿节具小刻点，胫节和跗节密被褐色毛，胫节端部有 2 个棕黑色距。腹部可见节数为 5 节，第 1、2 节中部有棕褐色微毛，第 5 节末端密生一排棕褐色毛。

卵：乳白色，长椭圆形，表面光滑，长 0.9～1.1mm，宽 0.4～0.5mm。

幼虫：老熟幼虫体长 14～16mm，体宽 1.8～2.0mm，体壁坚硬，体背棕褐色，体腹浅褐色。头部棕褐色，蜕裂线呈"丫"字形，上颚黑褐色，触角下方至上唇着生一排呈"U"形的白毛。腹部可见 9 节，1～8 节各着生气门 1 对。每节背板末端节间膜处由微小纵纹形成一横带，腹面每节有闪光的纵纹。

蛹：蛹为离蛹，长 8～10mm，宽 2～4mm，浅黄色。前胸前缘有 6 个深褐色刺状突起，中间 2 个较大。每腹节两侧有突起 1 对，上生爪状刺 1 根，突起两边有许多棕褐色锯齿。腹背正中有 1 条上凸的脊。腹末有 1 对钳状刺，刺上两侧着生 1 对小刺。

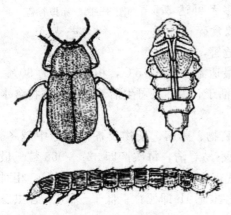

图 8-17　黑光甲

（张学敏等，1994）

（2）大黑伪步甲　大黑伪步甲是香菇、黑木耳等段木栽培上常见的害虫，在我国湖北香菇产区发生严重。

成虫：体黑色，体长 25mm，宽 9mm，头顶有大刻点。触角 11 节，端部几节膨大为棒状；下唇须末节和下颚须呈斧状。前胸背板密布明显的大刻点，但比头顶刻点略稀。胸部背中沟明显，基角呈锐角向下方突出，端角圆弧形。鞘翅具肩瘤，翅两侧缘基本平行。各足胫节末端和跗节两侧密生黄褐色绒毛；雄虫中后足胫节内侧基部 2/5 处略突起，胫节自突起到端部呈弧凹状弯曲，凹弯中有黏毛；雌虫前中足胫节稍弯曲，内侧无突起和明显黏毛，虫体比雄虫略小。

卵：长 0.8～1.0mm，宽 0.3～0.4mm，乳白色，近长椭圆形，有光泽，表面光滑。

幼虫：老熟幼虫体长 40mm 左右，虫体乳白色，头壳色微深，上颚红褐色。前胸背板宽大，具乳黄色小刻点，中、后胸背面各有 1 条波浪形的红褐色横纹。腹部各节前缘有乳黄色刻点，后缘乳黄色，臀板上散生乳黄色刻点并有 10 个锥形小齿突，腹末有上弯的刺状尾突 1 对，其端部黑褐色。胸足外侧有赤褐色绒毛。

蛹：长 25mm，宽 8mm，淡黄褐色，体向腹面弯曲。头部复眼及上颚紫褐色。腹背有明显的褐色背中线，1～8 腹节两侧各有一脊状突起，其中 1、7、8 节的突起上有角状刺突 2～3 个，其余各节的突起上有角状刺突 4 个；腹末有 1 对上翘的臀棘。鞘翅芽伸达第 4 腹节。

2. 习性及发生规律

（1）黑光甲　一年发生 1 代，成虫 9 月中旬进入越冬状态，翌年 2 月中下旬始见出来活动，但量少且活动弱，4—6 月越冬成虫大量出现，寻找生有黑木耳耳芽的段木开始危害。

成虫多在白天羽化，初羽化成虫浅红色，渐渐变为深红色，经 2～3d 后成为发亮的黑色；羽化 8～10h 后开始取食。成虫交尾多在 8:00—18:00，但当年羽化的成虫不进行交尾产卵，翌年 4 月上中旬才开始交尾产卵。每雌可产卵 30～80 粒。成虫爬行快，不擅长飞行，有假死性；夜间活动更频繁，取食黑木耳的上下表皮，被害的耳片呈凹凸不平状。

卵多成堆产于黑木耳耳片基部及卷曲的耳片内。初产的卵白色，孵化前变灰色，孵化不整齐，孵化时幼虫从卵顶开口慢慢爬出，同堆卵孵化时间相差 6～8h。

初孵幼虫多集中在耳片上取食，稍大后逐渐分散取食。幼虫食性杂，食量大，排粪量也大。幼虫一般栖息于隐蔽处，活动性较大，稍受震动即爬走。同一时间孵化的幼虫进入老熟阶段的时间不同，一般 57～62d，成熟的幼虫可随黑木耳归仓并继续蛀食。30℃以上不利于幼虫生长发育。

预蛹期 2～3d，老熟幼虫在取食部位或粪便内化蛹，化蛹前不食不动。初化蛹白色，羽化前呈淡红色。

（2）大黑伪步甲　每年发生 1 代，成虫和不同龄期的幼虫均可越冬。成虫羽化时为乳白色，逐渐变为棕黄色，最后变成黑色。当年羽化的成虫不交尾产卵，只取食危害，越冬后到第二年的 6 月才有生殖行为出现。成虫喜欢在较为阴暗的地方活动，受惊或遇光后会立刻躲藏。越冬的成虫有群居性，在被害的段木孔洞中聚集的虫数为数头至 20 余头。

卵在断面潮湿的缝隙、树皮裂缝或段木的接种穴中分散产出；卵期 6～10d，幼虫孵出后即可钻入树皮下取食木质部和食用菌。

大黑伪步甲危害香菇、黑木耳。幼虫生活于段木中，行动迟缓，危害性大。幼虫主要对段木进行蛀食，初期在树皮下取食并钻洞，造成木质部与树皮分离，对子实体的生长造成影响。随着虫龄增长，渐渐向木质部蛀食，形成许多纵向虫道，内部充满虫粪和木屑，造成菌丝不能生长，过早终止了出耳或结菇，严重的甚至造成绝收。

成虫取食子实体，将菌盖咬成缺刻或咬断菌柄，其排出的粪便对黑木耳耳片和香菇子实体造成污染，对质量和产量带来严重的影响。

3. 防治方法

（1）黑光甲　冬春防治，冬春季彻底清除黑木耳场内的残株及周边枯枝落叶及烂草等，并集中处理烧毁，可减少或消灭越冬虫源；人工捕杀，采摘黑木耳时发现有虫应及时捕捉杀死；利用植物源农药防治，虫害严重时可用除虫菊酯、鱼藤酮、雷公藤等植物源杀虫剂防治。

（2）大黑伪步甲　结合采菇、翻堆段木或采摘木耳来捕杀成虫，6—8 月为成虫的活动盛期，应定期在光线不强的下午或早晨进行捕捉；食用菌栽培场所要透光、通风，不能随便在场地的附近堆放朽木，应及时烧掉并清理干净；药剂防治，可用敌敌畏与水按 1:1 混合然后加水稀释 800～1 000 倍，对段木进行喷雾或采菇后将段木浸泡 1～2min 捞出然后上堆，可将表面及木质内部的害虫杀死。气温在 20℃以上，在塑料棚中用熏蒸剂将段木封闭熏闷 24～48h，即可将段木中的害虫杀死。

（六）其他鞘翅目类害虫

除上述介绍的鞘翅目类害虫外，还有一些甲虫可危害双孢蘑菇、木耳、香菇等食用菌，包括以下一些种或者属中的部分或全部种类。郭公甲科（Cleridae）的赤颈郭公虫 [*Necrobia ruficollis*（Fabr.）]，阎甲科（Histeridae）的菌红阎甲（*Notodoma fungorum* Lewis），隐翅甲科（Staphylinidae）的玻璃小头隐翅甲（*Philonthus cyanipennis* Fabr.）以及巨须隐翅虫属（*Oxyporus*）、蕈隐翅虫属（*Lordithon*）和 *Sepdophilus*、*Tachinus* 等属，尾蕈甲科（Scaphidiidae）的尾蕈甲属（*Scaphidium*）和微尾蕈甲属（*Baeocera*），球蕈甲科（Liodidae）的球菌甲属（*Liodis*），缨甲科（Ptiliidae）的缨甲属（*Ptinella*），露尾甲科（Nitidulidae）的 *Ipidia*、*Aphenolia* 等属，隐食甲科（Cryptophagidae）的隐食甲属（*Cryptophagus*），毛蕈甲科（Biphyllidae）的毛蕈甲属（*Biphyllus*），伪瓢甲科（Endomychidae）的红鞘伪瓢甲（*Phaeomychus rufipennis* Motschulsky）以及 *Eumorphus*、*Lycoperdima*、*Mycetina*、*Endomychus* 等属，薪甲科（Lathridiidae）的薪甲属（*Lathridius*）以及 *Micrigramme*、*Cortodera* 等属，小蕈甲科（Mycetophagidae）的小蕈甲属（*Mycetophagus*）以及 *Typhaca*、*Litargus* 等属，坚甲科（Colydiidae）的细斑坚甲（*Sympanotus pictus* Sharp）和扁坚甲属（*Colobicus*），长朽木甲科（Melandryidae）的 *Synstrophus*、*Holostrophus*、*Orchesia*、*Dircaeomorpha* 等属，拟花蚤科（Scrapfiidae）的 *Anaspis*、*Pentaria*、*Canifa*、*Scraptia* 等属，花蚤科（Mordellidae）的花蚤属（*Mordella*）以及 *Morclellistena*、*Tomoxia* 等属，长角象科（Anthribibae）的蕈长角象（*Euparius oculatus* Sharp）和云纹长角象（*Asemorhinus nebulosus* Sharp）。

第三节　鳞翅目害虫

蛾与蝶同属鳞翅目（Lepidoptera），身体和 2 对翅覆盖鳞片，口器虹吸式；幼虫除 3 对胸足外，一般还有 5 对腹足，腹足端部生有趾钩。鳞翅目昆虫是主要农林害虫，危害食用菌的常见害虫主要有谷蛾类、螟蛾类、夜蛾类 3 类。

一、谷蛾类害虫

谷蛾科（Tineidae）为小型的蛾类，头部鳞毛蓬松，下颚须和下唇须均发达；前翅较长，前后缘略平行，顶角钝圆，中室内有分叉的中脉（M 脉）主干，有径脉副室。幼虫虫体上的刚毛稀疏，腹足 5 对，趾钩单序排列成环状。幼虫多取食干的动植物体，常危害皮毛、毛织品、粮食等，有相当多的种类以食用菌类为食。

谷蛾科已知近 2 000 种，广布世界各地区。丝谷蛾亚科（Nemapogoninae）主要有 *Nemapogon*、*Anemapogon*、*Archinemapogon*、*Petalographis* 及 *Triazomera* 等属，多生活在菌类上，幼虫蛀食多孔菌类。常见危害食用菌的种类包括灵芝谷蛾 [*Anemapogon gerasimovi* (Zagulajev)]、食丝谷蛾（*Hapsitera barbata* Christoph）及欧洲谷蛾 [*Nemapogon granella* (L.)] 等 3 种，其中食丝谷蛾和欧洲谷蛾是 2 个优势种。

（一）形态特征

1. 灵芝谷蛾　在新疆维吾尔自治区该虫危害栽培灵芝，严重时蛀食殆尽，是一种药用菌的重要害虫。

成虫：体长 4～5mm，翅展 11～19mm。头部丛生灰黄色鳞毛；下唇须灰白，中节外侧褐色，被鳞及刚毛，中节不弯，端节短，仅为中节的一半长；下颚须端节很小，不到第 4 节的 1/3 长。胸背黑褐色，腹背灰褐色。前翅灰黄色，密布褐色斑纹，前缘中部有大褐斑通到中室并向下延伸，翅基也有斑连成带，前缘端半部有 1 列 4～5 个褐斑，翅端的斑点较密集；

后翅灰色（图 8-18）。

2. 食丝谷蛾　我国于 1979 年首次发现食丝谷蛾危害段木栽培黑木耳的菌丝。目前在河北、陕西、四川、湖北、江苏等省份木耳产区均有分布，其中湖北省随州市、房县、保康县、均县镇、南漳县、荆门市、谷城县及神农架等地均有发生。除危害段木栽培黑木耳外，还危害段木灵芝、代料灵芝、蜜环菌棒、香菇和平菇等食用菌。

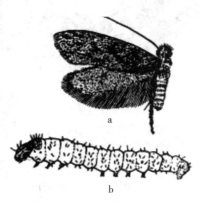

图 8-18　灵芝谷蛾
a. 成虫　b. 幼虫
（张学敏等，1994）

成虫：体色灰白相间，体长 5～7mm，翅展 14～20mm。头顶有一撮浅灰白色毛，触角丝状，长为翅的 1/3；复眼黄褐色，由鳞片围绕；下唇须较长，密生灰白色长毛，略上举；下颚须 3 节，第 2 节粗而长，具鳞毛。前胸背板暗红色，密被灰白色鳞毛；前翅有数排向上翘的灰白色鳞片，形成 3 条不规则横带，后翅缘毛显著；前足胫节毛淡褐色，末端有距 1 对，中、后足胫节末端具中距和端距各 1 对。腹部 7 节，每节后缘密被鳞毛（图 8-19a）。

卵：乳白色至淡黄色，半透明，有光泽，圆球形或近圆球形，直径约 0.5mm；卵表面有极薄的棉状丝覆盖。

幼虫：初孵幼虫体长 0.6～0.8mm，乳白色至淡黄色；老熟幼虫体长 18～23mm，宽 1.8～2mm，青黄色至淡绿色。头棕黑色，每侧有 6 个灰白色单眼，触角褐色（图 8-19b）。

蛹：棕褐色，长 9～11mm，宽 1.9～2.1mm。2～6 腹节背面前端与后端有棕褐色刺列，前列大而稀，后列小而密。7～9 腹节背面仅前端着生刺列，腹末背面有 1 对棕褐色突起，两侧各着生 1 对浅棕色突起，上生长毛 1 根，腹面有 2 对较小的棕褐色突起（图 8-19c）。

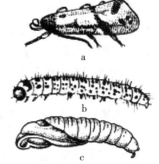

图 8-19　食丝谷蛾
a. 成虫　b. 幼虫　c. 蛹
（黄年来，2001）

3. 欧洲谷蛾　欧洲谷蛾是香菇贮藏期的重要害虫，常将菌盖吃成空壳或粉末，造成毁灭性的损失。

成虫：体长 5～8mm。头顶有显著灰黄色毛，复眼黑色，触角发达。翅展 12～16mm，前翅梭形，端部尖，前后缘平行，灰白色，有不规则紫黑色斑纹；后翅与前翅等宽，灰黑色，前缘较直，后缘近弧形，顶端尖。前后翅均有灰黑色缘毛。体及足灰黄色（图 8-20a）。

卵：长 0.3mm，扁椭圆形。初产时乳白色，后渐呈淡黄白色，表面光滑有光泽。

幼虫：老熟幼虫体长 7～8mm，宽 1.2～1.6mm。头暗褐色、灰黄色或赤褐色（图 8-20b）。

蛹：棕褐色，长 7.5mm，宽 1.8mm。腹面黄褐色，背面色泽较深，喙极短（图 8-20c）。

图 8-20 欧洲谷蛾
a. 成虫 b. 幼虫 c. 蛹
（邓望喜，1992）

（二）习性和发生规律

下面以食丝谷蛾和欧洲谷蛾为例加以介绍。

1. 食丝谷蛾 食丝谷蛾在中国北方主要蛀食危害段木栽培的黑木耳、白木耳及香菇段木培养基；近年来在江苏一带段木栽培的灵芝、蜜环菌棒、代料灵芝和平菇的培养基及平菇菇体上发现食丝谷蛾。在覆土灵芝上，食丝谷蛾钻蛀灵芝菇体，将粪便排在菇体表面，灵芝体内内容物被蛀食殆尽只剩下外壳。食丝谷蛾幼虫钻入平菇培养袋中蛀食培养基和菌丝，将培养袋蛀成隧道，并将粪便覆盖在表面形成一条条黑色的蛀道。虫口密度高时每袋有 5～10 条幼虫，使食用菌生产遭受极大的损失。

该虫在湖北、江苏等地每年发生 2 代。以幼虫越冬，温度上升到 14℃时，幼虫破茧而出，开始取食危害。越冬幼虫在 3 月恢复活动，取食出菇期菌袋。7—8 月第二代成虫出现，8—10 月第二代幼虫危害达到高峰，因此同一大棚连续排袋出菇的菌袋在每年的 8—10 月受害最为严重。当温度下降到 11℃以下时，幼虫基本停止取食，开始吐丝将培养基和粪便缀合在一起做茧，进入越冬休眠。当温度上升到 14℃时，幼虫便咬破茧前端开始取食。

14～30℃是食丝谷蛾活动的适宜温度。当平均气温为 25℃、相对湿度为 80％时，卵期 7～8d，幼虫期 45～48d，蛹期 17～20d，成虫寿命 7～9d。成虫将卵产在培养基表面和袋口处，每头雌成虫产卵 70～120 粒。初孵化幼虫能迅速爬入菌袋内蛀食菌丝和培养基；幼虫具群集性，一袋中出现多条虫体，常聚集于出菇口取食，致使原基和菇蕾被食空而无法出菇；或是由于粪便污染引发杂菌侵害导致出菇袋彻底毁损。

2. 欧洲谷蛾 欧洲谷蛾在湖北武汉每年发生 3 代，以幼虫在仓库阴暗角落干香菇上以及屋柱、旧包装物中结茧越冬，翌年 3 月底至 4 月上旬气温升至 12℃以上时，幼虫破茧而出，继续取食危害。4 月中旬气温达到 17℃以上越冬幼虫开始化蛹。蛹期 9～11d，4 月下旬至 5 月初羽化为成虫。越冬代成虫羽化后 1d 即可交配，再过 1d 开始产卵；第一、二代成虫羽化后 4～6h 交配，2d 产卵。

卵多产于香菇的菌褶、菌柄表面及包装品、仓库缝隙中。1 只雌蛾可产卵 20～120 粒，一般产 80～90 粒。越冬代成虫产卵期 6～8d，第一代 5～6d，第二代 8～10d。

初孵幼虫一般从菌盖边缘或菌褶开始危害，逐渐蛀入菌内，吃完后再转移到其他菇上，且边吃边吐丝，将香菇粉末和粪便黏在一起。幼虫取食量大，排粪也多，粪便呈细颗粒状，白色。第一代幼虫发生期为 5 月上中旬至 6 月上中旬，历期 29～31d；第二代为 6 月下旬至 8 月上旬，历期 39～41d；第三代为 8 月下旬至 10 月上旬，历期 47～50d。蛹期 9～11d。

欧洲谷蛾繁殖、发育的适温为 15～30℃，如果温度在 10℃以下或 30℃以上，则丧失一切活动能力，50℃以上的高温 30min 可将其全部杀灭。

（三）防治方法

1. 食丝谷蛾

（1）人工捕杀 成虫不喜光，多停留在暗处，结合采菇摘耳或段木翻堆捕杀成虫。加强管理，缩短出菇期，及时清除越冬期废弃培养基菌袋，以消灭或减少越冬虫源。

（2）药剂防治 加强测报，抓住成虫羽化期和幼虫孵化期用药。用 4%高效氯氰菊酯＋0.3%甲基阿维盐（商品名：菇净）1 000～1 500 倍液对栽培场所进行喷雾处理，于羽化或孵化初期至末期的 10～20d 内用药，可有效降低下一代虫源数量和当代成虫虫口密度。对于钻入菌袋的中老龄幼虫，可利用浸液法，用菇净 3 000 倍液浸泡菌袋 4～8h 后取出。但应注意在安全用药间隔期后采收。

2. 欧洲谷蛾

（1）高温杀虫 欧洲谷蛾的任何虫态都不能承受 50℃以上的高温，采回的香菇应先烘烤，即放在 35～40℃的烤房或烘箱内，7～8h 后水分已蒸发 30%时，加温至 50～60℃，待水分蒸发约 80%时保持 50℃数小时，于香菇含水量降至 13%左右时取出，装入密闭铁罐或塑料袋内。烘烤不仅可以杀死香菇上的谷蛾类害虫，而且可使香菇色泽好、香味浓。

（2）食用菌贮藏室处理 干香菇等入库前，需将贮藏室内的陈旧物品清理干净，并喷药灭虫。在有条件的地方，若贮藏室能保持温度 2～5℃，相对湿度 50%～55%，也可防止食丝谷蛾危害。

（3）药剂防治 在成虫羽化期，第一代 4 月底至 5 月初，第二代 6 月中下旬，第三代 8 月中下旬，用碟子盛二硫化碳（每 50kg 香菇 30～40mL），放在香菇上方，使其自然挥发，密闭熏蒸，防治效果较好。

二、螟蛾类害虫

螟蛾科（Pyralidae）为中小型蛾类，体较细弱，前翅多狭长，后翅臀脉 3 条，臀区宽大，后翅的第一条脉（Sc＋R₁）与第二条脉（Rs）极接近或大部分合并，超过中室外才分开。幼虫刚毛稀疏，腹足 5 对，趾钩排成环状，多为双序（长短相间）。

螟蛾科已知约 1 万种，包括许多主要农林害虫。幼虫除取食各类植物的各部分外，有相当一部分种类是危害粮食及贮藏物品的，特别是食性很杂的印度谷螟（*Plodia interpunctella* Hubner）、紫斑谷螟（*Pyralis farinalzj* Linnaeus）等，都能危害香菇、平菇、金针菇等食用菌干制品，严重影响食用菌的贮藏。

印度谷螟又称印度螟蛾、封顶虫。幼虫为贮粮的主要害虫之一，危害各种谷粒及面粉，并吐丝在粮堆表面缀粮成团，也取食红枣。

（一）形态特征

成虫：体长 6.5～9mm，翅展 13～18mm，身体密被灰褐色及红褐色鳞片。下唇须向前伸，末节稍向下。前翅狭长，基部 2/5 翅面灰白色，端部 3/5 红褐色；有 3 条铅灰色横纹，中横线内侧的横纹呈波形，中横线外侧及亚外缘线内侧各有 1 条，后翅灰白色，缘毛暗灰色（图 8－21a）。

卵：椭圆形，表面粗糙，淡黄色（图 8－21b）。

幼虫：白色，头部、爪及趾钩浅黄褐色或红褐色。中、后胸及前 9 腹节均无毛片，趾钩双序，前 4

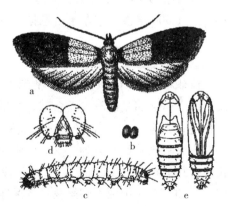

图 8－21 印度谷螟
a. 成虫 b. 卵 c. 幼虫 d. 幼虫头部 e. 蛹
（张宏宇，2009）

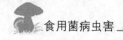

对腹足趾钩排列成环（图 8 - 21c）。

蛹：细长，橙黄色（图 8 - 21e）。

（二）习性及发生规律

印度谷螟以幼虫蛀食香菇、金针菇、真姬菇等食用菌干制品，造成菇体孔洞、缺刻、破碎和褐变，菇体上充满带有臭味的粪便。幼虫还取食多种食物的干品及糖果类食品，是重要的仓储害虫。

一年通常发生 4~8 代，以幼虫在仓壁、包装物、梁柱等缝隙中布网结茧化蛹越冬。因各地区温度高低不同，使得该虫的生活世代数和周期也不相同，生长发育的适温范围为 24~30℃。在 27~30℃时，完成 1 代约需 36d，21℃时需 42~56d。幼虫在高温 48.8℃中 6h 即死亡。印度谷螟能忍耐-10~-6℃的低温。各虫态在不同低温下的致死时间：-3.9~-1.1℃为 90d，-6.7~-3.9℃为 28d，-9.4~-6.7℃为 8d，-12.2~-9.4℃为 5d。

成虫具趋光性，具性诱能力。成虫卵堆产或散产，多产在菌盖表面或菌褶中，也可产在幼虫吐丝结成的网上。初孵化的幼虫蛀食菌盖表面，之后钻入菌褶中危害。印度谷螟具有幼虫老熟后，先于食物表面漫游一段时间，然后离开食物去化蛹的习性，可利用此漫游时期进行防除，这比让其离开食物以后防除要容易得多。

印度谷螟的寄生性天敌有麦蛾柔茧蜂（*Habrobracon hebetor* Say）、广赤眼蜂（*Trichogramma evanescens* Westwood）、短角小茧蜂（*Bracon brevicornis* Westw）等，捕食性天敌有黄色花蝽 [*Xylocoris flavipes* (Reuter)]、黄冈花蝽、仓双环猎蝽、麦草蒲螨等，病原微生物主要有苏云金杆菌和白僵菌等。在自然界中麦蛾柔茧蜂等天敌对印度谷螟种群有较大的控制潜能。

（三）防治方法

1. 搞好环境卫生　清除食用菌栽培场所周围堆积的杂物和培养料；菌种培养室内外注意清洁，远离库房，应加纱门纱窗，避免成虫飞入。

2. 成虫盛期捕杀　成虫盛期注意经常检查，应用灯诱法或性诱剂诱杀成虫，减少产卵量。

3. 药剂防治　在害虫发生初期，及时选择安全低毒的药剂防治。可用 48% 敌敌畏乳油 1 000~1 500 倍液浸泡布条后悬挂，密闭 48h。

三、夜蛾类害虫

夜蛾科（Noctuidae）为中型到大型的蛾类，体较粗壮；下颚须发达；后翅臀脉 2 条，Sc+R$_1$ 与 Rs 两条纵脉仅在翅基并接即分开。幼虫变化较大，一般只有稀疏的刚毛，有些则多长毛；腹足 3~5 对，趾钩排成纵带。

夜蛾科已知约 2 万种，是许多农林作物的重要害虫。取食地衣、苔藓等低等植物的多属长须夜蛾亚科（Herminiinae），镰须夜蛾属（*Zanclognatha*）的某些种类则有取食食用菌的记载，如分布于中国、朝鲜及日本的镰须夜蛾（*Z. aegrota* Butter）等。危害食用菌的夜蛾主要有平菇尖须夜蛾（*Bleptina* sp.）和星狄夜蛾（*Diomea cremata* Butler）。平菇尖须夜蛾在安徽合肥地区对平菇生产造成很大的危害，在大发生时能将子实体全部吃光，3 龄幼虫一昼夜平均可食掉 5.4cm^3 子实体，使食用菌产量和质量遭受重大的损失。

（一）形态特征

1. 平菇尖须夜蛾

成虫：体长8.7mm，体淡紫灰色。触角线状；复眼暗红色，偶有黑色，复眼前方有缘毛，约占复眼周长的1/3；喙发达，长约4.5mm，下唇须牛角状上举，共3节，第2节粗大，长约2.5mm，第3节顶端尖锐，最短，其长为第2节的1/3。翅展24.1mm，前翅外缘明显呈波纹状，深褐色；亚缘线宽，黄白色，亚端区前缘上有深褐色斑，略呈三角形，外横线略深，前半部外曲，后半部内曲，呈"2"字形，肾纹深褐色，于全翅为最深色；环纹为一黑点，基部红色深达中室，其前端有1个较深色的三角形斑。后翅同前翅，淡紫灰色，M_2脉不发达，离中室下角较远，翅的连锁器为翅缰型，雄虫翅缰为1根硬鬃，雌虫则为2根，前足无距，有净角器，中足胫节有中距及端距。雄虫腹部末端有蓬松毛簇，抱握器1对，弯铲状（图8-22a）。

图8-22 平菇尖须夜蛾
a. 成虫 b. 幼虫
（张学敏等，1994）

卵：橘子形，初产为绿色。高0.4mm，横径0.8mm，卵表面有隆起纵脊36～42条，其中12～14条到达精孔。纵脊间有密集的横脊相连。

幼虫：老熟幼虫体长22.7mm，头宽1.4mm，体紫灰色，体纵线明显，深褐色。有明显毛突及毛片，无次生毛；腹节10节，腹足3对着生于第5、6和10腹节，第1对腹足趾钩单序，中列式；气门椭圆形，周围黑色，筛线紫色，前胸气门最大，腹背两侧黄白色花斑，呈"∞"形（图8-22b）。

蛹：被蛹，体长3～9.8mm，体表光滑，复眼黑色，翅与足基本等长，达第4腹节的2/3处，腹部末端有2根臀棘。雌蛹第8、9两节间呈倒V形，交配孔位于第8腹节腹面。雄蛹节间线无变化，生殖孔位于第9腹节腹面。

2. 星狄夜蛾

星狄夜蛾（图8-23）是首次发现于福建省的食用菌害虫，不仅危害平菇、凤尾菇，也危害草菇、黑木耳、灵芝等。黑木耳子实体受害率达80%～100%，严重影响产量和质量。

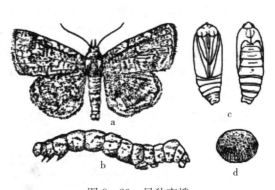

图8-23 星狄夜蛾
a. 成虫 b. 幼虫 c. 蛹 d. 卵
（张学敏等，1994）

成虫：体长11mm，翅展25～26mm，雄蛾暗紫褐色，雌蛾暗褐色。触角丝状，各节基部暗褐色，端部灰白色，各节两端均有一细刺；下唇须向上，灰黑色，基节小，第2节很大，第3节细小、长而尖，第3节基部和端部白色。头部、胸部、腹部第1、2节背面均有厚密鳞毛丛，雄蛾鳞毛丛尤为发达。雄蛾翅紫黑褐色，有光泽，杂有黄色细鳞片；雌蛾前翅黑褐色，杂有黄色细鳞片，后翅暗褐色散布较多黄色鳞片，翅面黑纹明显，前后翅均散布有黄色至白色的斑纹和点列。雄蛾腹部末节后缘

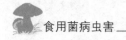

和 1 对抱握器上也都有长鳞毛丛，钩形突显露。

卵：高 0.5mm，横径 0.8mm，橘子形，菜绿色，后期变为黄褐色；卵表面有放射状隆起纵脊 40 余条，其中达到顶部的只有 10 余条，纵脊间有 20 多条细密的横脊相连。

幼虫：粗壮；末龄幼虫体长 25～30mm，头部黑褐色，头颅两侧毛基部周围淡黄色，两侧各呈现 6 个淡黄斑；胸部呈圆筒形，节间缢缩明显，淡蓝绿、绿色至暗褐色，背中线为断续的暗绿色，背面纵向散布有白色的扭曲线纹，各节毛片呈大小不一的棕黄色斑，其周围乳白色；前胸盾近前缘中央的 2 个毛片周围乳白色斑大而明显，中后胸背中央 2 个毛片周围乳白色斑相连成片，侧前方也有乳白色斑片，第 1～8 腹节背面后方中央 2 个毛片周围乳白色相连，但第 7 腹节的乳白色斑不明显相连，第 1～4 腹节气门后的毛片周围亦为乳白色，第 5、6、10 腹节有足，腹足趾钩单序中列式。

蛹：体长 11～13mm，红褐色，胸部腹面的翅芽和胸足常呈暗绿色，头顶纵脊两侧密布小刻点，腹末有臀棘 2 对。雄蛹生殖孔、肛孔分别位于第 9 和第 10 腹节，两者之间距离较近；雌蛹生殖孔位于第 8 腹节上，第 9 腹节腹面中部向前凸，且该处与第 8 腹节无明显分界线；肛孔位于第 10 腹节，第 9～10 腹节腹面中部分界线模糊，两孔距离较远。

（二）习性及发生规律

1. 平菇尖须夜蛾 平菇尖须夜蛾以幼虫取食平菇子实体、菌丝和培养料。幼虫咬食子实体，使子实体产生严重缺刻和孔洞等，大量发生时可将子实体全部吃光。无子实体时，该虫取食菌丝体和培养料，严重影响平菇的产量和质量。

平菇尖须夜蛾在合肥地区每年发生 4～5 代。9 月下旬至 10 月上旬以老熟幼虫结茧越冬，其中部分幼虫冬前在茧内化蛹越冬，大部分则在翌年 4 月化蛹。越冬蛹或当年所化的蛹于 4 月底至 5 月初羽化。

成虫寿命 3～14d，平均 6.25d，个别的羽化后不到 1d 死亡，雌雄成虫寿命无明显差别。成虫具假死性，雌雄比例为 1∶1.37。成虫羽化后即可交尾产卵。无明显产卵前期，不经交尾雌虫也可产卵，但量少且不孵化。多在培养料上产卵。

初产卵为绿色，第二天变粉红色，孵化前为紫黑色，并在卵孔附近可见一黑点。卵历期平均为 4.64d，如果环境过湿或过干卵不能孵化。高温可促使卵提前孵化，如在 37℃环境下比 27℃环境下卵可早孵化 1d。

幼虫共 5 龄，平均历期为 11.92d。幼虫食性杂，3 龄前食量小，3 龄后为暴食阶段，能将子实体吃成严重缺刻、孔洞等，在无子实体时吃培养料。老熟幼虫吐丝缀合培养料碎屑及粪便结茧化蛹。茧或垂丝挂于菌袋四周或贴于培养料表面。

蛹初期为嫩黄色，复眼无色，以后逐渐转深色，复眼变黑。蛹的发育历期为 11～18d 不等，平均 13.83d。在室温（27℃）条件下化蛹率为 94.6%。

2. 星狄夜蛾 星狄夜蛾在福建福州每年发生 5～6 代，以蛹越冬，越冬蛹于 4 月中旬羽化，夏秋连续发生，在 11 月仍发现有幼虫危害，10 月下旬到 11 月上旬化蛹越冬。室内饲养平均温度 20～30℃时一个世代 30d 左右，卵期 5～6d，幼虫期 11～15d，蛹期 8～12d，成虫寿命 3～13d。

成虫羽化多在午后，雌蛾羽化后第 3 天开始产卵，第 4、5 天产卵量最多，占总产卵量的 46%。平均每头雌蛾产卵 234 粒，卵散产于子实体和培养料上。产卵一般在夜间或清晨，初产卵为菜绿色，第 2 天转为黄褐色，孵化前为紫褐色，未受精卵始终保持绿色不孵化。

幼虫共 5 龄。初孵化幼虫常吐丝，行动活泼，有食卵壳习性，幼虫主要取食食用菌的子实体，1～3 龄时常群集取食危害，3 龄后食量增大，分散转移到邻近子实体上危害。1 头末龄幼虫一昼夜能取食毛木耳菌肉 16.6cm^2，取食凤尾菇或平菇近 20cm^2，并排出大量粪便，污损菇体，影响菌丝的生长与扭结。幼虫危害毛木耳时，在子实体正面取食，留下背面一层表皮；危害灵芝时，取食菌盖背面的菌肉，造成弯曲隧道，隧道两旁布满褐色子实体粉末和虫粪；危害凤尾菇、平菇、草菇、黑木耳和盾形木耳时，取食子实体的各个部位，呈严重的缺刻或孔洞状。在凤尾菇和平菇的栽培块上也可取食菌丝，老熟幼虫可将培养料、菌肉粉末及虫粪混合在一起做茧，也有不做茧化蛹的。

（三）防治方法

1. 注意环境卫生，减少虫源 菇房应安装纱门纱窗，防止成虫进入室内，减少虫源；露天栽培注意环境卫生，除掉周围杂草，杜绝虫源。

2. 菇房管理 菇房内新旧菌袋不可混放，每季采收后废弃菌料及时处理，栽培场所应彻底清扫消毒才能再种新菇。

3. 人工捕捉 虫体行动较慢，老熟幼虫又有做茧悬挂习性，管理时注意检查，随手消灭，可降低虫口密度。

4. 药剂防治 若发现虫口密度较大，每茬收菇后可用高效氯氰菊酯喷雾处理食用菌栽培场所。

第四节　食用菌其他害虫

一、缨翅目蓟马类害虫

蓟马（图 8-24）属于缨翅目（Thysanoptera），体细长，小型。触角短，6～10 节；复眼由少数凸出的圆形小眼构成；口器锉吸式，左右不对称。翅狭长，边缘有很多长而整齐的缨状缘毛，少数翅退化或无翅。胸足短小，跗节仅 1～2 节，末端有一能伸缩的泡；腹部长而略扁。蓟马属过渐变态，卵孵化后经 3～4 龄若虫变为成虫，末龄若虫不吃少动，近似完全变态昆虫的蛹。

缨翅目多数为植食性，是危害农作物的重要害虫，主要包括管蓟马科（Phlaeothripidae）、纹蓟马科（Aeolothripidae）和蓟马科（Thripidae），可对农业生产造成重大影响，如目前国际上可严重危害几十种重要经济作物的西花蓟马（*Frankliniella occidentalis*），危害烟草和石蒜科作物的葱蓟马（*Thrips tabaci* Lindeman）等；而有些蓟马则是捕食性天敌昆虫，如横纹蓟马［*Aeolothrips fasciatus*（Linneaus）］，可捕食叶螨、蚜虫、粉虱、瘿蚊等害虫。与食用菌有关的蓟马主要属于管蓟马科，以成虫和若虫取食危害食用菌，对食用菌生产造成一定的影响。该科昆虫腹部末端管状，翅脉极退化，触角 8 节或 7 节，其中器管蓟马属（*Hoplothrips*）的种类均

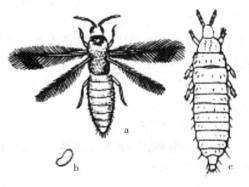

图 8-24　蓟　马

a. 成虫　b. 卵　c. 若虫

（黄年来，2001）

生活在食用菌上。如菌器管蓟马（*H. fungosus* Moulton）分布于我国台湾、福建、广西、广东、云南等地，取食危害木耳等；而广器管蓟马（*H. flavips* Bagnall）则分布于日本、北美洲，可寄生在食用菌上取食孢子；在我国甘肃也曾采到器管蓟马属（*Hoplothrips* sp.）昆虫，可取食桦木桩上的多孔菌，若虫红色，成虫黑色，无翅型或有翅型；2013年我国云南报道了危害食用菌的中国新纪录种日本器管蓟马（*H. aculeatus* Fabricius）。下面以菌器管蓟马（图8-25）为例加以介绍。

（一）形态特征

成虫：体长1～1.3mm，深褐色至黑色。头部近方形，触角鞭节7节，第6节至第7节与体同色，其余各节均黄褐色；复眼黑色，单眼3个，呈三角形排列；口器为锉吸式。前胸背板发达，后缘有鬃4根；翅2对，狭长，周缘密生细长的缨毛，休息时翅紧贴体背。腹部锥形10节。

卵：长约0.2mm，宽0.1mm，肾脏形，微黄色，半透明。

若虫：共4龄。1龄若虫白色透明；2龄若虫浅黄色至深黄色，复眼褐色；3龄若虫触角分向两边，翅芽始现；4龄若虫淡褐色，触角向后翻，翅芽伸长达腹部第5、第7腹节。

图8-25　菌器管蓟马
（张学敏等，1994）

（二）习性及发生规律

据报道，菌器管蓟马主要危害木耳、香菇，也食多孔菌等杂菌。成虫和1、2龄若虫用口器锉破耳片表皮吸取汁液，使耳片扭曲不能伸展，缢缩卷曲，严重时造成流耳。成虫、若虫群集性很强，一根段木上可达上千头，危害率在5%～35%。

该虫在福建省世代发育历期如下，春、秋季需15～18d，夏季仅为10d左右，冬季长达40d。

成虫白天多隐藏在卷耳中或耳穴里，早晨、黄昏、阴天多在耳片上活动取食，并靠气流吹送扩散。该虫产卵前期1～3d，除两性生殖外，也营孤雌生殖，孤雌生殖的后代为雄虫。卵散产于耳片表皮下，呈现针尖白点。雌虫产卵有趋柔软耳片的习性。

菌器管蓟马发育繁殖适温为10～30℃，最适温为15～25℃，因此冬春气候温暖有利于蓟马的越冬与提早繁殖及危害。在高温干旱的条件下，成虫产卵少，孵化率低，初孵若虫死亡率高。一年发生15代以上，世代重叠严重。以成虫为主的各种虫态在段木的缝隙、耳穴等处越冬，翌年3—4月虫口数量直线上升，5—6月达最高峰，7—8月因高温虫口数量急剧下降，9—10月又回升。

（三）防治方法

1. 搞好耳场周围的环境卫生　彻底清除栽培场所的枯枝落叶、菌渣废料和附近的杂草、杂物，保持场地清洁，并在地面、墙角等处撒石灰粉，以减少虫源。

2. 化学防治

（1）棉球熏杀　在栽培场所门窗上悬挂蘸有敌敌畏药液的棉球，定期更换。

（2）药液喷雾　若发生严重，采收菇后，可用90%敌百虫原药1 000～1 500倍液或

25％噻虫嗪水分散粒剂 3 000～4 000 倍液喷洒料面。

二、等翅目白蚁类害虫

等翅目（Isoptera）昆虫通称白蚁，常为南方树木和木材建筑物的大害虫，筑巢营社会性组织生活。其巢中有成千上万的个体，同一种又有不同的类型和分工：工蚁和兵蚁均无翅、无生殖能力，兵蚁的头部特别发达，鉴定种类主要靠兵蚁。雌蚁和雄蚁有翅，经过婚飞交尾后翅脱落，营新巢后雌蚁发育成蚁后，专司产卵，有的躯体硕大。

等翅目昆虫世界已知近 2 000 种，中国 400 多种，热带和亚热带地区种类最多。白蚁主要以植物为食，林木、果树作物也常受其害，培养香菇、木耳、茯苓等所用的段木也常受白蚁所害，严重破坏菌丝的生长。常见可危害食用菌的 3 种白蚁：台湾乳白蚁（*Coptotermes formosanus* Shiraki）、黑翅土白蚁（*Odontotermes formosanus* Shiraki）、黄翅大白蚁（*Macrotermes barneyi* Light）。以黑翅土白蚁危害最重。有些白蚁直接以食用菌类为食，它们甚至能在蚁巢内做成菌圃来接种培养食用菌，我国的食用菌珍品鸡㙡菌即从黑翅土白蚁巢中长出来的。因此白蚁与食用菌的益害关系比较复杂。

（一）形态特征

1. 台湾乳白蚁

常见白蚁及蚁后

有翅成虫：体长 7.8～8.0mm，翅长 11.0～12.0mm。头背面深黄色。胸腹部背面黄褐色，腹部腹面黄色。翅为淡黄色。复眼近于圆形，单眼椭圆形，触角 20 节。前胸背板前宽后狭，前后缘向内凹。前翅鳞大于后翅鳞，翅面密布细小短毛。

兵蚁：体长 5.3～5.9mm。头及触角浅黄色，卵圆形，腹部乳白色。头部椭圆形，上颚镰刀形，前部弯向中线；左上颚基部有一深凹刻，其前方另有 4 个小突起，越向前越小；颚面其他部分光滑无齿；上唇近于舌形。触角 14～16 节。前胸背板平坦，较头狭窄，前缘及后缘中央有缺刻。

工蚁：体长 5.0～5.4mm。头淡黄色，胸腹部乳白色或白色。头后部呈圆形，而前部呈方形。后唇基短，微隆起。触角 15 节。前胸背板前缘略翘起。腹部长，略宽于头，被疏毛。

卵：长径 0.6mm，短径 0.4mm，乳白色，椭圆形。

2. 黑翅土白蚁

有翅繁殖蚁：体棕褐色，长 12～16mm，翅展 23～25mm，翅黑褐色。触角 19 节。前胸背板后缘中央向前凹入，中央有一淡色"十"字形黄色斑，两侧各有一圆形或椭圆形淡色点，其后有一小而带分支的淡色点。

兵蚁：体长 5～6mm。头部深黄色，胸、腹部淡黄色至灰白色。头部发达，背面呈卵形，长大于宽。复眼退化。触角 16～17 节。上颚镰刀形，在上颚中部前方，有一明显的刺。前胸背板元宝状，前窄后宽，前部斜翘起。前、后缘中央皆有凹刻。兵蚁有雌雄之别，但无生殖能力。

工蚁：体长 4.6～6.0mm。头部黄色，近圆形。胸、腹部灰白色；头顶中央有一圆形下凹的肉；后唇基显著隆起，中央有缝。

3. 黄翅大白蚁

有翅繁殖蚁：体长 14～16mm，翅长 24～26mm。体背面栗褐色，足棕黄色，翅黄色。头宽卵形。复眼及单眼椭圆形，复眼黑褐色，单眼棕黄色。触角 19 节，第 3 节微长于第 2 节。前胸背板前宽后窄，前后缘中央内凹，背板中央有一淡色的"十"字形纹，其两侧前方

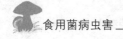

有一圆形淡色斑，后方中央也有一圆形淡色斑。前翅鳞大于后翅鳞。

大兵蚁：体长10.5～11.0mm，头深黄色，上颚黑色。头及胸背有少数直立的毛，腹部背面毛少，腹部腹面毛较多。头大，背面观长方形，略短于体长的1/2。上颚粗壮，左上颚中点之后有数个不明显的浅缺刻及1个较深的缺刻，右上颚无齿。上唇舌形，先端白色透明。触角17节，第3节长于或等于第2节。前胸背板略狭于头，呈倒梯形，四角圆弧形，前后缘中间内凹。中后胸背板呈梯形，中胸背板后侧角呈明显的锐角，后胸背板较短，但比中胸背板宽。腹末毛较密。

小兵蚁：体长6.8～7.0mm，体色较淡。头卵形，侧缘较大兵蚁更弯曲，后侧角圆形。上颚与头的比例较大兵蚁大，并且较细长而直。触角17节，第2节长于或等于第3节。

大工蚁：体长6.0～6.5mm。头棕黄色，胸腹部浅棕黄色。头圆形，颜面与体纵轴近似垂直。触角17节，第2至第4节大致相等。前胸背板相当于头宽的1/2，前缘翘起，中胸背板较前胸略小。腹部膨大如橄榄形。

小工蚁：体长4.16～4.44mm，体色比大工蚁浅，其余形态基本同大工蚁。

（二）习性和发生规律

白蚁蛀食多种段木栽培的食用菌品种、覆土菌袋及地面排袋的食用菌菌袋，在广西壮族自治区的茯苓产区，白蚁曾经严重危害茯苓，导致茯苓减产5%～20%，严重可达80%。如果白蚁蛀食香菇和木耳的段木，破坏段木的树皮并蛀空木质部，则会导致失水和营养基质毁损而无法出菇或出耳。茯苓在下种后即吸引白蚁蛀食种木，进而蛀食栽培基质及松木，当茯苓开始生长时白蚁又蛀食茯苓。清明后至立秋前种植的茯苓，前期易遭白蚁危害；而清明前温度低，不利于白蚁活动取食，此期种下的茯苓不易被害，可安全度过传菌期并获得一定的产量。白蚁还蛀食置于地表处出菇的平菇、香菇等筒袋，将筒袋蛀成隧道和不规则的孔洞，严重时全袋蛀空，只剩外壳。白蚁还蛀食覆土栽培的竹荪、杏鲍菇、茶树菇等菌袋，使之减产甚至绝收。

白蚁是一类营社会组织生活的昆虫，危害食用菌的虫态是工蚁。每年4—12月温度10～37℃是白蚁活动期，其中4—6月是白蚁分群繁殖期，蚁后的寿命可长达10年以上，壮年期蚁后一昼夜可产数千粒卵，卵孵化期1个月以上。一个老的蚁巢经3～4年的繁殖后再进行分巢繁殖。

（三）防治方法

1. 选用无蚁源之地种植　食用菌栽培场所选择枯枝朽木少、附近无腐烂树蔸、50m内无白蚁的地方，并注意清除树根，以免招引白蚁。

2. 挖深沟预防白蚁　对于必须搭建在多白蚁区的食用菌栽培场所，应在栽培场所周围挖一深50cm以上、宽约40cm的封闭环形沟，沟内长期灌水，以防白蚁侵入。

3. 药剂防治　使用药物制成毒饵诱杀。用药剂防治应以防为主，不主张直接于菇木上喷施药剂，应将白蚁消灭于菇木的隔离物体上。对于蛀入菌袋的白蚁，可将菌袋从土中挖出用水浸泡10d后捞起排袋，既可浸死白蚁又可补水。可将菇净注入白蚁巢内，杀死里面的白蚁。

三、革翅目害虫

（一）形态特征

蠼螋类昆虫属于革翅目（Dermaptera），其前翅短截，腹端有尾铗，容易辨认。头呈扁阔形，通常有"Y"形盖缝，顶部扁平或隆凸。缺单眼，复眼大小不一；触角 10～50 节不等，脆弱易断。前胸背板紧接头后，前翅通常发达，盖住中胸背板。前翅短截，后翅纵折如扇，藏于鞘翅之下，只露出在鞘翅的末端，后翅展开时呈宽卵形，有放射状的翅脉。一胸足通常较短，部分种类细长。腹部 11 节，第 11 节由臀板代替，故雄性可见 10 节，而雌性由于第 8、9 节隐藏不见，只可见 8 节；腹部末端有尾铗，雌性尾铗简单而直，雄性尾铗则发达多变。

李树森等曾报道一种蠼螋可危害竹荪；张绍升等（2004）也发现一种球螋（*Labidura* sp.）在福建危害茶树菇。该球螋体长约 11mm，略扁平；复眼发达，有翅；胸足第 2 跗节分节端部略延伸到第 3 跗节分节基部下方。

（二）习性及发生规律

球螋成虫多喜欢晚上活动，白天常隐匿于土中、石下、树皮、树洞或落叶杂草中，在菇房危害平菇时多藏在料袋缝隙或土中。食性杂，但也有些食肉性种类。有的种类可以飞翔，不少种类有趋光性，尾铗可用于展开或折叠后翅、捕获猎物或作为防御、进攻的武器。李树森等报道蠼螋危害竹荪时，成虫常钻入竹荪地的腐殖质覆盖层内咬食菌丝，影响菌丝体扭结现蕾；已长成的菇蕾若菌索被咬断，随即萎蔫溃烂；蠼螋还能将幼嫩子实体咬破钻入其中取食，最后子实体被吃空仅剩菌膜外壳。蠼螋常从菌托隐蔽处钻入菌柄中咬食，并将菌柄咬成锯齿状，危害较轻的子实体还可正常生长，危害后期严重者菌柄被咬食而断。该虫是严重危害竹荪的害虫，不仅影响竹荪的质量和产量，发生严重时甚至绝收。

球螋危害茶树菇，成虫和若虫在菇房危害时多藏在料袋缝隙或土中，咬食菌丝、菇蕾和子实体，造成菇蕾溃烂、子实体被吃空仅剩菌膜外壳。球螋食性杂，发生于料堆、废弃菌筒、树皮杂草间、石块和土块下。

（三）防治方法

1. 搞好菇房环境卫生　清除杂草杂物，废弃菌筒不得堆放在菇场内或附近。

2. 药剂防治　菌丝生长期和菇体采收后，料面用 25% 噻虫嗪水分散粒剂 3 000～4 000 倍液喷洒。菇场周围、地面和菇床架定期喷洒 90% 敌敌畏原药 1 000～1 200 倍液。

四、弹尾目害虫

弹尾目（Collembola）昆虫俗称跳虫，属于节肢动物门弹尾纲弹尾目，腹部的节数最多只有 6 节，第 1 节有 1 对腹管，第 3 节具很小的握弹器，第 4～5 节有 1 个分叉的跳器。弹尾目昆虫多生活在土中、植物上及水面等环境中，主要以植物为食，有些为农作物的害虫，大多为腐食性的；但有些则取食食用菌的菌丝、子实体、孢子等，可危害野生菌和栽培养的双孢蘑菇、平菇、草菇、鸡腿蘑、香菇、杏鲍菇、大球盖菇、木耳、猴头菇、姬松茸等。

弹尾目已知约 1 500 种，分布于世界各地，我国已发现 300 多种。危害食用菌的弹尾目昆虫主要种类包括紫跳虫（*Hypogastura communis* Folsom）、卷毛泡角跳虫（*Ceratophysella flactoseta* Lin et Xia）、棘跳虫（*Onychiurus* sp.）、角跳虫（*Folsomia fimetaria* Linne）、中华盐长角跳虫（*Salina sinensis* Lin）、木耳盐长角跳虫（*Salina auriculae* Lin）、电白长角跳虫（*Entomobrya dianbaiensis* Lin）、斑足齿跳虫（*Dicyrtoma balicrura* Lin et Xia）等。其中危害较重的主要是紫跳虫（*H. communis*）和斑足齿跳虫（*D. balicrura*）。

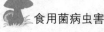
（一）形态特征

1. 紫跳虫　紫跳虫（图 8-26）属于紫跳虫科（Hypogastruridae），该科跳虫前胸发达，跳器短小，不伸达腹管外，触角第 3 节上的感觉器简单（杆状或毛状）。本科最普遍分布种即紫跳虫，常成片地浮在水面，在栽培的平菇、草菇以及香菇中常发生并危害。另外，紫跳虫科中的疣跳虫（*Achooutes armatus* Nic）也可危害栽培的食用菌菌种块，卷毛泡角跳虫危害双孢蘑菇。

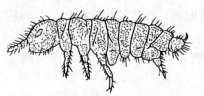

图 8-26　紫跳虫
（张学敏等，1994）

成虫：体长 1.1～1.5mm，淡紫色至灰黄色，有光泽；头大，触角短而粗壮。前胸发达，胸部背板蓝黑色或紫黑色；腹板灰白色，弹跳器短小，不达腹尾。

卵：0.06mm，白色，半透明，球形。

若虫：体形与成虫相似，但体色较成虫浅。由低龄向高龄体色由白变成灰白，最后变成紫黑色。

2. 角跳虫　角跳虫（图 8-27）分布于福建省福州市和建瓯市等地，危害灵芝、杏鲍菇。

成虫：体长 1.4mm 左右，圆筒形，白色，口部褐色，全身密布短细毛，间有少量长毛。触角与头等长，各节长度之比为 3：5：5：3。腹部 4～6 节愈合。爪微有弯曲，内缘中央有齿 1 枚，基部宽大，弹器与触角等长，端节小而上曲，具 2 齿。

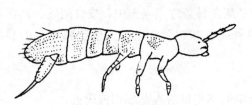

图 8-27　角跳虫
（张学敏等，1994）

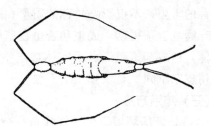

图 8-28　中华盐长角跳虫
（张学敏等，1994）

3. 长角跳虫类　以下 3 种长角跳虫均可危害木耳，分布于广东省电白区。

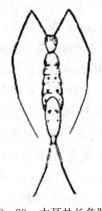

图 8-29　木耳盐长角跳虫
（张学敏等，1994）

（1）中华盐长角跳虫　中华盐长角跳虫（图 8-28）体长 1.8～2mm，淡黄色。触角长 2.65mm，约为体长的 1.5 倍，被短小刚毛，颜色由基部向端部逐渐加深，触角 1～3 节每节端部有一黑褐色的环。触角各节长度之比为 0.51：0.87：0.61：0.75。头部边缘（除后头缘外）有棕黄色镶边，其上有许多银白色的毛。眼面黑褐色，身体两侧缘从胸部至腹部末端有棕黄色镶边。身体腹面有许多分散黑色小点。腹部第 4 节背板后缘有棕黄色横带，其前方有 2 个黑色斑块，第 5、6 节背板棕黄色。足淡黄色，腿节靠端部外侧有灰黑色斑条，胫跗节基部和 3/5 处有一段灰黑色斑条。弹器白色，发达，长 1.2mm，弹器基节与齿节之比为 5：6。端节有 2 个齿，都很发达且明显，无基刺。

（2）木耳盐长角跳虫　木耳盐长角跳虫（图 8-29）体长

2.3mm。身体淡褐色，头部淡黄色，长 0.44mm，头顶中央有 3 条粗长的大刚毛，头部两侧有灰黑色镶边，沿身体两侧延向腹端；触角长 2.9mm，基部 2 节淡黄色，第 3 节淡褐色，第 4 节褐色，触角 1～3 节每节端部有一黑褐色的环；触角长为体长的 1.25 倍，各节长度之比为 0.58：0.90：0.64：0.78，触角密被刚毛，其中有些特粗长，而第 4 节无粗长刚毛。眼 8+8，排成两纵列，内列最后 2 个较小。胸部从后胸至腹部 4 节每节背面有 2 个灰黑色斑块。腹部第 4 节至第 6 节每节后缘均有一黑色环带。足淡黄色，胫节和跗节内侧缘有 2 条褐色斑。身体腹面中央有数列黑色斑点。弹器淡黄色，发达，长 1.07mm，弹器基节与齿节之比为 5：7。

（3）电白长角跳虫　电白长角跳虫（图 8-30）体长 2.8mm，灰黄色。头灰白色，长 0.44mm，眼面黑色。触角淡褐色，长 1.62mm，比身体一半稍长，触角各节长度之比为 7：16：12：21。触角第 1 节和第 2 节上刚毛长短不一，第 4 节末端有一珠状小瘤，位于一个小凹窝中。足胫跗节前端背面有 1 条棍状黏毛，腹面有 1 个环状突起。腹部第 4 节比第 3 节长，为第 3 节的 5.5 倍。第 4 腹节背板后缘有一列长短不等和不同类型的刚毛，其中有 2 条长毛和一些细长的鬃。弹器发达，长 1.16mm，抵达腹管。

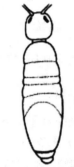

图 8-30　电白长角跳虫
（张学敏等，1994）

4. 斑足齿跳虫　该虫分布于广东、福建等地，危害黑木耳。

斑足齿跳虫属于圆跳虫科（Sminthuridae），该科体球形，腹部分节不明显，不同于上述跳虫。圆跳虫常呈鲜明色彩或斑纹（图 8-31）。日本曾报道三环圆跳虫（*Pienothrix tricycla* H. Uchida）生活于食用菌上。我国林善祥报道圆跳虫科的斑足齿跳虫（*D. balicrura*）可危害黑木耳。

斑足齿跳虫体长 1.7～2.1mm，灰黑色。头背面灰黄色，头顶、额中央和两触角间分别有一小块黑斑。颊和额的前端灰黑色。口器灰黄色。触角褐色，由基部至端部逐渐加深，比身体稍短，为头长的 2 倍。身体背面具不规则的块状和条状黄斑。弹器发达，灰黑色，齿节特别长。胸足有 12 段黄黑相间的斑。

斑足齿跳虫

（二）习性及发生规律

弹尾目害虫危害双孢蘑菇、香菇、平菇、银耳、木耳、茶树菇、杏鲍菇、灵芝的菌丝体和子实体。培养料上发生弹尾目害虫会抑制发菌。弹尾目害虫取食子实体的菌柄成小洞，咬食菌盖出现不规则的凹点或孔道；弹跳能力强，喜阴暗潮湿环境，能浮在水面运动；常群集危害，当菌盖上虫口密度高时呈现烟灰状。

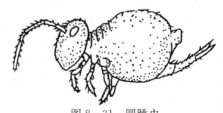

图 8-31　圆跳虫
（张学敏等，1994）

紫跳虫广泛分布于四川、山东、广东、福建等地的蔬菜地和食用菌房中。一年发生多代，世代重叠，以成虫和若虫越冬。高湿及 25℃ 条件有利于紫跳虫生长发育和繁殖，在肥沃潮湿土壤、杂草、枯枝落叶、牲畜粪肥上常年可见。该虫可在水面漂浮，且跳跃自如，特别是在连续下雨后转晴时数量尤多。如菇床上有机质丰富、湿度较高、温度又适宜，紫跳虫常迁移到菇床危害子实体。通常情况下，紫跳虫随覆土进入菇床，10—11 月虫量达最高峰，约占总虫量的 80%，且在菇床上越冬，到翌年 4—5 月有一个小高峰。收菇结束，多数随清除的废料进入肥料堆或土壤中生活。

（三）防治方法

1. 菌种房灭虫　菌种培养房的地面要清洁干燥，不堆杂物，并在地面喷洒50％敌敌畏乳油200倍液或50％马拉硫磷乳油500倍液，灭虫后再培养菌种。

2. 栽培期防虫

①搞好菇房环境卫生，清除周围积水，改善通风条件，降低菇房湿度。

②如菇床发现跳虫，可将80％敌敌畏乳油1 000倍液喷洒于纸上，再滴上蜂蜜，将药纸分散于培养料表面或覆土表面进行诱杀；也可在周围放小盆清水，让其跳入水中，第二天再换水继续诱杀。

③原基分化前或采菇后料面喷洒25％噻虫嗪水分散粒剂3 000～4 000倍液。

五、蛞蝓类

蛞蝓属软体动物门（Mollusca）腹足纲（Gastropoda），俗称鼻涕虫，是温室和园艺作物的常见害虫。北京防空洞菇房调查发现，1m^{2}有7～8只蛞蝓，几乎把平菇菌丝和菌盖吃光；在福建，蛞蝓危害竹荪菇蕾，使其推迟出菇2～3d，危害子实体，将菌柄咬成锯齿状，使菌褶破裂，子实体畸形而失去商品价值，在食用菌生产中危害严重。

（一）形态特征

1. 野蛞蝓　野蛞蝓（*Agriolimax aprestis* Linnaeus）体柔软，无外壳，暗灰色、黄白色或灰红色，少数有明显的暗带或斑点。触角2对，黑色。外套膜为体长的1/3，边缘卷起，内有一退化贝壳。呼吸孔似细小的带环绕，尾脊钝，黏液无色。生殖孔在右触角的后方约2mm处。伸展时体长30～40mm，宽4～6mm（图8-32a）。

2. 双线嗜黏蛞蝓　双线嗜黏蛞蝓（*Phiolomycus bilineatus* Benson）体裸露、柔软，无外壳。外套膜覆盖全身，呼吸孔圆形，位于触角后3mm处，全身灰白色或淡黄褐色，背部中央有1条黑色斑点组成的纵带，近色带处的斑点稠密。体前端较宽，后狭长。尾部有一脊状突起。触角2对，蓝褐色。跖足肉白色，黏液乳白色，伸展时体长35～37mm，宽6～7mm（图8-32b）。

3. 黄蛞蝓　黄蛞蝓（*Limax flavus* Linnaeus）体裸露、柔软，无外壳，深橙色或黄褐色，有零星的浅黄色或白色斑点。足为淡黄色，分泌黏液淡黄色。触角2对，淡蓝色。体背前端1/3处有一椭圆形外套膜，前半部游离，收缩时可覆盖头部。外套膜内有一石灰质的盾板，体伸展时可达120mm，宽12mm（图8-32c）。

（二）习性及发生规律

1. 野蛞蝓　生活在阴暗潮湿的草丛、枯枝落叶或石块下，危害黑木耳、香菇、草菇、平菇、双孢蘑菇等食用菌。一年繁殖一次，卵一般产于段木的接种穴内、木质部和形成层之间以及培养料、覆土缝隙中；卵成堆，每堆10～20粒；卵呈圆形，透明，可见卵核。

2. 双线嗜黏蛞蝓　生活在阴暗潮湿的石块、落叶下或草丛中，危害香菇、平菇、双孢蘑菇、草菇、黑木耳、

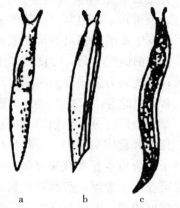

图8-32　三种蛞蝓

a. 野蛞蝓　b. 双线嗜黏蛞蝓　c. 黄蛞蝓

（张学敏等，1994）

毛木耳等食用菌。多在夜间或雨后、阴天成群爬出寻食。一年繁殖一次，卵圆棱形，透明，产于培养料内、段木接种穴、形成层和木质部之间，以及砖、石、瓦块和树叶下。

3. 黄蛞蝓 生活在阴暗潮湿处，昼伏夜出，食性较杂，取食双孢蘑菇、平菇、草菇、香菇、木耳等食用菌。

（三）防治措施

1. 搞好环境卫生，清除虫源 彻底清除栽培场内的砖瓦块、枯枝落叶和烂草，并铲除场地附近的杂草，撒上石灰粉保持菇房及其周围环境的清洁和干燥。

2. 人工捕捉 利用蛞蝓昼伏夜出或晴伏雨出的规律进行人工捕捉，也可在栽培场内放些砖瓦、树叶、杂草等诱捕。

3. 药剂防治 大量发生时用6％蜗牛敌颗粒剂按1∶（25～30）拌沙，撒于菇床周围或蛞蝓出没处。

六、啮虫目害虫

啮虫属于昆虫纲啮虫目（Psocoptera），是小型柔弱的昆虫。头大而唇基突出，触角细长，复眼发达，口器咀嚼式。前胸很小如颈。翅膜质，前翅大，有翅痣，翅脉多波曲，后翅小，翅上常有毛或鳞片。足细，跗节2节或3节。啮虫目为渐变态，若虫略相似，与成虫处在同样的环境中，常许多个体聚集。

嗜卷书虱

世界已知啮虫目有4 600多种，我国约1 150种。啮虫生活在各类植物上，多以地衣、藻类、菌类和植物碎片等为食，在食用菌培养料上也常有一些啮虫活动，如狭啮属（Stenopsocus）和半齿属（Hemipsocus）的种类以霉菌为生。室内无翅的啮虫通称为书虱，可啮食书画、衣物、食品以及动植物标本等，也会食害贮藏的食用菌干制品。如嗜卷书虱（Liposcelis bostrychophilus Badonnel）可取食危害鲍鱼菇，一种厚啮科（Pachytroctidae）的昆虫也可危害灵芝、双孢蘑菇等的菌丝体。

厚啮

七、直翅目害虫

直翅目（Orthoptera）包括蝗虫、螽斯、蟋蟀等常见昆虫，一般都善跳跃，雄虫善鸣，雌虫有外露的产卵器。蝼蛄科（Gryllotalpidae）则由于在地下活动，前足变成掘土的开掘足，雌虫没有明显的产卵器。蝼蛄除危害农林作物的根茎为重要的地下害虫外，也是一类食用菌害虫，曾于福建发现培养草菇的稻草堆中有蝼蛄活动危害。二刺羊角蚱［Criotettix bispinosus（Dalman）］属于直翅目刺翼蚱科（Scelimenidae）羊角蚱属（Criotettix），可在寄主茶树菇上取食危害。

二刺羊角蚱

八、半翅目椿象类害虫

半翅目（Hemiptera）包括各类椿象，椿象是不完全变态的昆虫，若虫与成虫相似，均为刺吸式口器，有分节的喙。成虫前翅基半革质，端半则为膜质，且左右重叠。半翅目包括许多农林害虫，也有不少捕食性的天敌昆虫，危害食用菌类的只有一个扁蝽科（Aradidae）是小型扁平的椿象（图8-33）。体棕褐色至黑褐色；触角短粗，4节；足的跗节只有2节；翅窄小，腹部两侧外露。扁蝽科已知230余属1 900多种，分布于世界各地；中国已知30属147种左右。成虫和若虫均生活在树皮下或菌类中，一般取食腐木中的菌丝或生长在树木上的多孔菌等。我国湖北、广西等地近年来记载的一种茯苓喙扁蝽（*Mezira poriaicola* Liu）可危害茯苓。

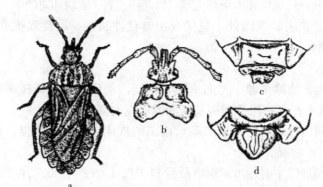

图8-33　扁蝽科
a. 扁蝽　b. 茯苓喙扁蝽头、胸　c. 雌腹部末端　d. 雄腹部末端
（张学敏等，1994）

思考题

1. 双翅目食用菌害虫主要属于哪两个亚目？各亚目试举例两个害虫代表。

2. 如何识别平菇厉眼蕈蚊？该虫的发生有何特点？如何做好平菇厉眼蕈蚊的防控工作？

3. 如何区别黑粪蚊与广粪蚊？这两种害虫的发生有何共同点？如何控制粪蚊的危害？

4. 简述真菌瘿蚊的发生规律，并根据发生规律制订防治真菌瘿蚊的策略。

5. 食用菌场黑腹果蝇的发生有何特点？如何开展该虫的物理防治？

6. 简述蚤蝇的常见种类，并举例说明如何识别该类害虫，以及如何做好蚤蝇的防控工作。

7. 试说明鞘翅目甲虫的重要特征。

8. 鞘翅目食用菌害虫常见种类有哪些？试至少举例3个以上害虫代表。

9. 如何识别凹黄蕈甲？该虫的发生有何特点？如何做好凹黄蕈甲的防控工作？

10. 试述鳞翅目昆虫的主要特征。

11. 如何识别灵芝谷蛾？该虫的发生有何特点？如何做好灵芝谷蛾的防控工作？

12. 如何识别平菇尖须夜蛾与星狄夜蛾？这两种害虫的发生有何特点？如何控制这两种夜蛾的危害？

13. 简述食丝谷蛾和欧洲谷蛾的发生规律，并根据发生规律制订防治食丝谷蛾和欧洲谷蛾的策略。

14. 简述印度谷螟的分类地位，说明该虫的发生特点及如何开展该虫的综合防治工作。

15. 缨翅目食用菌害虫主要有哪些？请举两例说明该虫的识别特征、发生规律及如何防控。

16. 食用菌栽培场所常见的蓟马有哪些？请举一例说明其形态特征、发生规律及防治方法。

17. 食用菌栽培场所常见的跳虫有哪些？这类害虫的发生有何特点？如何防控跳虫的危害？

18. 常见危害食用菌的蛞蝓有哪些种？如何识别？

第九章　食用菌螨类

食用菌栽培过程中，螨类常常与害虫、病原菌混合发生。食用菌螨分两大类，一类是益螨，又称捕食螨，常常捕食菇蚊、菇蝇的卵、幼虫，以及线虫和害螨等，它们的存在可适当降低有害生物的种群数量，减轻食用菌受害而蒙受的损失。另一类是害螨，主要为矮蒲螨和粉螨。它们以若螨、成螨直接取食菌丝或子实体，甚至把菌丝吃光，同时传播大量病原菌，造成不发菌或出现退菌现象，将子实体蛀食成孔洞，影响鲜菇品质，造成重大经济损失。粉螨是食用菌生产中常见的害螨，体型比矮蒲螨大，圆形，白色，单个行动且行动缓慢，多数种类以食物碎屑、腐烂有机物以及霉菌为食，可吞食菌丝，使培养料菌丝衰退。主要种类有腐食酪螨、粗脚粉螨、长食酪螨、椭圆食粉螨、食菌嗜木螨、昆山嗜木螨等，椭圆食粉螨常发现于用作食用菌栽培原料的棉籽壳中。粉螨有个别种类一旦大发生，会对食用菌栽培造成重大损失。例如，Eicker 报道伯氏嗜木螨（*Caloglyphus berlesei* Michael）严重危害南非的食用菌。矮蒲螨与食用菌的关系最密切，矮蒲螨体型小，黄白色或淡褐色，分散时肉眼不易看清，喜群体生活，大量发生时犹如撒上一层土黄色药粉，严重时毁灭整个菇房菌丝，造成绝收。其中害长头螨（*Dolichocybe perniciosa*）会危害金针菇、毛木耳、黑木耳、银耳、香菇、灵芝等，木耳卢西螨（*Luciaphorus auriculariae*）主要危害毛木耳和黑木耳。矮蒲螨的危害贯穿于食用菌栽培的整个周期，对母种、原种和栽培种均可侵染。截至目前，国内食用菌上已发现的螨类主要属 3 个目 21 个科。

第一节　螨的分类系统及形态特征

蜱螨学的研究起步相对较晚。在国外，现代蜱螨学的发展开始于 19 世纪末 20 世纪初。在第二次世界大战后，1952 年美国人 Baker 和 Warton 发表了《蜱螨学导论》（*Introduction to Acarology*），这是第一本标准的蜱螨分类资料；1958 年 Baker 等出版了《蜱螨分科检索》（*Guide to the Families of Mites*），在一定程度上补充了《蜱螨学导论》中一些未包含的科，并对较高分类阶元进行了修改；1970 年 Krantz 总结了近十年来许多学者的研究成果，出版了第一版《蜱螨学手册》（*A Manual of Acarology*），对蜱螨分类进行了重要改进；1978 年 Krantz 又依据 1970 年后世界各地学者的研究成果，出版了《蜱螨学手册》第二版，对蜱螨分类又做了一次系统变更；1992 年 Evans 对蜱螨分类重新做了改动，按照 Evans 分类系统，蜱螨亚纲共分 3 个总目 7 个目；2009 年 Krantz&Walter 重新整理了蜱螨资料，出版了第三版《蜱螨学手册》，使蜱螨分类进一步完善。许多学者使用的分类系统及名称常常不统一，有待于蜱螨学家的进一步完善。

食用菌螨类身体微小，无翅。成螨和若螨足 4 对，幼螨足 3 对。大多数螨类一生要经历卵—幼螨—若螨—成螨 4 个时期。但有一些种类如害长头螨、木耳卢西螨与多数螨类发育历期不同，属卵胎生，卵在母体内直接发育成成螨后爬出。

螨身体分为颚体（gnathosoma）及躯体（idiosoma）（图 9-1）。

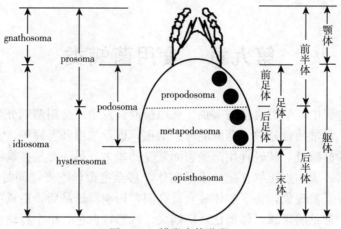

图9-1　螨类身体分段

(张智强等，1992)

颚体：由背面的口上板（epistome）、腹面的下颚体（subcapitulum）和两边的须肢基节（coxae）形成的侧壁组合而成，具有两对附肢即螯肢（chelicerae）和须肢（palpi），是取食与感觉的中心。

螯肢：有2～3节，端节由定趾（fixed digit）及动趾（movable digit）组成。

须肢：有1～5个活动节，由转节（trochanter）、股节（femur）、膝节（genu）、胫节（tibia）和跗节（tarsus）组成。

躯体：由背面（dorsum）及腹面（venter）组成，成螨一般有4对足，是代谢、繁殖和运动的中心。

背面：由背板（dorsal shield）、眼（ocellus）、背毛（dorsal idiosomal seta）、隙孔（lyrifissure）等组成，常有许多各式各样的装饰。

腹面：由生殖孔（genital pore）和肛孔（anal pore）组成。

足：由基节（coxa）、转节、股节、膝节、胫节及跗节组成。

食用菌主要捕食螨或寄生性螨分科检索表

7. 生殖板后缘圆 ·· 厉螨科
　　生殖板后缘平截 ·· (8)
8. 背板1块或2块，其背毛常多于21对，缘毛大于2对 ·············· 囊螨科
　　背板1块，其背毛常少于21对 ·· (9)
9. 盅毛锤状或无，有覆瓦状背片 ·································· 蚳线螨科
　　盅毛刚毛状，无覆瓦状背片 ··· (10)
10. 须肢简单，无拇爪复合体 ·· (11)
　　须肢有拇爪复合体 ·· (13)
11. 螯基与颚体铰链，可动，前足体背面盅毛2对 ····················· (12)
　　螯基愈合，前足体背面盅毛0～1对，螯肢和颚体正常 ········· 镰螯螨科
12. 须肢跗节有爪状端刺 ·· 巨须螨科
　　须肢跗节有1根或2根长端毛 ·································· 吸螨科
13. 须肢跗节有独特的梳状毛 ·· 肉食螨科
　　须肢跗节无梳状毛，气门沟不游离，螯肢粗短 ················ 绒螨科

食用菌主要菌食性螨分科检索表

1. 体乳白色，不透明，须肢末端扁平，躯体腹面有4个几丁质环，常生活在潮湿环境中 ····· 薄口螨科
　　体色多样，须肢非扁平，躯体腹面无几丁质环，生活习性各异 ·············· (2)
2. 雌螨转节Ⅲ为三角形，转节Ⅳ为四边形 ························ 长头螨科
　　雌螨转节Ⅲ和Ⅳ均为四边形 ··· (3)
3. 足Ⅰ无爪，股节刚毛C刚毛状，前足体背板有1对明显的刚毛 ········· 微离螨科
　　足Ⅰ具1爪，股节刚毛C钩状或刚毛状 ····························· (4)
4. 股节刚毛C刚毛状，前足体背毛3对，背毛长或短 ···················· (5)
　　股节刚毛C钩状或为两根小刺毛状，前足体背毛2～3对 ········· 矮蒲螨科
5. 前足体与后半体之间有一横沟，背毛短，若背毛长则不呈栉齿状，雄螨有肛吸盘和跗节吸盘
　　··· 粉螨科
　　前足体与后半体之间无横沟，背毛长，呈栉齿状，雄螨无肛吸盘和跗节吸盘 ·········· 食甜螨科

第二节　食用菌主要螨类生物学特性

一、食用菌主要害螨

（一）速生薄口螨

　　速生薄口螨（*Histiostoma feroniarnm*）隶属蛛形纲（Arachnida），蜱螨亚纲（Acari），薄口螨科（Histiostomidae），薄口螨属（*Histiostoma*）。雌螨体长400～700μm，椭圆形，乳白色，全身不分节，腹面有2对圆形的几丁质环，前一对几丁质环在Ⅱ和Ⅲ基节之间，位于生殖孔的两侧，后一对几丁质环相互靠近，位于Ⅳ基节同一水平上，躯体背面刚毛较短，与Ⅰ胫节等长，足粗短，每一足的末端有粗爪，体有微小突起，所以容易黏附菌丝和细小颗粒，生活在潮湿的环境中，行动缓慢。

速生薄口螨

　　速生薄口螨的成螨或休眠体常躲藏在栽培料底部越冬，成螨有群集性，喜欢阴暗、潮

湿、温暖的环境。常发生于腐烂的双孢蘑菇、香菇、草菇等的子实体及菌块上，繁殖很快，只需3～4d就能完成一代。通过取食菌丝、子实体，蛀食栽培料，同时携带病原杂菌，然后随风飘散或吸附在眼蕈蚊、粪蝇体上进行传播扩散，受其危害的菌种，菌丝断裂老化，不能长出绒毛状菌丝，菌丝生活力减退，菌种品质大大降低，造成菇床、菌袋退菌，出菇延迟，重则大幅度减产，甚至绝收。

（二）腐食酪螨

腐食酪螨

腐食酪螨（*Tyrophagus putrescentiae* Schrank）隶属蛛形纲，蜱螨亚纲，粉螨科（Acaridae），食酪螨属（*Tyrophagus*）。成螨体卵圆形，体表光滑，体长280～420μm。腐食酪螨一生有卵、幼螨、若螨、成螨4个时期，温湿度条件适宜时完成一代只需14～20d，条件不适宜时形成休眠体，雌成螨交配后一生可产40～200个卵。

腐食酪螨在食用菌及受害的食用菌料上常见，主要取食各种杂菌，亦取食食用菌菌丝及子实体，严重时可将培养料蛀空，可危害食用菌菌种，危害程度与腐食酪螨的数量有关，受害的食用菌菌丝断裂退化，不能长出絮状菌丝，若将这样的菌种用于栽培，可能造成绝收。腐食酪螨还会危害双孢蘑菇、银耳、猴头菇、木耳、平菇等的菌丝。

（三）伯氏嗜木螨

伯氏嗜木螨（*Caloglyphus berlesei* Michael）隶属蛛形纲，蜱螨亚纲，粉螨科，嗜木螨属（*Caloglyphus*）。幼螨期约3.81d，第一若螨期约3.63d，第二若螨期约4.44d，成螨期约14.6d。雌成螨体型稍大，体长950～1 095μm，宽约670μm，短椭圆形。

伯氏嗜木螨主要在潮湿场所内栖息，如仓库。该螨喜高温高湿，常滋生于潮湿发霉的贮藏物内，如稻草、棉籽壳、麸皮、玉米粉等。条件适宜时，各螨态群体危害、世代重叠、混合发生；密度大、食料缺乏时，常在贮藏物间迁移传播。该螨个体小，怕光，见光后异常活跃，迅速逃向背光处，具有较强的耐水能力，可随水、工具、农事操作传播。

（四）兰氏布伦螨

兰氏布伦螨［*Brennadania lambi*（Krczal）］隶属蛛形纲，蜱螨亚纲，微离螨科（Microdispidae），布伦螨属（*Brennadania*）。一生有卵、幼螨和成螨3个时期，无若螨期。24℃下取食1d后开始固定取食，2d后体呈圆筒形，第5天多数呈球形，并开始产卵，产完卵，雌螨的生活史完成。雌螨体大，呈椭圆形，是主要危害群体；雄螨体小，呈三角形，体末较尖，不取食。

兰氏布伦螨雌螨喜钻在双孢蘑菇菌丝密、培养料较紧实的缝隙中取食，群集发生。主要通过取食双孢蘑菇菌种，导致双孢蘑菇严重减产乃至绝收，在我国上海、江苏、浙江等双孢蘑菇生产基地均有分布。在双孢蘑菇菇床上，腐食酪螨常常与兰氏布伦螨一起发生，但导致双孢蘑菇严重减产的是兰氏布伦螨。兰氏布伦螨也是澳大利亚和新西兰双孢蘑菇产业的主要害螨，它的发生可能与沃尔辛蚤蝇和苹果眼蕈蚊的传播有关。双孢蘑菇原种和栽培种带螨是导致双孢蘑菇菇床上兰氏布伦螨大暴发的主要原因。此外，矩形拟矮螨、蘑菇拟矮螨、费氏穗螨在双孢蘑菇菇床上也时常发生，但尚未发现它们直接造成大面积减产的情况。

（五）镰孢穗螨

镰孢穗螨（*Siteroptes fusarii*）隶属蛛形纲，蜱螨亚纲，矮蒲螨科（Pygmephoridae），穗螨属（*Siteroptes*）。1987年，在福建省屏南县的香菇栽培袋上首次发现镰孢穗螨，香菇菌丝被其取食殆尽，随后在福建省古田县、莆田市和屏南县发现该螨大面积危害银耳栽培袋，造成严重的经济损失。镰孢穗螨取食银耳菌丝、香菇菌丝，影响子实体的形成，且嗜食原基，导致耳小甚至不出耳，耳片萎缩、霉烂，商品价值降低，菌袋受害后，易受木霉和镰孢霉侵染，镰孢穗螨在迁移过程中传播杂菌。受此螨害的银耳，所含的人体必需氨基酸如赖氨酸、苏氨酸、亮氨酸等含量均比未受此螨害的银耳少。

（六）木耳卢西螨

木耳卢西螨（*Luciaphorus auriculariae* Mahunka）隶属蛛形纲，蜱螨亚纲，微离螨科，卢西螨属（*Luciaphorus*）。雌螨体黄白色，大量聚集在一起取食，呈锈红色粉末状。雌螨后半体形成膨腹体进行繁殖，膨腹体直径最大可达 2 793μm。一生只有卵和成螨 2 个时期，卵在母体内直接发育成成螨。25℃下，膨腹体卵的历期为 6～8d，雌成螨为 10～15d。

木耳卢西螨嗜食毛木耳和黑木耳菌丝、子实体原基和子实体，也会取食金针菇菌丝和子实体。该螨危害毛木耳试管母种，膨腹体主要出现在试管前端，普遍较小，发育历期较长，导致菌丝衰退。危害毛木耳菌种瓶，透过瓶壁可见白色菌丝中有许多圆形小球，菌丝日渐消退，出现褐斑，流褐水。危害栽培袋，症状较轻时原基长不大，能出耳但朵小，将栽培料掰开可见许多白色透明圆形颗粒，这些就是膨腹体。1988 年，福建龙海九湖一带的毛木耳受木耳卢西螨危害，产量损失 10%～15%，严重的达 50%。

（七）害长头螨

害长头螨（*Dolichocybe perniciosa*）隶属蛛形纲，蜱螨亚纲，长头螨科（Dolichocybidae），长头螨属（*Dolichocybe*）。未孕雌螨体细小，扁平，体长约 180μm，宽约 85μm，在前足体与后半体交界处及末体有膜质皱褶，足Ⅲ、Ⅳ转节均为三角形，属卵胎生型；怀孕雌螨后半体膨大，膨腹体呈筒形、长筒形或球形；雄螨比雌螨小。

害长头螨

害长头螨食性复杂，直接取食食用菌菌丝，造成接种后不发菌或发菌后退菌的现象，使培养料变黑腐烂，分散活动时很难被发现，然而当聚集成堆被发现时损失已无法挽回。该螨的繁殖、耐寒和耐饥能力强，当环境不适时，会转入休眠状态，一旦条件适宜，就会继续危害。它的危害过程贯穿于食用菌栽培的整个周期，不仅危害栽培种，还可危害母种和原种，对食用菌的生产造成毁灭性打击。害长头螨不但取食金针菇、香菇、黑木耳、毛木耳、银耳、灵芝等的菌丝和子实体，而且还传播木霉、黑孢霉、镰刀菌等杂菌。

二、食用菌主要捕食螨

食用菌捕食螨又称为食用菌益螨，具有体型小、生长周期短、繁殖量大、捕食能力强等优势。捕食螨食性较杂，有的取食杂菌，有的捕食小型动物，有的适合腐生环境，所以在未经发酵的双孢蘑菇培养料及有杂菌滋生的培养料中有捕食螨存在。目前已知食用菌捕食螨主要隶属 14 个科，主要为厉螨科（Laelapidae）、巨螯螨科（Macro-chelidae）、囊螨科（Ascidae）和寄螨科（Parasitidae）等，如尖狭下盾螨（*Hypoaspis aculeifer*）、剑毛帕厉螨（*Stratiolaelaps scimitus*）、家蝇巨螯螨（*Macrocheles muscaedomesticae*）、光滑巨螯螨（*Macrocheles glaber*）、黔下盾螨（*Hypoaspis chianensis*）、菅原毛绥螨（*Lasioseius sugawarai*）和草菇真革螨（*Eugamasus consanguineous*）。将这些捕食螨应用于食用菌栽培中害虫的防控上，可明显降低病虫害造成的损失，提高食用菌产量。

捕食螨

在国外，尖狭下盾螨和剑毛帕厉螨商品化应用于食用菌蕈蚊和蚤蝇的防治。Jess 和 Bingham 同时释放尖狭下盾螨和剑毛帕厉螨以控制厉眼蕈蚊和沃尔辛蚤蝇。Jess 和 Kilpatrick

在双孢蘑菇堆肥时，利用剑毛帕厉螨控制双孢蘑菇蕈蚊，使成虫数量减少 87%。Castilho 在双孢蘑菇接种和覆土期，利用剑毛帕厉螨控制迟眼蕈蚊，结果发现迟眼蕈蚊种群密度显著降低且双孢蘑菇产量显著提高。Jess 和 Schweizer 在双孢蘑菇发菌和覆土前期释放剑毛帕厉螨用于防治厉眼蕈蚊，发现可明显降低厉眼蕈蚊幼虫数量。Freire 发现在已受迟眼蕈蚊侵染的姬松茸上，释放少量的剑毛帕厉螨就能将迟眼蕈蚊控制在危害水平以下。

20 世纪 90 年代，我国学者郭丽琼对食用菌捕食螨进行了初步研究，结果在草菇上发现了许多个体比较大、体壳较硬、行动迅速的捕食性益螨，初步鉴定为巨螯螨科及寄螨科种类，由此提出了利用捕食螨来防治食用菌有害生物的设想。之后他们对草菇真革螨捕食食用菌线虫进行了探究，结果表明，草菇真革螨具有捕食多种线虫的习性，不仅取食草菇线虫，也可取食香菇线虫。由此提出了食用菌线虫防治的新途径——生物防治。除了草菇真革螨和巨螯螨可用来防治食用菌害虫外，王梓清等报道黔下盾螨和剑毛帕厉螨也具有潜在开发价值，它们可捕食食用菌蕈蚊的卵和幼虫。

第三节　害螨对食用菌的危害

一、食用菌害螨的发生特点

食用菌害螨的危害特点是直接取食食用菌菌丝，传播大量病原菌，造成不发菌或出现退菌现象，蛀食子实体成孔洞，影响鲜菇品质。害螨在食用菌自然农法栽培或工厂化生产中均可发生，常侵染食用菌原种和栽培菌棒，一些种类亦可侵染母种。害螨的发生常与食用菌培养原料（如棉籽壳、麸皮等）、生料栽培、菌棒灭菌不彻底及菇房周边环境卫生相关。粉螨发生普遍，虽然行动缓慢，但发育很快。矮蒲螨是食用菌栽培中最主要的一类害螨，它们常常聚集性发生，突发性强。食用菌遭受害螨危害，菌丝生长速度减慢，菌丝满袋时间不一致，出菇子实体不整齐，害螨在培养料表面爬行的同时，携带传播大量病菌，致使栽培管理难度系数增加，大大降低食用菌产量和品质，菇农和生产企业遭受重大经济损失。而且，食用菌菌丝和子实体鲜嫩，对药剂敏感，不适宜使用化学药剂防治害螨，一旦大发生，除了将菌棒或菌床栽培料彻底销毁处理，尚无较好的防治措施。

二、食用菌害螨的发生时期及原因

食用菌害螨种类不同，危害时期不同。粉螨主要在食用菌栽培后期管理不善的菇房发生。矮蒲螨从母种开始危害，贯穿于食用菌栽培的整个周期。食用菌害螨发生的原因主要为：①菇房设计不合理，感染源区与易感染区未保持适当的距离，如双孢蘑菇菇房接近谷物仓库、碾米厂、鸡舍等。②菌种带螨，据调查许多菇场因害螨导致严重减产的主要原因是母种或原种带螨。③消毒不彻底，菇房、菇架消毒杀虫不彻底。④害螨经菇蚊、菇蝇、工作人员、操作工具等携带传播，造成危害。

第四节　食用菌害螨的防治

食用菌害螨可发生于食用菌栽培的各个阶段。如兰氏布伦螨危害双孢蘑菇原种和栽培种；害长头螨不仅危害金针菇栽培种，还可危害母种和原种，造成毁灭性打击。害长头螨耐低温，在南方，膨腹体能在室外丢弃的菌渣废料中越冬，其繁殖和耐饥能力强，当环境干燥时会转入休眠状态，一旦条件适宜就会继续危害。害螨分散活动时很难被发现，然而其聚集成堆被发现时，损失已无法挽回。食用菌生产者当前对害螨的防控处于被动状态，一旦暴发，除了丢弃菌包外，无更佳对策。食用菌生产过程中，害螨的危害日趋严重。害螨的防治应坚持以防为主、综合防治，主要防治措施介绍如下。

一、科学设计菇场

建立菇场时应从预防病虫害角度出发，把食用菌原料库、辅料库、废料堆积场等感染源区与菌种室、培养室、出菇房等易感染区隔离，培养室与出菇房间隔一段距离；做好消毒措施，预防害螨因人员、工具、农事操作等从感染源区流动到易感染区。

二、选择抗性强的菌株

有些害螨对同一种食用菌的不同菌株具有不同的喜好程度，如害长头螨对菌丝长势弱的金针菇菌株危害程度高，对菌丝生长旺盛的金针菇菌株危害程度相对较弱。因而在食用菌栽培中，应选择菌丝生长力强的抗性菌株，尽可能避免害螨的危害。

三、菌种检测

有些害螨在食用菌母种试管中也能繁殖，但在量少时肉眼很难发现，因而在接种前应通过显微镜镜检确认母种未侵染害螨才能接入到原种菌袋中，原种接入栽培菌袋时也应做好显微镜检测，确保不带害螨再接入菌袋。防止母种、原种带螨是杜绝害螨大发生的最有效措施，也是避免害螨向其他地区侵染扩散的最主要手段。

四、搞好环境卫生

搞好环境卫生是有效预防害螨的重要手段之一。做好日常清洁卫生工作，将废弃物和污染物及时烧毁或深埋；及时清理厂房周边环境中的废料、积水，以避免成为害螨的潜入源；害螨不仅取食危害食用菌菌丝、子实体和原基，还会携带传播链孢霉、绿霉和木霉等杂菌，因而应及时处理受害菌袋；每次栽培结束后，彻底清理菇场。

五、糖醋液法诱杀

用3份糖、4份醋、1份白酒、1份80％敌敌畏乳油和适量水混合配制成糖醋液，将纱布（或旧布）浸于糖醋液中，取出拧干后铺在菇床或菇架上，螨会自动爬到纱布上取食，待诱集到一定量的螨后取下纱布放在开水锅中煮几分钟将螨烫死，重浸糖醋液，这样连续诱杀几天，可明显降低螨的数量。

六、选用高效低毒杀螨剂

食用菌栽培管理过程中严禁使用剧毒农药，应选择高效、低毒、低残留、对人畜和食用菌无害的药剂，并掌握适当浓度，适期进行防治。害螨的防控主要通过避免菌种和培养料带螨，搞好菇房环境卫生，减少杂菌污染和及时处理受害菌种瓶和栽培料的方式，杜绝害螨的大发生。但在栽培过程中，确实需要使用化学农药时，应选择高效低毒药剂进行拌料或熏

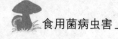

蒸，如敌敌畏、甲氨基阿维菌素苯甲酸盐、阿维菌素、螺螨酯、联苯肼酯等，注意避开出菇期使用。

思考题

1. 食用菌益螨主要有哪些？它们能捕食食用菌栽培中的哪些有害生物？
2. 食用菌害螨主要有哪些？分别危害哪些食用菌？
3. 食用菌螨类的主要防治方法有哪些？

第三篇　农药知识简介

第十章　农药基本知识

第一节　农药的含义和分类

《农药管理条例》（2022修订）中所称农药，是指用于预防、控制危害农业、林业的病、虫、草、鼠和其他有害生物以及有目的地调节植物、昆虫生长的化学合成或者来源于生物、其他天然物质的一种物质或者几种物质的混合物及其制剂。《农药管理条例》中规定的农药包括用于不同目的、场所的下列各类：①预防、控制危害农业、林业的病、虫（包括昆虫、蜱、螨）、草、鼠、软体动物和其他有害生物；②预防、控制仓储以及加工场所的病、虫、鼠和其他有害生物；③调节植物、昆虫生长；④农业、林业产品防腐或者保鲜；⑤预防、控制蚊、蝇、蜚蠊、鼠和其他有害生物；⑥预防、控制危害河流堤坝、铁路、码头、机场、建筑物和其他场所的有害生物。

以农药的用途及成分、防治对象、作用方式机理等为依据，农药的分类方法多种多样。

一、按性质分类

农药按性质分类可分为化学农药、生物农药。

（一）化学农药

化学农药可分为有机农药和无机农药两大类。

1. 有机农药　有机农药是人工合成的对有害生物具有杀伤能力和可调节有害生物生长发育的有机化合物，又称合成农药。通常是以有机氯、有机磷、有机氟、有机硫、有机铜等化合物为有效成分的一类农药。这类农药有杀虫剂、杀菌剂、杀螨剂、除草剂、杀线虫剂及杀鼠剂，例如敌敌畏、拟除虫菊酯、苯醚甲环唑、多菌灵、噻菌灵等。这类农药的特点是品种繁多、药效高、见效快、用量少、药害较低、加工剂型多、作用方式多样、用途广等，可满足不同的需要，是目前使用最多的一种农药。

2. 无机农药　无机农药不含碳元素，是由天然矿物原料加工制成的农药，又称矿物性农药。主要有硫黄、磷化铝、石硫合剂、硫酸铜、氢氧化铜、波尔多液、高锰酸钾等。这一类农药作用比较单一、品种少、药效较低、药害较高，目前大多数品种已被有机农药所替

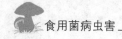

代。但是波尔多液、石硫合剂、硫黄等至今还是广泛使用的优良药剂。

（二）生物农药

生物农药是指直接利用生物产生的生物活性物质或生物活体作为农药，以及人工合成的与天然化合物结构相同的农药。生物农药包括微生物农药、植物源农药、生物化学农药、转基因生物和天敌生物等。生物农药具有生产原料来源广泛，对非靶标生物安全、毒副作用小、对环境兼容性好等特点，已成为全球农药产业发展的新趋势。随着分子生物学技术、基因工程、细胞工程、蛋白质工程、发酵工程、酶工程等高新技术的发展与逐渐渗入到生物农药生产中，生物农药展现出了良好的应用前景和巨大的社会效益和经济效益。

二、按防治对象分类

1. 杀菌剂 杀菌剂为防治病害的药剂，如多菌灵、噻菌灵、咪鲜·氯化锰、硫黄、甲醛、二氯异氰脲酸钠等。

2. 杀虫剂 杀虫剂为防治害虫的药剂，如敌敌畏、拟除虫菊酯类、灭蝇胺、阿维菌素、氯氟·甲氨基阿维菌素苯甲酸盐等。

3. 杀螨剂 杀螨剂为防治螨类的药剂，如螺螨氰、螺螨乙酯、炔螨特等，对其他害虫无效。

4. 杀线虫剂 杀线虫剂为防治植物病原线虫的药剂，如噻唑磷等。

5. 除草剂 除草剂可按对植物作用的性质分为灭生性除草剂，如草甘膦等；选择性除草剂，如精噁唑禾草灵、乙草胺等。

6. 杀鼠剂 杀鼠剂专杀家鼠、田鼠等。有有机杀鼠剂，也有无机杀鼠剂。

7. 杀软体动物剂 杀软体动物剂为用于防治有害软体动物的药剂，如防治蜗牛、蛞蝓等软体动物门的灭旱螺、百螺杀等。

8. 植物生长调节剂 植物生长调节剂为用于调节、促进或抑制植物生长发育的药剂，如乙烯利（用于催熟）、赤霉素（用于刺激生长）、矮壮素（用于抑制生长）、三十烷醇等。

三、按作用方式分类

（一）杀虫剂

1. 胃毒剂 通过消化系统进入虫体使害虫中毒死亡的药剂。此类农药主要用于防治咀嚼式口器的害虫，对刺吸式口器害虫无效。如敌百虫、苏云金杆菌、有机磷杀虫剂等。

2. 触杀剂 通过接触表皮或溶入虫体使害虫中毒死亡的药剂。此类农药用于防治各种类型口器的害虫。如拟除虫菊酯、有机磷类杀虫剂、氨基甲酸酯类杀虫剂等。

3. 内吸杀虫剂 通过植物叶、茎、根部吸收进入植物体内，被输导到植物其他部位，害虫在取食植物组织或汁液时中毒死亡。此类农药主要防治刺吸式口器害虫。如丁醚脲、噻虫嗪等。

4. 熏蒸剂 以气体状态，通过呼吸系统进入虫体使害虫中毒死亡。此类农药往往用于密闭条件下，如用于菇房、温室、大棚中。如敌敌畏、磷化铝、二氯异氰尿酸钠等。

5. 驱避剂 本身基本上没有毒杀作用，但能驱散和使害虫躲避。

6. 诱致剂 能引诱害虫接近以便集中防治或调查虫情的药剂。

7. 拒食剂 害虫取食后其正常生理功能受破坏，食欲减退，最终饿死的药剂。如拒食胺等。

8. 不育剂　害虫经接触并取食一定量后会产生不育现象的药剂。

9. 黏捕剂　具有不干性饴状黏性物质，用以黏捕害虫的药剂，如松香与蓖麻油。

（二）杀菌剂

1. 保护剂　在作物感病之前喷药，能抑制病原孢子萌发或杀死萌发的病原孢子，以保护作物免受侵染的药剂。此类农药必须在植物发病前使用。如百菌清、代森锰锌、代森锌、波尔多液等。

2. 铲除剂　寄主感病以后，施用药剂与病原生物直接接触，可以杀死病原生物的药剂。此类药剂作用强烈，多用于处理休眠期植物、未萌发的种子或土壤，如石硫合剂。

3. 内吸杀菌剂　通过作物吸收进入体内，以保护植物免受病原生物侵害，或抑制、消灭病原生物，缓解植物受害程度，甚至使植物恢复健康的药剂。如多菌灵、甲基硫菌灵、噻菌灵、咪鲜胺等。

4. 防腐剂　不能杀死病原孢子，但可抑制病原孢子萌发的药剂，如硼砂。

（三）除草剂

1. 触杀性除草剂　药剂使用后杀死直接接触到药剂的杂草活组织。只杀死杂草的地上部分，对接触不到药剂的地下部分无效。在施用此类农药时要求喷药均匀。如草胺膦。

2. 内吸性除草剂　药剂施用于植物体上或土壤内，通过植物的根、茎、叶吸收，并在植物体内传导，达到杀死杂草植株的目的。如草甘膦。

第二节　农药的剂型及性能

工厂合成的农药为原药，除了液体熏蒸剂外，一般不能直接使用，必须经过加工制成不同制剂方可使用。农药加工的剂型如下。

一、固体制剂

1. 粉剂　粉剂（DP）是用原药加入一定量的惰性粉，如黏土、高岭土、滑石粉等，经机械加工而成的粉末状混合物制剂，粉粒直径在 $100\mu m$ 以下。粉剂不易被水湿润，不能分散和悬浮在水中，不能兑水喷雾。一般高浓度的粉剂用于拌种、制作毒饵或土壤处理，低浓度的粉剂用于喷粉。粉剂的优点是资源丰富，便宜易得，加工成本较低，施药方法简单，用途广泛，不受水源条件影响，功效高；缺点是施用时易飘移损失，污染环境，黏着力差，用量大，影响药效，喷粉的分散性能较差，分散不均匀易产生药害。如1.1％苦参碱粉剂、5％敌百虫粉剂等。一般情况下，粉剂药效低于乳油、可湿性粉剂。

2. 粉尘剂　粉尘剂（DPO）是将原药、填料和分散剂按一定比例混合后，经机械粉碎和再次混合等工艺流程制成的比粉剂更细的粉状农药制剂。是专用于花卉保护地防治病虫害的一种超微粉剂，粉粒直径在 $10\mu m$ 以下，并具有良好的分散性，以保证絮结度较低。该剂型具有成本低，用药少，不用水，对棚膜要求不严格等优点。如12％噁霉灵粉尘剂、10％腐霉利粉尘剂等。

3. 可湿性粉剂　可湿性粉剂（WP）是农药基本剂型之一，在原药中加入一定量的湿润剂和填充剂经机械加工而成的粉末状物，粉粒直径在 $70\mu m$ 以下。它不同于粉剂的特点是能够被水溶解稀释。该剂型具有加工成本低，贮存安全、方便，有效成分含量高，黏着力强等

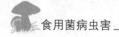

优点；缺点是助剂性能不良时，在水中分散悬浮不易均匀，造成喷雾不匀，可引起局部药害。如75%百菌清可湿性粉剂、50%多菌灵可湿性粉剂等。

4. 可溶性粉剂　可溶性粉剂（SP）是用原药、润湿剂和填料经机械粉碎混合制成的制剂，是可分散于水中形成稳定悬浮液的粉状制剂，是农药剂型中生产和使用量最多的剂型之一，可溶性粉剂易被水湿润，可分散和悬浮在水中，供喷雾施用。可溶性粉剂的优点是加工成本低，贮运安全、方便，有效成分含量高，喷洒的雾滴较小，黏着力强；缺点是对润湿剂和粉粒细度要求较高，悬浮率的高低直接影响防治效果，并易造成局部性药害。其防治效果优于粉剂，接近乳油。与乳油相比，可溶性粉剂生产成本低，可用纸袋或塑料袋包装，贮运方便、安全，包装材料比较容易处理。如50%咪鲜·氯化锰可溶性粉剂、40%多菌灵可溶性粉剂等。

5. 油分散粉剂　油分散粉剂（OP）用于有机溶剂或油分散使用的粉状制剂。

6. 干悬浮剂　干悬浮剂（DF）由原药和纸浆废液、棉籽饼等植物油粕或动物皮毛水解的下脚料及某些无机盐等工业副产物为原料配制而成，为节约乳油中的大量有机溶剂而开发研制的新型制剂，为我国首创。该剂型具有粒子小、表面活性大、渗透力强、配药时无粉尘、成本低、药效高、安全性好等特点，并兼有可湿性粉剂和乳油的优点，加水稀释后悬浮性好。如50%代森锰锌干悬浮剂、61.4%氢氧化铜干悬浮剂等。

7. 微胶囊剂　微胶囊剂（CJ）是由农药原药和溶剂制成颗粒，同时再加入树脂单体，在农药微粒的表面聚合而成的微胶囊剂型，是新开发的一种农药剂型。该剂型具有降低毒性、延长残效、减少挥发、降低农药的降解和减轻药害等优点，但加工成本较高。如25%辛硫磷微胶囊剂等。

8. 颗粒剂　颗粒剂（GR）是原药加入载体（黏土、煤渣等）制成的颗粒状物，粒径一般为250~600μm。该剂型具有在施用过程中沉降性好、飘移性小、对环境污染轻、残效期长、施用方便、省工省时等优点。如3%辛硫磷颗粒剂、5%抗蚜威颗粒剂等。

（1）水分散粒剂　水分散粒剂（WDG）由原药、助剂、载体组成。其助剂系统较为复杂，既有润湿剂、分散剂，又有黏结剂、润滑剂等。具有非常好的药效，具备可湿性粉剂、水悬浮剂的优点。水分散粒剂产品有效成分含量往往较高，相对节省了不发挥作用的助剂及载体的用量，节省了包装、贮运费用等，是目前我国市场前景广阔的剂型之一。如70%吡虫啉水分散粒剂、5%甲氨基阿维菌素苯甲酸盐水分散粒剂、75%嗪草酮水分散粒剂等。

（2）乳粒剂　乳粒剂（EG）是加水后成为水包油乳液的粒状制剂。

（3）泡腾粒剂　泡腾粒剂（EA）是投入水中能迅速产生气泡并崩解分散的粒状制剂，可直接使用或用常规喷雾器械喷施。

（4）可溶粒剂　可溶粒剂（SG）是有效成分能溶于水中形成真溶液，可含有一定量的非水溶性惰性物质的粒状制剂。

9. 片剂　片剂（TA）是由农药原药加入填料、助剂等均匀搅拌，压成片状或一定外形的块状物。该剂型具有使用方便、剂量准确、污染轻等优点。如磷化铝片剂防蛀干害虫天牛。

（1）分散片剂　分散片剂（WT）是加水后能迅速崩解并分散形成悬浮液的片状制剂。

（2）泡腾片剂　泡腾片剂（EB）是投入水中能迅速产生气泡并崩解分散的片状制剂，可直接使用或用常规喷雾器械喷施。

（3）可溶片剂　可溶片剂（ST）的有效成分能溶于水中形成真溶液，可含有一定量的非水溶性惰性物质的片状制剂。

10. 其他固体制剂 除上述剂型外还有固体乳油、悬浮粉剂、漂浮颗粒剂（PG）等。

二、液体制剂

1. 水剂 水剂（AS）是利用某些原药能溶解于水中而又不分解的特性，以水为溶剂，添加适宜的助剂直接用水配制而成的液体。该剂型的优点是加工方便，成本较低，药效与乳油相当。但不易在植物体表面湿润展布，黏着性差，长期贮存易分解失效，化学稳定性不如乳油。如 72.2％霜霉威盐酸盐水剂、1％中生霉素水剂、10％烯啶虫胺水剂等。

2. 微乳剂 微乳剂（ME）是由有效成分、乳化剂、防冻剂和水等助剂组成的透明或半透明液体。由于其所形成的乳状液粒子的直径非常小，因而兑水使用时看不到用乳油或乳剂兑水时所形成的白色乳状液，所以有时也称水基乳油、可溶化乳油。药剂的分散粒径一般为 $0.01\sim0.1\mu m$。微乳剂的显著特点是以水代替有机溶剂，不易燃、不污染环境，使用、贮运都十分安全。药液的刺激性小，更适宜用于室内防治害虫。由于药剂有效成分的分散度极高，对保护作物和靶标生物的附着性和渗透性极强，因此也有提高药效的作用。如 4.5％高效氯氰菊酯微乳剂等。

3. 水乳剂 水乳剂（EW）也称浓乳剂，是指将不溶于水的农药原药先溶解在非极性有机溶剂中，然后再分散到水中形成的一种热力学不稳定分散体系。与乳油相比，水乳剂产品中有机溶剂相对减少，降低了着火的可能，减少了对环境的污染，对眼睛、皮肤刺激性小，提高了生产、贮运和使用的安全性。如 6.9％精噁唑禾草灵水乳剂、2.5％高效氟氯氰菊酯水乳剂等。

4. 悬浮制剂

（1）悬浮剂 悬浮剂（SO）是指借助于各种助剂（润湿剂、增黏剂、防冻剂等），通过湿法研磨或高速搅拌，使原药均匀分散于分散介质（水或有机溶剂）中，形成的一种颗粒极细、高悬浮、可流动的黏稠悬浮液制剂。悬浮剂颗粒直径一般为 0.5～5nm，原药为不溶于水的固体原药。该剂型的优点是悬浮颗粒小，分布均匀，喷洒后覆盖面积大，黏着力强，因而药效比相同剂量的可湿性粉剂高，与同剂量的乳油相当，生产、使用安全，对环境污染轻，施用方便。如 25％灭幼脲悬浮剂、48％多杀霉素悬浮剂、50％异菌脲悬浮剂等。

（2）微囊悬浮剂 微囊悬浮剂（CS）是微胶囊稳定的悬浮剂，用水稀释成悬浮液使用。

（3）油悬浮剂 油悬浮剂（OF）为有效成分分散在非水介质中，形成的稳定分散的油混悬浮液制剂，用有机溶剂或油稀释后使用。

（4）超低容量微囊悬浮剂 超低容量微囊悬浮剂（SU）是能直接在超低容量器械上使用的微囊悬浮液制剂。

5. 乳油 乳油（EC）是用原药、乳化剂、溶剂（或无溶剂）制成的透明油状液体，加水可稀释成不透明的乳剂，乳油是农药制剂中主要剂型之一，具有有效成分含量高、药效好、残效期长、使用方法简单、药剂易附着在植物体表面不易被雨水冲刷等优点；缺点是用有机溶剂和乳化剂生产成本高，使用不当易造成药害。一般用大量水稀释成稳定的乳状液后，用喷雾器常量喷雾、低容量喷雾以至超低量喷雾。乳油在现阶段是使用效率最高的剂型。如 10％浏阳霉素乳油、20％三唑酮乳油、15％茚虫威乳油等。

6. 超低量喷雾剂 超低量喷雾剂（ULV）是由原药加入油脂溶剂、助剂制成，专门供超低容量喷雾使用，一般含有效成分为 20％～50％的油剂。该剂型的优点是使用时不用兑

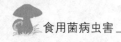

水可直接喷雾，单位面积用量少，功效高，适于缺水地区。目前国内使用的有 5％溴氰菊酯超低量喷雾剂等。

7. 其他液体制剂　还有静电喷雾剂、热雾剂（RR）、气雾剂（AE）、悬浮乳油等。

三、种衣剂

种衣剂（SD）是由原药、分散剂、防冻剂、增稠剂、消泡剂、防腐剂、警戒色等均匀混合，经研磨到一定细度成浆料后，用特殊的设备将药剂包在种子上。该剂型的突出优点是防治园艺作物苗期病虫害效果好，既省工、省药，又能增加对人、畜的安全性，减少对环境的污染。如 25％种衣剂 5 号、25g/L 咯菌腈悬浮种衣剂、62.5g/L 精甲·咯菌腈悬浮种衣剂等。

四、烟剂

烟剂（FU）是由原药、供热剂（燃料、氧化剂等助剂）经加工而成的农药剂型。点燃后燃烧均匀，成烟率高，无明火，原药受热升华或汽化到大气中冷凝后迅速变成烟或雾飘于空间。主要用于保护地蔬菜病虫害的防治。该剂型具有防治效果好，使用方便，功效高，劳动强度低，不需任何器械，不用水，药剂在空间分布均匀等优点；缺点是发烟时药剂易分解，棚膜破损，药剂逸散严重，成本高，药剂品种少。如 30％百菌清烟剂、10％三唑酮烟剂等。其他特殊制剂还有熏蒸剂、毒笔、毒绳、毒纸环、毒签等。

五、缓释剂

缓释剂（CRR）是利用物理或化学的手段，使农药贮存于农药加工品中，然后又使之有控制地释放出来的制剂，如敌敌畏缓释剂。

六、乳粉

乳粉（EP）为我国农药行业自行开发的一种剂型，不同于乳油，不需大量溶剂和乳化剂，但却具有与乳油相似作用的粉状物。它由固态农药原药经加热熔化，再加入定量的纸浆废液或氯化钙以及少量溶剂、乳化剂，再经热混、均匀搅拌、快速烘干而成。使用时按规定量加水化开搅拌即可。该剂型具有节约大量溶剂及包装材料等优点，但也存在易结块、施药后耐冲刷性能较差等不足。

七、膏剂

膏剂（GJ）是由一种或多种不溶于水但溶于有机溶剂的固态或液态农药原药，加入纸浆废液、糖蜜等分散剂、乳化剂及填料，加工成的不流动膏状制剂。使用时兑水，药剂即成乳状液均匀分散于水中。此种制剂包装耗材量较大，使用时不易计量，故发展较慢。

八、气雾剂

气雾剂（BA）为将药液密封盛装在有阀门的容器内，在抛射剂作用下一次或多次喷出微小液珠或雾滴，是可直接使用的罐装制剂。

1. 油基气雾剂（OBA）　溶剂为油基的气雾剂。

2. 水基气雾剂（WBA）　溶剂为水基的气雾剂。

3. 醇基气雾剂（ABA）　溶剂为醇基的气雾剂。

此外还有胶体剂及胶悬剂等加工剂型。

第三节　农药的毒性

农药的毒性是指农药所具有的在极低剂量下就能对人体、家畜、家禽及有益动物产生直接或间接的毒害作用，或使其生理功能受到严重破坏作用的性能。即农药对人、养殖业动物、野生动物、农业有害生物的天敌、土壤微生物等有毒，均属于"毒性"范畴。

一、农药毒性分类

农药的毒性可分为急性毒性、亚急性毒性、慢性毒性、残留毒性及"三致"作用，这些是评价农药对人、畜安全性的重要指标。

1. 急性毒性　急性毒性指农药一次进入动物体内后短时间引起的中毒现象，或短时间内大量农药进入动物体内并表现出中毒症状。

2. 亚急性毒性　指动物在较长时间内服用或接触少量农药（一般连续投药观察3个月）而引起的中毒现象。

3. 慢性毒性　指小剂量农药长期连续使用后，在体内或积蓄，或造成体内机能损害所引起的中毒现象。在慢性毒性问题中，农药的致癌性、致畸性、致突变性特别引人重视。

4. 残留毒性　指农产品含有的农药残留量超过最大允许残留量，人、畜食用对健康产生影响，引起慢性中毒。

5. "三致"作用　指致畸、致癌、致突变作用。

二、农药毒性分级标准

衡量农药急性毒性通常以致死量或致死浓度作为指标，或用无作用剂量（NOEL）来表示。

致死中量（LD_{50}）也称半数致死量，为在一定条件下使一组实验动物群体中的50％个体发生死亡所需的剂量，其含义是每千克体重动物中毒致死的药量（mg）。LD_{50}越小，其毒性越大；反之，毒性越小。如甲胺磷LD_{50}为$18.9 \sim 21$ mg/kg体重（高毒），溴氰菊酯LD_{50}为$128.5 \sim 138.7$mg/kg体重（中毒），吡虫啉LD_{50}为1 260 mg/kg体重（低毒）。

致死中浓度（LC_{50}）为在一定条件下使一组实验动物群体中的50％个体发生死亡的浓度。

中国农药毒性分级标准见表10-1。

表 10-1　中国农药毒性分级标准

级别	经口 LD_{50}（mg/kg）	经皮 LD_{50}（mg/kg）	吸入 LD_{50}（mg/kg）
剧毒	<5	<20	<20
高毒	5～50	20～200	20～200
中毒	50～500	200～2 000	200～2 000
低毒	>500	>2 000	>2 000

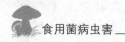

三、农药毒性、药效和毒力的区别

农药的毒性指农药对人、畜等产生毒害的性能；农药的药效指药剂施用后对控制目标（有害生物）的作用效果，是衡量效力大小的指标之一；农药的毒力指农药对有害生物毒杀作用的大小，是衡量药剂对有害生物作用大小的指标之一。

农药的毒性与毒力有时是一致的，即毒性大的农药品种对有害生物的毒杀作用强，但也有不一致的，由于农药在温血动物和节肢动物体内代谢降解机制不同，故有的农药高效低毒。

农药的毒力是药剂本身的性质决定的；农药的药效除与农药本身性质有关外，还取决于农药制剂加工的质量、施药技术的高低、环境条件是否有利于药剂毒力的发挥等因素。毒力强的药剂，药效一般也高。

毒性是利用实验动物（鼠、犬、兔等）进行室内试验确定的。药效是在接近实际应用的条件下，通过田间试验确定的。毒力则是在室内控制条件下通过精确试验测定出来的。

四、农药的安全间隔期

农药的安全间隔期指最后一次施药后距离收获时的天数。国家对每种农药都有指定的安全间隔期，生产中必须严格掌握和执行农药的安全间隔期。

第四节　农药的施用及混用

一、农药的施用

不同加工剂型的农药有不同的施用方法，农药的施用方法大体有以下几种。

1. 喷粉　将粉剂以喷粉机具喷粉施用。

2. 喷雾　将乳油、可湿性粉剂、乳剂、悬浮剂、水溶剂、可溶性粉剂、干悬浮剂、水分散粒剂等加水稀释后用喷雾器或喷雾机进行喷雾施用。根据单位面积的用药量，可分为常量喷雾、低量喷雾和超低量喷雾。

3. 熏蒸　使熏蒸剂挥发成气体状态，用以防治病虫害的施药方法。

4. 熏烟　用烟剂点燃发烟或用农药原药直接加热使其燃烧而产生烟雾的一种施药方法。

5. 毒饵　将胃毒剂与饲料配成毒饵料诱杀害虫的施药方法。

6. 毒土　农药制剂与细土混合，撒于地面或水面，来防治病虫害的施药方法。

7. 泼浇　用大量水稀释农药，制成很稀的农药水溶液，泼浇所要处理的作物及土地等。

8. 涂抹　将农药制剂加固着剂和水制成糊状物，用以处理种子、树干、墙壁的防病虫害的施药方法。

9. 注射法　用注射器将液体农药注入有害生物的寄主体内或环境中，药剂通过输导或挥发毒杀有害生物的方法。

10. 拌种法　用农药处理种子的方法，将种子与药剂混合均匀，使种子外表覆盖药剂。

二、农药的混用

将两种或两种以上对生物具有不同生理作用的农药混合使用，可同时兼治几种病虫，这是扩大防治对象、提高药效、降低毒性、抓住防治有利时机、节省劳动力的有效措施,当前农药混合制剂的发展引人关注。

农药混用时,大多数互不干扰,仅起兼治作用;少数能提高防治效果;另有少数农药混用时效果虽降低,但为了节省劳动力、兼治和抓住有利防治时机偶尔也有混用,须随用随配不可久置;有些药剂,混用时则产生化学和物理变化,造成药害或失效,不少有机磷剂与强碱性的石硫合剂或波尔多液混合,分解迅速,都会失去药效,这些药剂不能混用。

农药是否能够混用,主要由药剂本身的化学性质所决定。农药按其在水中的反应,大体可分为中性、酸性和碱性三大类。中性药剂为各种合成农药、各种植物性农药、不含钙的各种化肥及一部分无机农药;酸性药剂,如抗菌剂401、硫酸铜、硫酸烟碱、过磷酸钙;碱性药剂,如松脂合剂、石硫合剂、波尔多液、氢氧化铜、肥皂、棉油皂、石灰等。中性药剂与中性药剂,中性药剂与酸性药剂,酸性药剂与酸性药剂,它们之间是不产生化学和物理变化可以混用的,碱性药剂在混用时易发生问题,应严格注意,凡在碱性条件下易分解的药剂都不能与碱性药剂混用。

三、农药安全使用

农药是一类生物活性物质,大多数农药对人、畜都有一定的毒性。农药使用不当,有的会直接造成施药人员中毒,有的会使误食或接触农药的家禽、家畜中毒死亡,有的会污染河流、水塘、鱼池,对水生动物造成毒害或污染,有的会污染园艺产品。因此,安全使用农药,是农药使用过程中一个非常重要的环节。

(一)严格遵守农药使用准则

为了安全使用好农药,我国有关部门制订了《农药合理使用准则》,该准则对农药的品种、剂型、常用药量、最高药量、施药方法、最多施用次数、最后一次施药与收获的间隔天数(安全间隔期)和最高残留限量都做了具体规定,一定要认真遵守。针对病虫草害发生的种类和情况,要选用合适的农药品种、剂型和有效成分,根据规定剂量用药,不能随意加大用药量。施药次数对蔬菜等鲜食产品和环境的影响很大,生产无农药污染蔬菜和绿色食品都应尽可能减少农药的施用次数,遵守农药使用的安全间隔期,以控制产品中农药残留量。

(二)要切实禁止和限制使用高毒和高残留农药,选用安全、高效、低毒的化学农药和生物农药

根据《农药管理条例》规定:农药使用者不得使用禁用的农药;标签标注安全间隔期的农药,在农产品收获前应当按照安全间隔期的要求停止使用;剧毒、高毒农药不得用于防治卫生害虫,不得用于蔬菜、瓜果、茶叶、食用菌类、中草药材的生产,不得用于水生植物的病虫害防治。

农药被禁用或限用主要在于:农药对人畜有高毒,使用不安全;有高残留、各种慢性毒性作用;二次中毒和二次药害;会致畸、致癌、致突变;含有特殊杂质或代谢产物,有特殊作用以及对植物不安全,有毒害;对环境和非靶标生物有害等。为保护人民健康,在无公害或绿色食品生产中大力推广综合防治技术,充分发挥抗病(虫)品种、农业栽培技术等措施的控害作用,减少农药的使用。在使用农药时要禁用高毒、高残留农药,慎用中毒农药,选用高效、安全、低毒、低残留的生物农药、激素类农药、低残留农药,以确保农产品上农药的残留量在国家的限量以下。

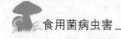

（三）农药的安全使用

1. 农药的购置、存放和使用　购置农药时，应仔细看清标签，不购买标签不清或包装破损的农药，不购买无三证的农药。购回的农药要单独存放，不能与粮食、食用油、饲料、种子等存放在一起，要放在儿童不能摸到的地方，农药使用前要认真阅读标签和说明，按要求使用农药。

2. 施药人员的选择　必须选工作认真、经过技术培训、掌握安全用药知识和具备自我防护技能的身体健康的成年人施药。一般情况下体弱多病、患皮肤病、农药中毒和患其他疾病未恢复健康的人以及哺乳期、孕期、经期妇女和未成年人不能喷施农药。

3. 正确配药和施用　开启农药包装、配制农药时要戴必要的防护用具，用适当的器械，不能用手取药或搅拌，要远离儿童或家禽、家畜。喷雾作业前应认真检查喷雾器各连接处是否牢固密封不得有渗漏，开关是否打开关闭自如，过滤网是否清洁，喷头是否畅通。加药液时，应避免药液过多溢出箱外，如不慎溢出则应擦洗干净，避免污染施药人员引起中毒。喷头堵塞时，要用清水冲洗，绝对不能用嘴吹。施药人员应穿戴防护服，工作时应注意外界风向，施药人员应在上风方向，施药时应注意喷洒面要避开人员前进路线，避免人身黏附药液，最好采用顺风隔行喷药的方法。禁止在喷药时进食、饮水和吸烟。每天实际操作时间不宜超过 6h，中午气温高时不宜施药。连续喷药 3～5d 后应更换施药人员一次。每天施药后，要及时用肥皂洗手、脸并换衣服。皮肤沾染农药后，要立刻冲洗沾染农药的皮肤，眼睛里溅入农药要立即用清水冲洗 5min。喷药过程中，如稍有不适或头疼目眩症状，应立即离开现场，于通风阴凉处安静休息，如症状严重，必须立即送往医院，不可延误。每次喷药后要清洗施药器械，清洗产生的污水不能流入河流、池塘及鱼池等。施过药的园田要设立标志，一定时期内禁止放牧、割草或农事操作。

第十一章 农药的简介

第一节 杀 虫 剂

一、有机磷类杀虫剂

1. 特点 药效高、作用方式多种多样，在生物体内易降解为无毒物质，持效期有长有短。作用机制为抑制体内神经中的乙酰胆碱酯酶、胆碱酯酶的活性而破坏正常的神经冲动传导。急性中毒症状为异常兴奋、痉挛、麻痹、死亡。

2. 重要有机磷类杀虫剂

（1）磷酸酯及膦酸酯　如敌敌畏、敌百虫等。

（2）一硫代磷酸酯　如杀螟硫磷、辛硫磷、丙溴磷、倍硫磷、杀螟腈等。

（3）二硫代磷酸酯　如马拉硫磷、乐果、特丁磷等。

（4）磷酰胺和硫代磷酰胺　如乙酰甲胺磷等。

（5）含杂环有机磷　如三唑磷、喹硫磷、二嗪磷、亚胺硫磷、吡唑硫磷等。

二、氨基甲酸酯类杀虫剂

1. 特点 广谱性杀虫剂，兼具胃毒和触杀作用。

2. 重要氨基甲酸酯类杀虫剂

（1）稠环基氨基甲酸酯类　如甲萘威、克百威、丙硫克百威、丁硫克百威、喹啉威等。

（2）N,N-二甲基氨基甲酸酯类　如抗蚜威、灭蚜威、唑蚜威、嘧啶威、敌麦威、异索威等。

（3）取代苯基-N-甲基氨基甲酸酯类　如异丙威、混灭威、仲丁威、速灭威、灭害威等。

（4）肟基氨基甲酸酯类　如灭多威、硫双威、涕灭威、丁酮威、棉铃威等。

三、有机氯类杀虫剂

1. 特点 广谱性杀虫剂，兼具胃毒和触杀作用。

2. 重要有机氯类杀虫剂

（1）高毒　如硫丹（已禁用）。

（2）低毒　如甲氧滴滴涕。

四、拟除虫菊酯类杀虫剂

1. 特点 广谱性杀虫剂，驱避、击倒、毒杀作用；击倒力强、击倒速度快；易产生抗药性，与其他农药混用有一定的增效作用，对水生动物毒性高。作用机制是抑制神经轴突部位传导。

2. 重要拟除虫菊酯类杀虫剂　如溴氰菊酯、氯氰菊酯、顺式氯氰菊酯、氟氯氰菊酯、

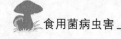

氰戊菊酯、甲氰菊酯、溴灭菊酯、溴氟菊酯、乙氰菊酯、肟醚菊酯（不含"酯"结构的"菊酯"，对鱼低毒）。

五、沙蚕毒素类杀虫剂

1. 特点　具胃毒、触杀和内吸作用。对水稻螟虫、卷叶螟有特效，对果树、蔬菜的鳞翅目害虫有较好防效。

2. 重要沙蚕毒素类杀虫剂

（1）杀虫双、杀虫单。

（2）杀虫环、杀虫磺。

六、烟碱类杀虫剂

1. 特点　强烈内吸作用，对同翅目（蚜虫）、缨翅目高效，对一些鳞翅目也有效，与有机磷、氨基甲酸酯、拟除虫菊酯无交互抗性。

2. 重要烟碱类杀虫剂

（1）氯化烟碱类（氯碱类）　如吡虫啉（艾美乐）。

（2）硫化烟碱类（噻碱类）　如噻虫嗪（阿克泰）。

七、昆虫生长调节剂类杀虫剂

（一）具保幼激素活性的昆虫生长调节剂

1. 保幼激素类似物

（1）保幼炔　用于防治家蝇、蚊子、同翅目害虫。

（2）烯虫酯　主要用于防治蚊科、蚤目。

2. 达嗪酮类似物　达幼酮用于防治黑尾叶蝉、稻飞虱，持效期40d。

（二）具蜕皮激素活性的昆虫生长调节剂

1. 抑食肼　用于防治鳞翅目害虫。

2. 虫酰肼　用于防治鳞翅目害虫。

（三）几丁质合成抑制剂

1. 苯甲酰基脲类　如灭幼脲、氟铃脲、除虫脲、氟虫脲、氟啶脲、虱螨脲。

2. 噻二嗪类　如噻嗪酮，用于防治水稻和蔬菜上的飞虱、叶蝉、温室粉虱等及果树介壳虫等。

八、新型杀虫剂

（一）吡啶类杀虫剂

1. 特点　触杀作用、胃毒作用、较强的渗透作用，速效、残效期长（20d）、低毒，可用于防治刺吸式口器害虫。

2. 重要吡啶类杀虫剂　啶虫脒。

（二）芳基取代吡咯化合物

1. 特点　胃毒作用、触杀作用、一定的内吸作用，渗透性强，与其他杀虫剂无交互抗性，对小菜蛾、斜纹夜蛾、甜菜夜蛾、棉铃虫、烟青虫等防治效果好。

2. 作用机制　抑制能量（ATP）形成。

3. 重要芳基取代吡咯化合物　虫螨腈（除尽）。

（三）吡唑类

1. 特点　具胃毒、触杀、内吸作用，低毒，用于防治鳞翅目、半翅目、鞘翅目、缨翅目等害虫。

2. 重要吡唑类杀虫剂　氟虫腈（禁用）和丁烯氟虫腈。

（四）邻苯二甲酰胺类

1. 特点　邻苯二甲酰胺类和邻甲酰氨基苯甲酰胺类杀虫剂是一类作用机制独特的新型杀虫剂，为广谱性杀虫剂。目前主要用于防治鳞翅目害虫的幼虫，如斜纹夜蛾、小菜蛾、棉铃虫、烟芽夜蛾、灰翅夜蛾、草地贪蛾、甘蓝夜蛾、苹果夜蛾和水稻二化螟等，用于棉花、蔬菜、果园和水稻等作物的保护。

2. 重要邻苯二甲酰胺类　氯虫苯甲酰胺。

第二节　杀　菌　剂

一、保护剂

（一）无机杀菌剂

1. 含硫杀菌剂

（1）硫粉　硫黄升华后所成的粉末状物，目前仍有使用，有多种产品含有"可湿性硫黄"。

（2）石硫合剂　石灰＋硫黄。

2. 含铜杀菌剂　含铜杀菌剂的剂型有粉剂、粒剂及液剂等；主要成分有氢氧化铜或氧氯化铜，具有广谱性。波尔多液的有效成分是碱式硫酸铜，是由硫酸铜溶液与生石灰混合制成的。

（二）有机硫杀菌剂

1. 二硫代氨基甲酸盐类

（1）乙撑二硫代氨基甲酸盐类　代森锰锌。其特点是遇雨有良好的再分散性，持效性不佳，易被雨水冲刷掉，具有广谱性，可防治卵菌、子囊菌、担子菌等真菌。

（2）二甲基二硫代氨基甲酸盐类　福美双。属于广谱保护性有机硫杀菌剂。对种传、土传的病害有较好的防治作用。主要用于种子、球茎和土壤的处理。

2. 三氯甲硫基类　克菌丹、灭菌丹。

3. 氨基磺酸类　敌磺钠，作为种子、土壤消毒剂，对霉菌属、丝囊菌属根腐病有特效。

4. 取代苯类　百菌清，雨中的再分散性好，持效性好（黏着于叶表皮），具有广谱性，可防治卵菌、子囊菌、担子菌等真菌。

5. 芳烃类　五氯硝基苯，著名的拌种剂和土壤处理剂。

6. 二甲酰亚胺类　对核盘菌、灰葡萄孢菌有特效。如乙烯菌核利、腐霉利和异菌脲。

二、治疗、根除及抗产孢杀菌剂

有效的化合物或代谢物能穿透寄主组织，抑制侵染持续发展，通常对特定真菌有高度专

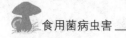

一性，在内吸性、传导性、持久性方面各不相同。

1. 苯并咪唑类　苯菌灵、甲基硫菌灵、多菌灵、噻菌灵。广谱性内吸杀菌剂，微小管的专一性抑制剂，作用方式为束缚微小管分子，杀真菌谱广泛，但对卵菌纲无效。抗药性是一大问题，因抗药性的产生对许多病害不再有效。

2. 苯酰胺类　精甲霜灵、甲霜灵、噁霜灵。抑制 RNA 合成、阻止产孢和游动孢子释放及生长，高度内吸性和向上传导性，对卵菌纲真菌（霜霉菌、疫霉菌）有特效。

3. 氨基甲酸酯类　胺乙威是用于土壤的内吸杀菌剂，对鞭毛菌纲有特效；霜霉威盐酸盐可防治腐霉菌、疫霉菌、霜霉菌引起的病害；乙霉威对灰霉菌、尾孢霉菌、炭疽菌、黑星菌等有效。

4. 异噁唑类　噁霉灵是一种土壤消毒剂，防治土传病害，如枯萎病、立枯病、根腐病。

5. 取代脲类（氰基-N-乙酰胺类）　霜脲氰，可防治疫霉菌、霜霉菌引起的病害。

6. 肉桂酸类　烯酰吗啉、安克·锰锌，对疫霉菌、霜霉菌引起的病害有特效，对腐霉菌引起的病害防治效果较差。

7. 甾醇生物合成抑制剂　包括吡啶类、嘧啶类、咪唑类、哌嗪类、三唑类、吗啉类共六大类（新品种不断出现）。有强向上传导活性和明显的熏蒸作用，杀菌谱广，对子囊菌、担子菌、半知菌均有效，高效，使用量低，药效期长，一些品种对双子叶植物有明显的抑制作用。

（1）抑霉唑　用于果蔬保鲜、叶丛喷雾防治稻瘟和叶部病害。

（2）咪鲜胺　内吸性弱，但有良好的传导性能，对子囊菌有特效。咪鲜·氯化锰能防治双孢蘑菇疣孢霉病。

（3）十三吗啉（克啉菌）。

（4）三唑类杀菌剂　苯醚甲环唑、丙环唑、腈菌唑、三唑酮等，品种多，具内吸性、向上传导性，对植物激素的产生有副作用。高效、广谱，施药量非常低，持效期长（一般可达 3～6 周）。除对接合菌门无活性外，对子囊菌门、担子菌门的病原菌均有一定效果，防治白粉病、锈病、叶斑病等效果显著。

（5）苯胺基嘧啶胺类　环丙嘧菌胺，具新作用机制，对抗苯并咪唑类病原菌有效。

8. 杂环类　稻瘟灵，是日本开发的对稻瘟病有特效的内吸杀菌剂，其化合物的化学结构十分特殊。

9. 有机磷类　稻瘟净、吡嘧磷、三乙膦酸铝。有机磷类杀菌剂具有广谱、经济、低残留和对作物不易产生药害等优点，但近年来在很多国家逐渐淡出了农药市场。

10. 嗜球果伞素类或 Qol 类杀菌剂（甲氧基丙烯酸酯类杀菌剂）　嘧菌酯、醚菌酯、肟菌酯。具有广谱、高效、安全、环境友好等特点，能同时有效地防治子囊菌门、担子菌门、接合菌门真菌引起的病害，对环境和非靶标生物友善，对作物的产量和品质均有一定的提高和改善作用。与目前使用的杀菌剂不存在交互抗性。

11. 羧酸氨基酸（CAA）类杀菌剂　如双炔酰菌胺、异丙菌胺、苯噻菌胺、异丙苯噻菌胺。

CAA 类杀菌剂对植物卵菌病害具有优异的保护和治疗作用，且与甲霜灵等苯基酰胺类杀菌剂无交互抗药性。对多数卵菌植物病原菌，如霜霉属（葡萄霜霉、黄瓜霜霉、莴苣霜霉、白菜霜霉等）和疫霉属病菌（马铃薯和番茄晚疫病病菌、辣椒疫霉病菌、黄瓜疫病病菌等）均有优异的保护、治疗和铲除效果，但对腐霉属真菌没有明显的抑制效果。该杀菌剂对人类、环境安全。

第三节　生物源农药

一、动物源农药

1. 动物体农药　目前世界上已经商品化的天敌昆虫有 130 余种，主要种类为赤眼蜂、丽蚜小蜂、草蛉、瓢虫、中华螳螂、小花蝽、捕食螨等捕食或寄生性天敌昆虫，广泛应用于果园、大田、温室以及园艺作物上，防治玉米螟、棉铃虫、蚜虫、粉虱、斑潜蝇、蓟马、甘蔗螟、荔枝蝽等鳞翅目、同翅目和双翅目等害虫。

2. 动物源生物化学农药　将昆虫产生的激素、毒素、信息素、糖类或其他动物产生的毒素经提取或完全仿生合成加工而成的农药，如昆虫保幼激素、性信息素、蜂毒等。

二、植物源农药

1. 植物体农药　植物体农药是直接利用植物本身为载体，经基因修饰或重组而开发为农药。对植物体农药的研究始于 1986 年孟山都公司的转基因作物如抗虫棉、玉米、大豆和抗草甘膦玉米首获美国环境保护署（EPA）批准进行环境释放试验。1994 年，美国 EPA 批准商品化生产，并首次将转基因生物列入农药范畴。目前，国际上已有 30 个国家批准了数千例转基因植物进入田间试验，涉及的植物种类达 40 多种。

2. 植物源生物化学农药　主要包括植物毒素、植物内源激素、植物源昆虫激素。植物毒素，即植物产生的对有害生物有毒杀及特异作用（如对昆虫拒食、抑制生长发育、忌避、驱避、拒产卵等）的物质，如除虫菊、烟草、鱼藤、苦参、楝素、藜芦等。植物内源激素，如乙烯、赤霉素、细胞分裂素、脱落酸、芸薹素内酯等。植物源昆虫激素，如早熟素；异株克生物质，即植物产生的并释放到环境中能影响附近同种或异种植物生长的物质；防卫素，如豌豆素。植物源生物化学农药一般具有毒性较低、对植物无药害、有害生物不易产生抗药性、对人畜安全、对环境友善、可就地取材等优点，但有一定的地域性，很难大规模生产，品种也单一。

三、微生物农药

1. 微生物体农药

（1）真菌　具有利用和开发价值的杀虫真菌主要包括两大类，一是属于半知菌类的丝孢菌类（Hyphomyctes），如白僵菌、绿僵菌、拟青霉和轮枝菌等；二是属于接合菌亚门的虫霉目（Entomophthorales）真菌。后者包含许多经常引发高强度害虫流行病的种类，如虫疠霉、虫瘟霉、虫疫霉等。在昆虫致病真菌中最著名的是白僵菌和绿僵菌。

（2）细菌　细菌的种类和数量众多，在自然界大量存在，具有抗逆能力强、繁殖速度快、营养要求简单、易在植物表面定殖的特点。细菌大多可以人工培养，便于控制，在生物防治上具有极大的潜力。

目前用作生物杀菌剂的拮抗细菌主要有枯草芽孢杆菌（*Bacillus subtilis*）、放射形土壤

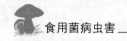

杆菌（*Agrobatrium radiobacter*）、地衣芽孢杆菌（*Bacillus licheniformis*）等。

细菌杀虫剂的作用对象主要是农林和医学方面的有害昆虫，已发现的昆虫致病菌有苏云金杆菌（*Bacillus thuringiensis*）、金龟子芽孢杆菌（*B. popiliae*）、缓死芽孢杆菌（*B. lentimorbus*）、球形芽孢杆菌（*B. sphaericus*）、天幕虫梭菌（*Clostridium malacosome*）、铜绿假单胞菌（*Psudomonas aerugnosa*）和金龟子立克次氏体（*Rickettsiella popiliae*）等。

（3）病毒　目前已知的昆虫病毒有160多种。其中60种为杆状病毒，可引起1 100种昆虫和螨类发病，可控制近30%的粮食和纤维作物上的主要害虫。据不完全统计，全世界登记注册的病毒杀虫剂有30多个品种，用于害虫防治的病毒主要是核型多角体病毒（NPV）和杆状病毒科的颗粒体病毒（GV）以及呼肠孤病毒科的质型多角体病毒（CPV）和痘病毒科的昆虫痘病毒（EPV）。

（4）线虫　利用昆虫病原线虫控制害虫，现主要用于防治栖境隐蔽的害虫，已知有27科线虫寄生于16目3 000余种昆虫体内，以斯氏线虫属和异小杆线虫属最为常见，其体内带有共生细菌，随线虫进入昆虫体内，造成昆虫患败血症而死亡。线虫寄主广泛，可深入植物内部追踪杀死害虫，对人、畜和天敌无害。线虫杀虫剂在欧洲、美洲、日本和大洋洲都已有注册商品。我国对昆虫致病线虫的研究较薄弱，尚无产品问世。目前研究的重点有斯氏线虫、异小杆线虫、中华卵索线虫等。

2. 微生物源生物化学农药　微生物源生物化学农药主要指微生物产生的抗生素、毒蛋白类、糖类等。可通过微生物发酵工业大规模生产，也可土法生产，药效高，选择性强。微生物源农药一般具有对植物无药害、对环境友善等优点。

（1）农用抗生素类杀菌剂　目前国际上使用量最大的农用抗生素杀菌剂是Amistar，环保、安全性高。我国开发的抗生素杀菌剂有井冈霉素、公主岭霉素、春雷霉素、抗霉菌素120、灭瘟素和多抗霉素等品种。井冈霉素是我国用量最大的生物杀菌剂之一。此外，一些新开发的杀菌抗生素（如中生菌素、武夷菌素和宁南霉素等）也得到了广泛应用。

（2）农用抗生素类杀虫剂　受到国内外普遍重视的杀虫抗生素有杀粉蝶素、杀蚜素、韶关霉素、杀螨素、浏阳霉素、杀虫素B41、阿弗霉素、南昌霉素等。阿维菌素是日本北里研究所与美国默克公司联合开发的，由阿维链霉菌产生的一组广谱高效低毒的大环内酯类抗生素，是迄今为止所发现的最有效的杀虫抗生素。

（3）农用抗生素类除草剂　双丙氨磷是能产生抗细菌和抗真菌物质并同时具有除草作用的抗生素，可防治一年生或多年生的农田杂草，双丙氨磷在我国已有广泛应用。

第十二章 食用菌上登记农药及限用农药

一、食用菌上登记农药

根据中国农药信息网 2022 年 2 月 22 日公布的食用菌上登记农药产品共 20 个，其中杀菌剂 15 个、杀虫农药 2 个、植物生长调节剂 3 个。有效成分主要是咪鲜·氯化锰、噻菌灵、噻菌酮、百菌清、腐霉·百菌清、春雷霉素、二氯异氰脲酸钠、氯氟·甲维盐、吡丙醚、苯甲酸盐三十烷醇、赤霉酸等，具体见表 12 - 1。

表 12 - 1 食用菌上登记农药产品

农药名称	农药类别	剂型	总含量	毒性	作物/场所	防治对象	用药量	施用方式
氯氟·甲维盐	杀虫剂	乳油	4.30%	低毒	食用菌	菌蛆、螨	$0.03\sim0.05g/m^2$	喷雾
二氯异氰脲酸钠	杀菌剂	烟剂	66%	低毒	菇房	霉菌	$6\sim8g/m^3$	点燃放烟
二氯异氰脲酸钠	杀菌剂	烟剂	66%	低毒	菇房	霉菌	$6\sim8g/m^3$	点燃放烟
腐霉·百菌清	杀菌剂	烟剂	25%	低毒	菇房/双孢蘑菇	链孢霉病	$0.5\sim1.5g/m^3$	点燃放烟
吡丙醚	杀虫剂	粉剂	1%	低毒	双孢蘑菇	菌蛆	$1\sim3g/m^2$	撒施
噻霉酮	杀菌剂	悬浮剂	5%	低毒	双孢蘑菇	细菌性条斑病	$0.025\sim0.035$ mL/m^2	喷雾（菇床）
咪鲜胺锰盐	杀菌剂	可湿性粉剂	50%	低毒	蘑菇	褐腐病	$0.8\sim1.2g/m^2$	拌于覆盖土或喷淋菇床
噻菌灵	杀菌剂	可湿性粉剂	40%	低毒	蘑菇	褐腐病	$0.8\sim1g/m^2$	菇床喷雾
咪鲜胺锰盐	杀菌剂	可湿性粉剂	50%	低毒	蘑菇	褐腐病、白腐病	$0.8\sim1.2g/m^2$	拌于覆盖土或喷淋菇床
咪鲜胺锰盐	杀菌剂	可湿性粉剂	50%	低毒	蘑菇	褐腐病	$1.6\sim2.4g/m^2$	喷雾或拌土
咪鲜胺锰盐	杀菌剂	可湿性粉剂	50%	低毒	蘑菇	湿泡病	$0.8\sim1.2g/m^2$	喷雾
噻菌灵	杀菌剂	悬浮剂	500g/L	低毒	蘑菇	褐腐病	①药料比 1：（1 250~2 500） ②$0.5\sim0.75g/m^2$	①拌料 ②喷雾
三十烷醇	植物生长调节剂	微乳剂	0.10%	低毒	平菇	调节生长	1 500~2 000 倍液	喷雾
二氯异氰脲酸钠	杀菌剂	可溶粉剂	50%	低毒	平菇	木霉菌	$0.4\sim0.8g/kg$ 干料	拌料

（续）

农药名称	农药类别	剂型	总含量	毒性	作物/场所	防治对象	用药量	施用方式
赤霉酸	植物生长调节剂	可溶片剂	15%	低毒	平菇	调节生长	3 250~10 000倍液	喷雾
二氯异氰尿酸钠	杀菌剂	可溶粉剂	40%	低毒	平菇	木霉菌	0.40~0.48g/kg干料	拌料
百菌清	杀菌剂	烟剂	10%	低毒	菇房/平菇	霉菌	4~5g/m³	点燃放烟
春雷霉素	杀菌剂	水剂	6%	低毒	平菇	细菌性褐斑病	1 000~1 500倍液	喷雾
三十烷醇	植物生长调节剂	微乳剂	0.10%	低毒	平菇	调节生长	1 333~2 000倍液	喷雾
二氯异氰尿酸钠	杀菌剂	可溶粉剂	40%	低毒	平菇	木霉菌	药种比1:(833~1 000)	拌料

二、禁用或限用农药

1. 禁用农药 根据《农药管理条例》（2022 修订）规定，农药生产应取得农药登记证和生产许可证，农药经营应取得经营许可证，农药使用应按照标签规定的使用范围、安全间隔期用药，不得超范围用药。剧毒、高毒农药不得用于防治卫生害虫，不得用于蔬菜、瓜果、茶叶、菌类、中草药材的生产，不得用于水生植物的病虫害防治。

根据农业农村部农药管理司 2019 年公布，我国禁止（停止）使用的农药（46 种）：六六六、滴滴涕、毒杀芬、二溴氯丙烷、杀虫脒、二溴乙烷、除草醚、艾氏剂、狄氏剂、汞制剂、砷类、铅类、敌枯双、氟乙酰胺、甘氟、毒鼠强、氟乙酸钠、毒鼠硅、甲胺磷、甲基对硫磷、对硫磷、久效磷、磷胺、苯线磷、地虫硫磷、甲基硫环磷、磷化钙、磷化镁、磷化锌、硫线磷、蝇毒磷、治螟磷、特丁硫磷、氯磺隆、福美胂、福美甲胂、胺苯磺隆单剂、甲磺隆、三氯杀螨醇、林丹、硫丹、溴甲烷（可用于"检疫熏蒸处理"）、氟虫胺、杀扑磷（已无制剂登记）、百草枯、2,4-滴丁酯（自 2023 年 1 月 29 日起禁止使用）。

2024 年 9 月 1 日起禁止销售使用甲拌磷、甲基异柳磷、水胺硫磷、灭线磷（农业农村部公告第 536 号 2022 年 3 月 16 日）。

2. 限用农药 根据农业农村部农药管理司 2019 年公布，我国在部分范围禁止使用的农药（20 种）见表 12-2。

表 12-2　部分范围禁止使用的农药（20 种）

通用名	禁止使用范围
甲拌磷、甲基异柳磷、克百威、水胺硫磷、氧乐果、灭多威、涕灭威、灭线磷	禁止在蔬菜、瓜果、茶叶、菌类、中草药材上使用，禁止用于防治卫生害虫，禁止用于水生植物的病虫害防治
甲拌磷、甲基异柳磷、克百威	禁止在甘蔗作物上使用

（续）

通用名	禁止使用范围
内吸磷、硫环磷、氯唑磷	禁止在蔬菜、瓜果、茶叶、中草药材上使用
乙酰甲胺磷、丁硫克百威、乐果	禁止在蔬菜、瓜果、茶叶、菌类和中草药材上使用
毒死蜱、三唑磷	禁止在蔬菜上使用
丁酰肼（比久）	禁止在花生上使用
氰戊菊酯	禁止在茶叶上使用
氰虫腈	禁止在所有农作物上使用（玉米等部分旱田种子包衣除外）
氟苯虫酰胺	禁止在水稻上使用

三、我国食用菌的农药残留限量标准

我国对于食用菌农药残留问题的重视度和控制水平逐年提高，自 1983 年《食品卫生法（试行）》实施以来，制定了《食用菌卫生管理办法》（1986.12）和《食用菌卫生标准》（GB 7096—2003），规定食用菌上严禁使用 1605、1059、666、DDT、汞制剂、砷制剂等高残毒或剧毒农药。《食品安全国家标准 食品中最大农药残留限量》（GB 2763—2012）中明确了食用菌（蘑菇类 14 种，木耳类 5 种）的农药残留限量要求，标准中包含 307 种农药，其中食用菌农药残留限量 17 种，占 5.9%。迄今，GB 2763 进行了多次修订，现行有效版本是 GB 2763—2021，包含 548 种农药，其中食用菌农药最大残留限量 68 种，占 12.4%（表 12-3）。

表 12-3　我国有关食用菌的农药最大残留限量标准

序号	农药中文/英文名	食用菌类别	MRLs（mg/kg）
1	2,4-滴和 2,4-滴钠盐/2,4-D and 2,4-D Na	仅限蘑菇类（鲜）	0.1
2	百菌清/chlorothalonil	仅限蘑菇类（鲜）	5
3	苯菌酮/metrafenone	仅限蘑菇类（鲜）	0.5*
4	除虫脲/diflubenzuron	仅限蘑菇类（鲜）	0.3
5	代森锰锌/mancozeb	仅限蘑菇类（鲜）	5
6	氟虫腈/fipronil	食用菌	0.02
7	氟氯氰菊酯和高效氟氯氰菊酯/cyfluthrin and beta-cyfluthrin	仅限蘑菇类（鲜）	0.3
8	氟氰戊菊酯/flucythrinate	仅限蘑菇类（鲜）	0.2
9	福美双/thiram	仅限蘑菇类（鲜）	5
10	腐霉利/procymidone	仅限蘑菇类（鲜）	5
11	甲氨基阿维菌素苯甲酸盐/emamectin benzoate	仅限蘑菇类（鲜）	0.05*
12	乐果/dimethoate	仅限蘑菇类（鲜）	0.01
13	氯氟氰菊酯和高效氯氟氰菊酯/cyhalothrin and lambdacyhalothrin	仅限蘑菇类（鲜）	0.5
14	氯菊酯/permethrin	仅限蘑菇类（鲜）	0.1
15	氯氰菊酯和高效氯氰菊酯/cypermethrin and beta-cypermethrin	仅限蘑菇类（鲜）	0.5

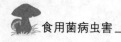
（续）

序号	农药中文/英文名	食用菌类别	MRLs（mg/kg）
16	马拉硫磷/malathion	仅限蘑菇类（鲜）	0.5
17	咪鲜胺和咪鲜胺锰/prochloraz/prochloraz-manganese chloride complex	仅限蘑菇类（鲜）	2.0
18	灭蝇胺/cyromazine	仅限蘑菇类（鲜），平菇（鲜）除外	7 1
19	氰戊菊酯和S-氰戊菊酯/fenvalerate/esfenvalerate	仅限蘑菇类（鲜）	0.2
20	噻菌灵/thiabendazole	仅限蘑菇类（鲜）	5（A）
21	双甲脒/amitraz	仅限蘑菇类（鲜）	0.5
22	五氯硝基苯/quintozene	仅限蘑菇类（鲜）	0.1
23	溴氰菊酯/deltamethrin	仅限蘑菇类（鲜）	0.2
24	吡虫啉/imidacloprid	双孢蘑菇（鲜）	2
25	胺苯磺隆/ethamet-sulfu ron	食用菌	0.01
26	巴毒磷/crotoxyphos	食用菌	0.02*
27	丙酯杀螨醇/chloropro-pylate	食用菌	0.02*
28	草枯醚/chlorntrofen	食用菌	0.01*
29	草芽畏/2,3,6-TBA	食用菌	0.01*
30	丁硫克百威/carbosufan	食用菌	0.01
31	毒虫威/chlorfenvinphos	食用菌	0.01
32	毒菌酚/hexachlorphene	食用菌	0.01*
33	二氯异氰尿酸钠/sodium dichloroisocyanurate	食用菌	10.0*
34	二溴磷/naled	食用菌	0.01*
35	氟除草醚/fluoronitrofen	食用菌	0.01*
36	格螨酯/2,4-dichloro-phenyl benzenesulfonate	食用菌	0.01*
37	庚烯磷/heptenophos	食用菌	0.01*
38	环螨酯/cycloprate	食用菌	0.01*
39	甲拌磷/phorate	食用菌	0.01
40	甲磺隆/metsulfuronmethyl	食用菌	0.01
41	甲基异柳磷/sofenphosmethly	食用菌	0.01*
42	甲氧滴滴涕/methoxy-chlor	食用菌	0.01
43	克百威/carbofuran	食用菌	0.02
44	乐杀螨/binapacryl	食用菌	0.05*
45	硫丹/endosulfan	食用菌	0.5
46	氯苯甲醚/chloroneb	食用菌	0.01
47	氯磺隆/chlorsulfuron	食用菌	0.01
48	氯酞酸/chlorthal	食用菌	0.01*
49	氯酞酸甲酯/chlortha-dimethyl	食用菌	0.01

（续）

序号	农药中文/英文名	食用菌类别	MRLs（mg/kg）
50	茅草枯/dalapon	食用菌	0.01*
51	灭草环/tridiphane	食用菌	0.05*
52	灭螨醌/cequincyl	食用菌	0.01
53	噻虫嗪/thiamethoxam	双孢蘑菇（鲜）	0.05
54	三氟硝草醚/fluorodifen	食用菌	0.01*
55	三氯杀螨醇/dicofol	食用菌	0.01
56	杀虫畏/tetrachlorvinphos	食用菌	0.01
57	杀扑磷/methidathion	食用菌	0.05
58	速灭磷/mevinphos	食用菌	0.01
59	特乐酚/dinorerb	食用菌	0.01*
60	戊硝酚/dinosam	食用菌	0.01*
61	烯虫炔酯/kinoprene	食用菌	0.01*
62	烯虫乙酯/hydroprene	食用菌	0.01*
63	消螨酚/dinex	食用菌	0.01*
64	溴甲烷/methyl bromide	食用菌	0.02*
65	乙酰甲胺磷/acephate	食用菌	0.05
66	乙酯杀螨醇/chloroben-zilate	食用菌	0.01
67	抑草蓬/erbon	食用菌	0.05*
68	茚草酮/indanofan	食用菌	0.01*

＊该限量为临时限量。

思考题

1. 按照防治对象及应用范围，农药分为几大类？其中用量最大的是哪几类？

2. 农药的毒力、毒性大小怎样表示？

3. 名词解释：胃毒剂、触杀剂、内吸剂、熏蒸剂、忌避剂、不育剂、性引诱剂、昆虫生长调节剂、保护性杀菌剂、治疗性杀菌剂、铲除性杀菌剂、生物源农药。

4. 农药剂型有哪些？

5. 农药有哪些使用方法？其中最常用的方法是哪种？

主 要 参 考 文 献

边银丙，2016. 食用菌病害鉴别与防控 ［M］.郑州：中原农民出版社 .

彩万志，庞雄飞，花保祯，2011. 普通昆虫学 ［M］.北京：中国农业大学出版社 .

柴一秋，刘又高，厉晓腊，等，2004. 危害食用菌的线虫及防治研究进展 ［J］.浙江亚热带作物通讯，26
　（1）：1-4.

陈福如，杨峻，2016. 食用菌高效栽培及病虫害诊治图谱 ［M］.北京：中国农业出版社 .

陈士瑜，1988. 食用菌生产大全 ［M］.北京：农业出版社 .

邓望喜，1992. 城市昆虫学 ［M］.北京：农业出版社 .

东秀珠，蔡妙英，2001. 常见细菌系统鉴定手册 ［M］.北京：科学出版社 .

方祥，叶华智，曹燕，2000. 四川稻瘟病菌 dsRNA 因子的检测 ［J］.四川农业大学学报，18：315-318.

方炎祖，罗桂菊，1991. 食用菌线虫病害发生规律与防治研究 ［J］.湖南农学院学报，3（17）：458-464.

冯英财，王洪武，郜存显，等，2022. GB 2763—2021 食用菌中农药种类和最大残留限量变化及与 CAC 和
　欧美日韩国家标准比较分析 ［J］.农药科学与管理，43（4）：24-38.

郭丽琼，林俊芳，郑学勤，1999. 草菇真革螨捕食食用菌线虫初探 ［J］.食用菌，6（2）：43-44.

郭丽琼，林俊杨，周子华，1999. 食用菌益螨的初步观察试验 ［J］.中国食用菌，15（3）：18.

郭书普，董伟，吴芬霞，等，2006. 食用菌病虫害防治原色图鉴 ［M］.合肥：安徽科学技术出版社 .

郭树凡，张慧丽，2004. 香菇液体菌种发酵条件的研究 ［J］.中国食用菌，24（1）：38-41.

韩闽毅，何锦星，郑良，1998. 香菇线虫病害及防治的初步研究 ［J］.福建农业学报（4）：23-28.

何欢乐，阳静，蔡润，等，2005. 草莓茎尖培养脱毒效果研究 ［J］.北方园艺（5）：79-81.

何嘉，张陶，李正跃，等，2005. 我国食用菌害虫研究现状 ［J］.中国食用菌，24（1）：21-24.

洪华珠，喻子牛，李增智，2010. 生物农药 ［M］.武汉：华中师范大学出版社 .

胡清秀，宋金娣，管道平，2008. 食用菌病虫害危害分析与防治关键控制点 ［J］.中国农学通报，24（12）：
　401-406.

华南农学院，1983. 植物化学保护 ［M］.北京：农业出版社 .

黄年来，2001. 食用菌病虫诊治（彩色）手册 ［M］.北京：中国农业出版社 .

黄年来，王惠民，郭美英，等，1979. 蘑菇线虫病的初步调查 ［J］.食用菌（2）：23-25，31.

黄清铧，王庆福，刘新锐，等，2013. 双孢蘑菇疣孢霉病研究进展 ［J］.食用菌学报，20（2）：69-74.

纪明山，滕淳茜，2010. 新编农药使用技术 ［M］.辽宁：辽宁大学出版社 .

江佳佳，李朝品，2005. 我国食用菌螨类及其防治方法 ［J］.热带病与寄生虫学，3（4）：250-252.

康宁，蓝秀万，陈保善，2007. 板栗疫病菌脱毒方法的比较研究 ［J］.植物病理学报，37（1）：83-87.

康晓慧，贺新生，2004. 双孢蘑菇顶枝孢霉病害的生物学特性和药剂筛选 ［J］.植物保护，30（1）：28-31.

孔祥君，1981. 食用菌病虫害及其防治 ［M］.北京：中国林业出版社 .

兰清秀，2010. 福建食用菌螨类调查及菅原毛绥螨个体发育形态学研究 ［D］.福州：福建农林大学 .

兰清秀，卢政辉，柯斌榕，等，2017. 两种杀螨剂对害长头螨的室内毒力测定 ［J］.食用菌学报，24（2）：
　96-99.

兰清秀，王梓清，卢政辉，等，2017. 福建食用菌主要捕食性螨类调查 ［J］.中国食用菌，36（6）：80-
　82，86.

兰清秀，应正河，柯斌榕，等，2016. 害长头螨在金针菇生产中的为害特点与防治措施 [J]. 中国食用菌，35 (6)：59－62.

雷朝亮，荣秀兰，2011. 普通昆虫学 [M]. 2版. 北京：中国农业出版社.

李贺，代红艳，2006. 草莓植株中病毒dsRNA的分离和鉴定 [J]. 中国农业科学，39 (1)：145－152.

李照会，2011，园艺植物昆虫学 [M]. 2版. 北京：中国农业出版社.

梁振普，张小霞，高鹏，2005. 从香菇子实体中分离了两种病毒 [J]. 中国食用菌，24 (6)：32－33.

梁林琳，刘奇志，谢飞，等，2011. 双孢蘑菇基质中的线虫在菌丝上的数量扩增及对菌丝生长的影响 [J]. 浙江农业学报，23 (6)：1157－1161.

刘广纯，2001. 中国蚤蝇分类·双翅目：蚤蝇科（上册）[M]. 沈阳：东北大学出版社.

刘佳宁，马银鹏，王玉文，等，2015. 黑木耳"黑皮病"病原菌鉴定 [J]. 黑龙江科学，6 (1)：4－6.

刘佳宁，王玉文，孔祥辉，等，2014. "黑木耳代料栽培培养基软化病"病原菌鉴定 [J]. 黑龙江科学，5 (11)：10－13.

刘维志，2000. 植物病原线虫学 [M]. 北京：中国农业出版社.

刘映森，2009. 平菇dsRNA病毒核酸序列分析与脱毒方法研究 [D]. 郑州：河南农业大学.

刘又高，柴一秋，李发勇，等，2008. 蘑菇线虫种类及其防治技术 [J]. 中国食用菌，27 (4)：45－47.

陆云华，1999. 宜春市食用菌螨类种类调查 [J]. 中国食用菌，18 (1)：20.

罗信昌，王家清，王汝才，1992. 食用菌病虫杂菌及防治 [M]. 北京：中国农业出版社.

孟庆国，王振福，邓春海，1998. 平菇线虫的初步观察及其防治 [J]. 食用菌 (6)：14－19.

孟召娜，2015. 河北省大蕈甲科的调查及分类研究 [D]. 保定：河北农业大学.

牛建新，李东栋，2002. 葡萄病毒的双链RNA（dsRNA）检测技术研究 [J]. 果树学报，19 (3)：149－152.

潘迎捷，陈明杰，沈学仁，1992. 香菇病毒的分离、诊断、侵染途径和生物学特性 [J]. 上海农业学报，8 (4)：7－11.

潘迎捷，沈学仁，1992. 一种新发现的香菇病毒 [J]. 食用菌 (3)：39－40.

潘迎捷，汪昭月，1989. 蘑菇病毒的传布途径和方式 [J]. 食用菌 (3)：33－36.

宋金俤，华秀红，2006. 2006年食用菌主要病虫预测预报 [J]. 食用菌 (3)：55－58.

宋金俤，2004. 食用菌病虫害彩色图谱 [M]. 南京：江苏科学技术出版社.

王穿才，2009. 农药概论 [M]. 北京：中国农业大学出版社.

王凤葵，刘得国，张衡昌，1999. 伯氏嗜木螨生物学特性初步研究 [J]. 植物保护学报，26 (1)：91－92.

王菊明，1995. 粪蚊的发生与防治研究 [J]. 食用菌 (2)：38.

王丽，2009. 香菇病毒的检测与脱毒研究 [D]. 福州：福建农林大学.

王培新，1987. 食用菌病虫害及其防治 [M]. 西安：陕西科学技术出版社.

王伟东，洪坚平，2015. 微生物学 [M]. 北京：中国农业大学出版社.

王梓清，刘杨曦，陈宏，等，2010. 剑毛帕厉螨与黔下盾螨种间相残的研究 [J]. 中国农业科学，43 (4)：862－867.

王梓清，王伯明，胡小叶，等，2009. 温湿度对剑毛帕厉螨生长发育的影响 [J]. 江西农业大学学报，31 (6)：1039－1043.

温志强，王玉霞，刘新锐，等，2010. 福建省有害疣孢霉菌 Mycogone perniciosa 的种群分化初探 [J]. 菌物学报，29 (3)：329－334.

吴文君，罗万春，2008. 农药学 [M]. 北京：中国农业出版社.

肖奎，2008. 四川食用菌病毒dsRNA的检测和对多菌灵的敏感性测定 [D]. 雅安：四川农业大学.

徐学农，吕佳乐，王恩东，2013. 国际捕食螨研发与应用的热点问题及启示 [J]. 中国生物防治学报，29 (2)：163－174.

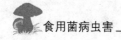

许再福，2009. 普通昆虫学［M］.北京：科学出版社.

许志刚，2013. 普通植物病理学［M］.3 版.北京：中国农业出版社.

杨国良，2004. 蘑菇生产全书［M］.北京：中国农业出版社.

杨庆晓，1983. 国外食用菌研究［M］.上海：上海科学技术出版社.

姚立，陈春乐，张忠信，等，2010. 一种新香菇病毒基因组部分 cDNA 序列及病毒的 RT‑PCR 检测［J］. 微生物学通报，37（1）：61‑70.

叶明珍，张绍升，2004. 食用菌线虫种类鉴定［J］.莱阳农学院学报，21（2）：104‑105.

于德才，李学湛，2005. 大蒜茎尖脱毒及快繁研究［J］.北方园艺（6）：84‑85.

于善谦，王鸣歧，张若平，1984. 香菇病毒的研究Ⅰ：发生在我国的香菇病毒［J］.真菌学报，4（2）：125‑129.

袁锋，2000. 农业昆虫学：农学专业用［M］.2 版.北京：中国农业出版社.

曾宪森，林坚贞，黄玉清，1996. 银耳镰孢穗螨研究初报［J］.食用菌学报，3（2）：41‑44.

张柏松，曹德斌，王广来，2005. 食用菌病害的识别与防治［M］.北京：化学工业出版社.

张朝辉，刘映森，戚元成，等，2010. 食用菌病毒脱毒方法的比较［J］.病毒学报，2（30）：249‑254.

张宏宇，2009. 城市昆虫学［M］.北京：中国农业出版社.

张琪辉，王威，李成欢，等，2015. 斑玉蕈蛛网病的病原菌及其生物学特性［J］.菌物学报，34（3）：350‑356.

张绍升，罗佳，林时迟，等，2004. 食用菌病虫害诊治图谱［M］.福州：福建科学技术出版社.

张绍升，1999. 植物线虫病害诊断与防治［M］.福州：福建科学技术出版社.

张生芳，刘永平，武增强，1998. 中国储藏物甲虫［M］.北京：中国农业出版社.

张维瑞，张绍升，罗佳，2008. 食用菌病虫害诊断与防治原色图谱［M］.北京：金盾出版社.

张兴，2011. 生物农药概览［M］.2 版.北京：中国农业出版社.

张学敏，杨集昆，谭琦，1994. 食用菌病虫害防治［M］.北京：金盾出版社.

张一宾，张怿，1997. 农药［M］.北京：中国物资出版社.

张志勇，1991. 我国食用菌害虫的研究现状［J］.昆虫知识（3）：181‑185.

张智强，梁来荣，1992. 农业螨类图解检索［M］.上海：同济大学出版社.

周功和，陈丽蓉，周建敏，1997. 灵芝短段木熟料栽培主要虫害及防治［J］. 中国食用菌（6）：32.

周雪平，李德葆，1995.dsRNA 技术在植物病毒中的应用［J］.生物技术，5（1）：1‑4.

邹萍，高建荣，1996. 中国食用菌长头螨属二新种（蜱螨亚纲：蒲螨总科）［J］. 昆虫学报，43（4）：430‑433.

邹萍，高建荣，马恩沛，1998. 上海地区食用菌蒲螨研究［J］.上海农学院学报，6（3）：211‑216.

邹萍，高建荣，王菊明，1994. 蘑菇毁灭性害螨——兰氏布伦螨［J］.食用菌（2）：37‑38.

BARTON R J，1979. Purification and some properties of two viruses infecting the cultivated mushroom *Agaricus bisporus*［J］. Journal of General Virology，42（2）：231‑241.

CASTILHO R C，MORAES G D，SILVA E，et al，2009. The predatory mite Stratiolaelaps scimitus as a control agent of the fungus gnat Bradysia matogrossensis in commercial production of the mushroom *Agaricus bisporus*［J］. International Journal of Pest Management，55（3）：181‑185.

ELIBUYUK I O，BOSTAN H，2010. Detection of a virus disease on white button mushroom (*Agaricus bisporus*) in Ankara，Turkey［J］. International Journal of Agriculture & Biology，12（4）：597‑600.

FROST R R，PASSMORE E L，1979. The detection and occurrence of virus-like particles in extracts of mushroom sporophores［J］. Phytopathologische Zeitschrift，95：346‑363.

GHABRIAL S A，1998. Origin adaptation and evolutionary pathways of fungal viruses［J］. Virus Genes，16：119‑131.

GROGRAN H M，ADIE B，GAZE R H，et al，2003. Double-stranded RNA elementsassociated with the MVX disease of *Agaricus bisporus* [J]. Mycology Research，107 (2)：147 - 154.

GUO M，BIAN Y，WANG J，et al，2017. Biological and Molecular Characteristics of a Novel Partitivirus Infecting the Edible Fungus Lentinula edodes [J]. Plant Disease，101 (5)：726 - 733.

HOLLINGS M，1962. Virus associated with dieback-disease of cultivated mushroom [J] . Nature，196：962 - 965.

HOLLINGS M，1982. Mycoviruses and plant pathology [J]. Plant Disease，66：1106 - 1112.

HOLLINGS R J，1979. Properties of some viruses associated with the Fungal [J]. Journal of General Virology，42 (1)：231 - 240.

JESS S，BINGHAM J F W，2004. Biological control of sciarid and phorid pests of mushroom with predatory mites from the genus Hypoaspis (Acari：Hypoaspidae) and the entomopathogenic nematode Steinernema feltiae [J]. Bulletin of Entomological Research，94 (2)：159 - 167.

JESS S，KILPATRICK M，2000. An integrated approach to the control of Lycoriella solani (Diptera：Sciaridae) during production of the cultivated mushroom (*Agaricus bisporus*) [J]. Pest Management Science (56)：477 - 485.

JESS S，SCHWEIZER H，2009. Biological control of Lycoriella ingenua (Diptera：Sciaridae) in commercial mushroom (*Agaricus bisporus*) cultivation：a comparison between Hypoaspis miles and Steinernema feltiae [J]. Pest Management Science，65 (11)：1195 - 1200.

KIM Y J，PARK S，YIE S，2005. RT - PCR detection of dsRNA mycoviruses infecting *Pleurotus ostreatus* and *Agaricus blazei* [J]. The Plant Pathlogy Journal，21 (4)：343 - 348.

KIM Y J，YOON S M，2008. The Identification of a novel Pleurotus ostreatus dsRNA virus and determination of the distribution of virus in mushroom spore [J]. The Journal of Microbiology，46 (1)：95 - 99.

KOONIN E V，DOLJA V V，1993. Evolution and taxonomy of positive-strand RNA viruses：Implications of comparative analysis of amino acid sequences [J]. Critical reviews in biochemistry and molecular biology，28：375 - 430.

LING P Y，1990. Isolation and characterization of viruses associated with *Pleurotus sapidus* [J]. Mycological Researeh，94 (4)：529 - 537.

MAEKINEN K，NAESS V，TAMM T，et al，1995. The putative replicase of the cocksfoot mottle sobemovirus is translated as a part of the polyprotein by ribosomal frameshift [J]. Virology，207：566 - 571.

MORRIS T J，DODDS J A，1979. Isolation and Analysis of double stranded RNA from virus-infected plant and fungal tissue [J]. Phytopathology，67：854 - 858.

QING X L，ZHENG H L，BING R K，et al，2017. Temperature and humidity effects on physogastric development and reproduction of the mushroom mite *Dolichocybe perniciosa* (Acari：Dolichocybidae) [J]. Systematic and Applied Acarology，22 (1)：1843 - 1848.

QIU L Y，LI Y P，LIU Y M，2010. Particle and naked RNA mycoviruses inindustrially cultivated mushroom *Pleurotus ostreatus* in China [J]. Fungal Biology，114：507 - 513.

RAO J R，NELSON D W，MCCLEAN S，2007. The enigma of double-stranded RNA (ds RNA) associated with mushroom virus X (MVX) [J]. Current Issues in Molecular Biology，9：103 - 122.

SEO J K，LIM W S，JEONG J H，2004. Characterization and RT-PCR Detection of dsRNA Mycoviruses from the oyster Mushroom，*Pleurotus ostreatus* [J]. Plant Pathlogy Journal，20 (3)：200 - 205.

SINDEN J W，1950. Rreport of two new mushroom diseases [J]. Mushroom Sciense (1)：96 - 100.

SRISKANTHA A，1987. Double-stranded RNAs associated with La France disease of the commercial mushroom [J]. Phytopathology，77：1321 - 1325.

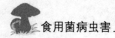
SUSHIL A M，RAO S，et al，2007. Rapid cDNA synthesis and sequencing techniques for the genetic study of bluetongue and other dsRNA viruses [J]. Journal of Virological Methods，143：132 - 139.

TAVANTZIS S M，ROMAINE C P，SMITH S H，1980. Purification and partial characterization of a bacilliform virus from Agaricus bisporus：A single stranded RNA mycovirus [J]. Virology，105：94 - 102.

WON S L，JI H J，RAE D J，et al，2005. Complete nucleotide sequence and genome organization of a dsRNA partitivirus infecting *Pleurotus ostreatus* Virus [J]. Virus Research，108：111 - 119.

YU H J，LI M D，LEE H S，2003. Characterization of a novel single stranded RNA mycovirus in *Pleurotus ostreatus* [J]. Virology，314：9 - 15.